高 等 学 校 教 材

化学工业出版社"十四五"普通高等教育规划教材

工程创新训练与实践

韩运华 主编 徐玉东 霍 莹 副主编

化学工业出版社

·北京·

内 容 简 介

《工程创新训练与实践》是根据教育部工程训练教学指导委员会关于"工程训练教学基本要求"和教育部关于"高等教育面向 21 世纪教学内容和课程体系改革计划"的基本要求编写而成的。

本书的主要内容包括金属材料及钢的热处理、铸造、锻压、焊接、切削加工基础知识、车削加工、铣削加工、磨削加工、钳工、特种加工、数控车削加工、数控铣削加工、CAXA 制造工程师、3D 打印、机械测量技术。

本书适合作为普通高等院校机械类和相关工科类专业的工程训练或金工实习指导用书，也可作为高职高专类院校工科专业学生金工实习指导用书，还可以供各相关工种技术人员参考。

图书在版编目（CIP）数据

工程创新训练与实践/韩运华主编；徐玉东，霍莹副主编. —北京：化学工业出版社，2023.7（2025.5 重印）
高等学校教材
ISBN 978-7-122-43610-8

Ⅰ.①工… Ⅱ.①韩… ②徐… ③霍… Ⅲ.①创新工程-高等学校-教材 Ⅳ.①T-0

中国国家版本馆 CIP 数据核字（2023）第 100503 号

责任编辑：郝英华　　　　　　　　　　　　文字编辑：孙月蓉
责任校对：李　爽　　　　　　　　　　　　装帧设计：张　辉

出版发行：化学工业出版社（北京市东城区青年湖南街 13 号　邮政编码 100011）
印　　装：北京云浩印刷有限责任公司
787mm×1092mm　1/16　印张 20　字数 512 千字　2025 年 5 月北京第 1 版第 2 次印刷

购书咨询：010-64518888　　　　　　　　　售后服务：010-64518899
网　　址：http://www.cip.com.cn
凡购买本书，如有缺损质量问题，本社销售中心负责调换。

定　　价：59.80 元

前　言

　　"工程创新训练与实践"是一门综合性和实践性很强的技术基础课，随着我国教学改革的发展和深入，对本课程的要求也越来越高。我们在认真总结多年来教学改革经验的基础上，根据教育部工程训练教学指导委员会关于"工程训练教学基本要求"和教育部关于"高等教育面向 21 世纪教学内容和课程体系改革计划"的基本要求编写而成本书。

　　在编写本书的过程中，作者本着加强基础、重视实践、优化传统内容、增加现代制造技术及创新训练等内容的原则，注重引导学生在掌握知识技能时，有效地强化对学生工程素质和创新思维能力的培养。本书面向机械类和相关专业学生，以培养学生工程意识，提高工程实践综合能力为目标，为后续专业课程的学习打下坚实的基础。

　　本书由韩运华担任主编，徐玉东、霍莹担任副主编。参与本书编写的人员还有陈宏博、胡广旭、唐国坤、徐学、吴限、曲媛媛、姚洁、蔚芳鑫等人，同时也感谢王彦旭、李玉娜、谷晓雨、赵莹、陈帅等老师，为本书提供了大量资料。

　　本书适合作为普通本科及高职高专类院校工科相关专业的工程训练或金工实习指导用书，也可以供各相关工种技术人员参考。

　　由于编者水平有限，书中难免有疏漏之处，恳请读者批评指正。

编　者

2023 年 5 月

目 录

第 6 章　车削加工　　89

第 7 章　铣削加工　　　　　　　　　　　　　　　　　　　　119

第 10 章　特种加工　　165

第1章 金属材料及钢的热处理

1.1 概　述

在已发现的金属元素中，人们习惯把铁、铬、锰及其合金称为黑色金属，其余金属称为有色金属。由于金属材料具有良好的力学性能、物理性能、化学性能及工艺性能，可采用比较简便和经济的工艺方法把它们制成零件，因此金属材料是目前应用最广泛的材料。

材料的用途取决于其性能，而性能又是由内部组织结构所决定的。不同成分的材料具有不同的内部组织，其性能也不同。同一种材料在加工中受到各种热效应或机械加工的作用，内部组织也会发生变化。这种变化有时使材料取得所需要的性能，发掘出材料的潜能，有时会产生不利于后续加工或最终使用的性能，需要加以改善和纠正。材料加工除成形目的外，还有满足使用性能的要求。热处理就是一种穿插于加工过程中专门调整材料性能的工艺。它是对固态的金属材料进行不同的加热、保温和冷却，使其内部组织发生不同变化后获得所需的力学性能和工艺性能的工艺。

在机械制造业中，钢铁是主要结构材料。钢铁也称铁碳合金材料。含碳量小于 2.11% 的铁碳合金一般划定为钢，含碳量大于 2.11% 的铁碳合金一般划定为铸铁。钢铁以外的金属材料称为有色金属及其合金。

采用一定的方法可观察到金属材料内部组织的构成形态、尺寸大小以及分布状态。碳钢的成分、组织、性能间的关系如图 1-1 所示。

钢在常态下主要组织有软而韧的铁素体组织（F）、硬而脆的渗碳体组织（Fe_3C）以及渗碳体以片状或粒状与铁素体相间混合的具有综合性能的珠光体组织（P）。

各种组织的相对含量（体积）随着含碳量增加或减少而发生变化，并对力学性能和工艺性能产生影响。热处理工艺一般不改变钢的成分及零件的几何形状尺寸，只通过其内部组织结构及分布方式的改变使钢达到软化、硬化等不同性能的需要。

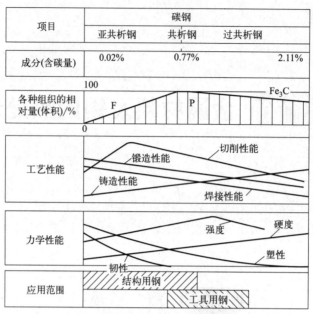

图 1-1　碳钢的成分、组织、性能间的关系

F—铁素体；Fe$_3$C—渗碳体；P—珠光体

1.2　金属材料的主要性能

　　金属材料的性能一般分为使用性能和工艺性能。使用性能是指金属材料为满足产品的使用要求而必须具备的性能，包括物理性能、化学性能和力学性能；工艺性能是指金属材料在加工过程中对所用加工方法的适应性，它的好坏决定了材料加工的难易程度。金属材料的主要性能及具体内容见表 1-1。

表 1-1　金属材料的主要性能

性能种类	具体内容
力学性能	硬度、强度、韧性、塑性和疲劳强度等
物理性能	密度、熔点、导热性、导电性等
化学性能	耐蚀性、抗氧化性等
工艺性能	焊接性能、锻压性能、铸造性能、切削加工性、淬透性等

1.2.1　金属材料主要力学性能

　　金属材料的力学性能是指材料在受外力作用时所表现出来的各种性能。由于机械零件大多是在受力的条件下工作，因而所用材料的力学性能就显得格外重要。力学性能主要有强度、塑性、硬度、韧性及疲劳强度等。

　　(1) 强度

　　强度是金属材料在外力作用下抵抗塑性变形（永久变形）或断裂的能力。工程上常用抗拉强度和屈服强度来表征金属材料的强度。

材料的抗拉强度和屈服强度用拉伸试验测定，试验前先将被测金属材料制成如图 1-2（a）所示的标准试样。将试样装在拉伸试验机上缓慢地施加轴向静载荷，使之承受轴向静拉力。随着载荷的不断增加，试样逐渐被拉长，直到拉断为止，如图 1-2（b）所示。低碳钢及铸铁的拉伸应力-应变（R-ξ）曲线如图 1-3 所示。

(a) 试验前

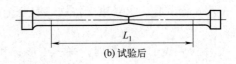

(b) 试验后

图 1-2　拉伸试验标准试样

从图 1-3（a）中可以看出，低碳钢拉伸过程中的四个阶段如下：

① Oe 段为弹性变形阶段。此阶段材料发生的变形完全是弹性变形。

② es 段为屈服变形阶段。此阶段发生弹塑性变形，即除了有弹性变形还有塑性变形。铸铁等脆性材料没有明显的屈服现象，则用条件屈服强度（$R_{p0.2}$）来表示，即产生 0.2% 残余应变时的应力值，如图 1-3（b）所示。

③ lb 段为强化变形阶段。经过屈服阶段后，材料内部组织起了变化，从而提高了材料抵抗变形的能力。

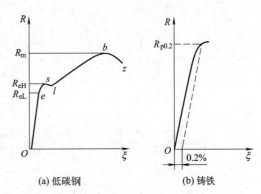

图 1-3　低碳钢及铸铁的拉伸应力-应变曲线

④ bz 段为缩颈变形阶段。当外力达到强度极限后，试样截面局部开始变细，出现缩颈，直至断裂。

(2) 塑性

塑性是指金属材料在外力作用下产生塑性变形（永久变形）而不会破坏完整性的能力。其主要指标是断后伸长率（A）和断面收缩率（Z）。

① 断后伸长率（A）。在拉伸试验中，试样拉断后，标距的伸长量（L_1）占原始标距（L_0）的百分率称为断后伸长率。

② 断面收缩率（Z）。试样拉断后，缩颈断口处横截面积与原始横截面积之比称为断面收缩率。

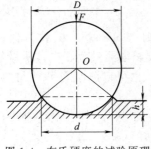

图 1-4　布氏硬度的试验原理

(3) 硬度

硬度是金属表面抵抗局部变形、压痕、划痕的能力。它是衡量金属软硬的指标。硬度的高低直接影响到机械零件表面的耐磨性和寿命。硬度试验常用压入法，它包括布氏硬度、洛氏硬度和维氏硬度。

① 布氏硬度的试验原理。把直径为 D 的钢球或硬质合金压头，用压力 F 压入试样表面，经规定的载荷保持时间后，卸除压力，用读数显微镜测量压痕直径 d，查压痕直径与布氏硬度对照表，得出布氏硬度值，如图 1-4 所示。

布氏硬度表示方法如下：

布氏硬度试验法主要用于铸铁、有色金属以及经退火、正火和调质处理的钢材等零件的硬度测定。

② 洛氏硬度的试验原理。将一定形状和尺寸的压头压入被测试材料的表面，以主载荷所引起的残余压入深度（$h=h_1-h_0$）来表示，如图 1-5 所示。根据压头的种类和总载荷的大小，洛氏硬度常用的表示方式有 HRA、HRB、HRC 三种。试验条件（GB/T 230.1—2018）及适用范围见表 1-2。

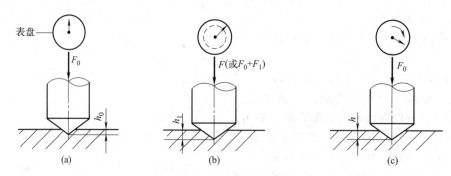

图 1-5　洛氏硬度试验原理

表 1-2　常用洛氏硬度的试验条件和适用范围

硬度标尺	压头类型	总试验力/N	硬度值有效范围	应用举例
HRC	120°金刚石锥体	1471.0	20～67HRC	调质钢、淬火钢
HRB	588mm 钢球	980.7	25～100HRB	软钢、退火钢、铜合金等
HRA	120°金刚石锥体	588.4	60～85HRA	硬质合金、表面淬火钢等

洛氏硬度的表示方法是在硬度符号前面注明硬度值，如58HRC、78HRA 等。

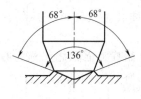
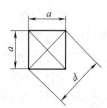

图 1-6　维氏硬度试验原理

③ 维氏硬度的试验原理。维氏硬度的试验原理基本上和布氏硬度相同，不同的是维氏硬度试验用的压头是顶角为136°的金刚石正四棱锥体，且所加压力较小，如图 1-6 所示。硬度值根据测量压痕对角线长度查表得出。

维氏硬度的表示方法与布氏硬度相似，如 640HV30 表示用 30kgf（294.2N）试验力，保持 10～15s，测定的维氏硬度值为 640。640HV30/20 表示 30kgf（294.2N）试验力保持 20s 测定的维氏硬度值为 640。维氏硬度测量范围广，从极软到极硬的各种金属材料都可测量，也可以测量较薄的材料，还可以测量渗碳、渗氮层的硬度。

④ 冲击韧性（a_k）。材料抵抗冲击载荷的能力称为冲击韧性。测定时，将带有缺口的标准试样（GB/T 229—2020）放在试验机上，用摆锤将其一次冲断，如图 1-7 所示，并以试样缺口处单位面积上所吸收的冲击功来表示冲击韧性。即

$$a_k = A_k / S$$

式中 　a_k——冲击韧性，J/cm^2；

　　　A_k——冲击吸收功，J；

　　　S——试样缺口处横断面积，cm^2。

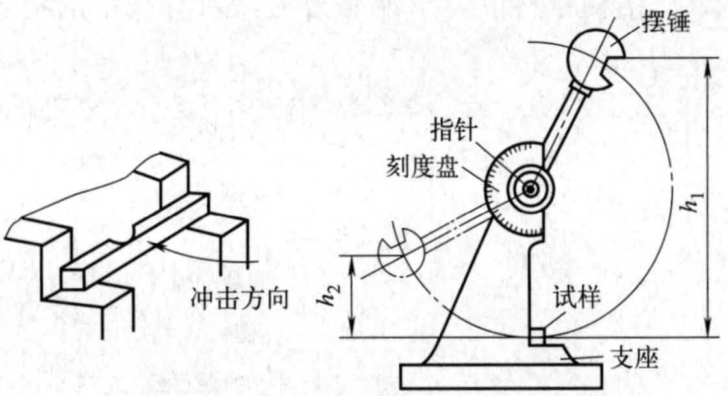

图1-7　冲击试验原理

1.2.2　金属材料物理、化学性能

(1) 物理性能

金属材料的物理性能指材料的密度、熔点、热膨胀性、导电性和磁性等。

由于机械零件的用途不同，对其材料物理性能的要求也不同。例如：飞机应用密度小的铝镁钛合金；熔点高的合金用来制造耐热零件，如飞机发动机的涡轮叶片；而散热器、热交换器等应选用导热性好的材料；托卡马克热核反应环流器装置、热核反应装置、扫雷舰应选用无磁材料。选材料时，应注意工作环境、工作性质，选择相应的金属材料，否则就会造成不必要的损失。

(2) 化学性能

金属材料的化学性能主要是指在常温下或高温下，耐周围介质侵蚀的能力。例如：啤酒发酵罐应选耐酸性腐蚀的材料制造；船舶应选用耐碱性腐蚀的材料制造；医疗、食品机械应选用不锈钢制造。

1.2.3　金属材料工艺性能

工艺性能是材料在加工制造过程中适应加工工艺要求所表现出来的性能。材料的工艺性能好，就可使加工工艺简便，并且容易保证质量。工艺性能主要有铸造性能、锻压性能、焊接性能、切削加工性能等。

(1) 铸造性能

金属的铸造性能通常用金属在液态时的流动性、金属在凝固冷却过程中的体积或尺寸的收缩性加以综合评定。流动性好，收缩性小，则铸造性能好。

(2) 锻压性能

锻压性能主要以金属的塑性和变形抗力来衡量。塑性高，变形抗力小（即R_{eH}小），则锻压性能好。

(3) 焊接性能

焊接性能一般用在金属焊接加工时焊接接头对产生裂纹、气孔等缺陷的倾向以及焊接接头对使用要求的适应性来衡量。

(4) 切削加工性能

金属的切削加工性能可以用切削加工材料本身的性质、工件加工后的表面质量、刀具磨损的快慢程度等来衡量。对于一般钢材来说，硬度在200HBS时，可具有较好的切削性能。

1.3　常用的工程材料

工程材料是指制造工程结构和机器零件使用的材料，按其性能特点分为结构材料和功能材料两大类。

结构材料以力学性能为主，兼有一定的物理、化学性能。

功能材料以特殊的物理、化学性能为主。如那些要求具有电、光、声、磁、热等功能和效应的材料，一般不在工程材料中讨论。

工程材料用途广泛，主要应用于机械制造、航空、航天、化工、建筑和交通运输等领域。

工程材料种类繁多，有许多不同的分类方法，工程上通常按化学分类法对工程材料进行分类，如图 1-8 所示。

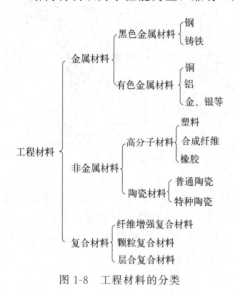

图 1-8　工程材料的分类

1.3.1　金属材料

金属材料是含有一种或几种金属元素（有时也含有非金属元素），以极微小的晶体结构所组成的，具有金属光泽的，有良好导电导热性能及一定力学性能的材料。金属材料通常指钢、铸铁、铝、铜等纯金属及其合金。

(1) 钢

钢是碳的质量分数小于 2.11%（实际上小于 1.35%），并含有少量杂质元素的铁碳合金。钢具有良好的使用性能和工艺性能，而且产量大、价格较为低廉，因此应用非常广泛。

钢的分类方法很多，常见的分类方法如图 1-9 所示。

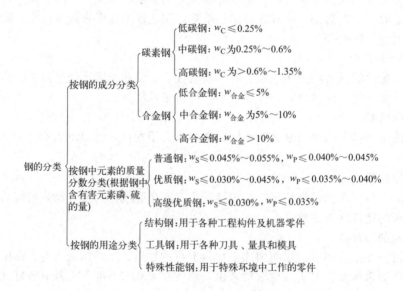

图 1-9　钢的分类

① 碳素钢的牌号、性能及用途。碳素钢的熔炼过程比较简单，生产费用较低，价格便宜，主要用于工程结构，制成热轧钢板、钢带和棒钢等产品，广泛用于工程建筑、车辆、船舶以及桥梁、容器等构件。

常用的碳素钢的分类、牌号及应用如表 1-3 所示。

表1-3 常用的碳素钢的分类、牌号及应用

分类	牌号		应用举例
	牌号举例	符号说明	
碳素结构钢	Q235AF	Q:表示屈服强度汉语拼音字首。 235:表示 R_{eH}≥235MPa。 A:表示硫、磷的含量的多少。 F:表示为沸腾钢	制造螺钉、螺母、螺栓、垫圈、手柄、小轴及型材等
优质碳素结构钢	20,40,45,65	两位数字代表钢中碳的平均质量分数的万分数。例如,45 钢中的碳的平均质量分数为 0.45%	制造各类机械零件,例如轴、齿轮、连杆、各种弹簧等
碳素工具钢	T7,T8, T12,T12A	T:表示碳工具钢汉语拼音字首。 数字编号:表示钢中碳的平均质量分数的千分数。例如,T7 代表碳的平均质量分数约等于 0.7%的优质碳素工具钢。 A:表示高级优质碳素工具钢,钢中有害杂质(P、S)的含量较少	制造各类刀具、量具和模具,例如锤头、钻头、冲头、丝锥、板牙、锯条、刨刀、量具、剃刀、小型冲模等

② 合金钢的牌号、性能及用途。为了改善钢的某些性能或使之具有某些特殊性能,在炼钢时会有意加入一些元素,称为合金元素。含有合金元素的钢,称为合金钢。

钢中加入的合金元素主要有 Si、Mn、Cr、Ni、W、Mo、V、Ti、Al、B 及稀土元素(Re)等。

这类钢比碳钢具有更好的力学性能和某些特殊性能(如耐热、耐蚀、耐磨性能等),常用作重要的机器零件和工具或要求特殊性能的零件。

常用的合金钢的分类、牌号及应用如表1-4所示。

表1-4 常用的合金钢的分类、牌号及应用

分类	牌号		应用举例
	牌号举例	符号说明	
合金结构钢	16Mn,40Cr, 60Si2Mn	数字编号:表示钢中碳的平均质量分数的万分数。 元素符号:表示加入的合金元素,当合金元素平均质量分数小于 1.5%时,则只标出元素符号,而不标明其质量分数;倘若元素的平均质量分数为 1.5%~2.5%时,元素符号后面写数字 2;当元素的平均质量分数为 2.5%~3.5%时,元素符号后面写数字 3	制造各类重要的机械零件,例如齿轮、活塞销、凸轮、气门顶杆、曲轴、机床主轴、板簧、卷簧、压力容器、汽车纵横梁、桥梁结构、船舶结构等
合金工具钢	5CrMnMo, W18Cr4V, 9SiCr	数字编号:表示钢中碳的平均质量分数的千分数。 元素符号:表示加入的合金元素,当合金元素平均质量分数小于 1.5%时,则只标出元素符号,而不标明其质量分数;倘若元素的平均质量分数为 1.5%~2.5%时,元素符号后面写数字 2;当元素的平均质量分数为 2.5%~3.5%时,元素符号后面写数字 3	制造各类重要的、大型、复杂的刀具、量具和模具,例如板牙、丝锥、形状复杂的冲模、块规、螺纹塞规、样板、车刀、刨刀、钻头等
特殊性能钢	1Cr18Ni9Ti, 4Cr9Si2, ZGMn13	不锈钢:1Cr18Ni9Ti; 耐热钢:4Cr9Si2; 耐磨钢:ZGMn13	不锈钢:医疗器械、耐酸容器、管道等; 耐热钢:加热炉构件、过热器等; 耐磨钢:破碎机颚板、履带板等

(2) 铸铁

铸铁是指碳的质量分数大于 2.11%的铁碳合金。工业上常用铸铁的碳的质量分数一般

为 2.5%~4%，此外，铸铁中还含有较多的锰、硅、磷、硫等元素。铸铁与钢相比，虽然力学性能较差（强度低、塑性低、脆性大），但却有着优良的铸造工艺性、切削加工性、减振性和耐磨性等。因此，铸铁在生产中仍得到普遍应用。

铸铁中的碳，由于成分和凝固时冷却条件的不同，可以呈化合状态（Fe_3C）或游离状态（石墨）存在，这就使铸铁的内部在组织、性能、用途方面存在较大的差异。通常铸铁可分为白口铸铁、灰铸铁、可锻铸铁、球墨铸铁等。常用铸铁的分类、牌号及应用如表 1-5 所示。

表 1-5　常用铸铁的分类、牌号及应用

分类	牌号		应用举例
	牌号举例	符号说明	
灰铸铁	HT100 HT150 HT200 HT250 HT300 HT350	HT：表示灰铁汉语拼音字首。 数字：表示该材料的最低抗拉强度值，单位是MPa。例如：HT200，表示 $R_m \geqslant 200$MPa 的灰铸铁材料	制造各类机械零件,例如机床床身、飞轮、机座、轴承座、汽缸体、齿轮箱、液压泵体等
可锻铸铁	KT300-06 KT350-10 KT450-06 KT650-02 KT700-02	KT：表示可铁汉语拼音字首。 数字：分别表示材料的最低抗拉强度值（MPa）和最低断后伸长率（%）。例如：KT450-06 表示抗拉强度 R_m 不低于 450MPa，断后伸长率 A 不低于 6% 的可锻铸铁材料	制造各类机械零件,例如曲轴、连杆、凸轮轴、摇臂活塞环等
球墨铸铁	QT400-18 QT500-07 QT600-03 QT900-02	QT：表示球铁汉语拼音字首。 数字：分别表示材料的最低抗拉强度值（MPa）和最低断后伸长率（%）。例如：QT400-18 表示抗拉强度 R_m 处不低于 400MPa，断后伸长率 A 不低于 18% 的球墨铸铁材料	用它可以代替部分铸钢或锻钢件,制造承受较大载荷、受冲击和耐磨损的零件,例如大功率柴油机的曲轴、轧辊、中压阀门、汽车后桥等

（3）铸钢

与铸铁相比，铸钢具有较高的综合力学性能，特别是塑性和韧性较好，使铸件在动载荷作用下安全可靠。此外，铸钢的焊接性较铸铁优良，这对于采用铸-焊联合工艺制造复杂零件和重要零件十分重要。但是，铸钢的铸造工艺性能差，为保证铸钢件的质量，还必须采取一些特殊的工艺措施，这就使铸钢件的生产成本高于铸铁。

我国碳素铸钢件的牌号根据 GB/T 11352—2009 规定，用铸钢汉语拼音字首"ZG"加两组数字组成，第一组数字代表屈服强度值（MPa），第二组数字代表抗拉强度值（MPa）。铸钢的牌号有 ZG200-400、ZG230-450、ZG270-500、ZG310-570、ZG340-640 等。

（4）有色金属

除黑色金属钢铁以外的其他金属与合金，统称为有色金属或非铁金属。

有色金属具有许多与钢铁不同的特性，例如：高的导电性和导热性（银、铜、铝等）；优异的化学稳定性（铅、钛等）；高的导磁性（铁镍合金等）；高的强度（铝合金、钛合金等）；很高的熔点（钨、铌、钽、锆等）。所以，在现代工业中，除大量使用黑色金属外，还广泛使用有色金属。

常用的有色金属主要有铝及铝合金和铜及铜合金两类。

① 铝及铝合金。

a. 工业纯铝。工业纯铝的加工产品，按纯度的高低，分为 L1~L7 等 7 个牌号，其中，L 是"铝"字汉语拼音的首字母，数字表示编号，编号越大，纯度越低。

工业纯铝的强度低，R_m 为 80~100MPa，经冷变形后可提高至 150~250MPa，故工业纯铝难以满足结构零件的性能要求，主要用作配制铝合金及代替铜制作导线、电器和散热器等。

b. 铝合金。用于铸造生产中的铝合金称为铸造铝合金，它不仅具有较好的铸造性能和耐蚀性能，而且还能用变质处理的方法使强度进一步得到提高，应用较为广泛，如用作内燃机活塞、汽缸头、汽缸散热套等。

这类铝合金的牌号由铸铝两字汉语拼音字首"ZL"和三位数字组成。其中第一位数字为主加元素的代号（1 表示 Al-Si 系合金；2 表示 Al-Cu 系合金；3 表示 Al-Mg 系合金；4 表示 Al-Zn 系合金），后两位数字表示顺序号。如 ZL102 表示铸造铝硅合金材料。

除了铸造铝合金外，还有一类铝合金叫变形铝合金，主要有防锈铝、锻造铝、硬铝和超硬铝四种。它们大多通过塑性变形轧制成板、带、棒、线材等半成品使用。其中硬铝是一种应用较多的由铝、铜、镁等元素组成的铝合金材料。它除了具有良好的抗冲击性、焊接性和切削加工性外，经过热处理强化（淬火加时效）后强度和硬度能进一步提高，可以用作飞机结构支架、翼肋、螺旋桨、铆钉等零件。

② 铜及铜合金。铜及铜合金的种类很多，一般分为紫铜（纯铜）、黄铜、青铜和白铜等。

a. 纯铜。纯铜因其表面呈紫红色，故亦称紫铜。它具有极好的导电和导热性能，大多用于电器元件或用作冷凝器、散热器和热交换器等零件。纯铜还具有良好的塑性，通过冷、热态塑性变形可制成板材、带材和线材等半成品。此外，纯铜在大气中具有较好的耐蚀性。

我国工业纯铜的牌号是用符号"T"（铜字汉语拼音字首）和顺序数字组成。如 T1，T2，T3，T4，其中顺序数字越大，表示纯度越低。

b. 黄铜。铜和锌所组成的合金叫黄铜。当黄铜中含锌量小于 39％时，锌能全部溶解在铜内。这类黄铜具有良好的塑性，可在冷态或热态下经压力加工（轧、锻、冲、拉、挤）成形。按其加工方式不同，可将黄铜分为压力加工黄铜和铸造黄铜两种。

压力加工黄铜的牌号由符号"H"（黄字汉语拼音字首）和数字组成。如 H68 黄铜，表示其含铜量为 68％，含锌量为 32％。

铸造黄铜牌号以 ZCu＋主加元素符号＋主加元素平均含量＋辅加元素符号＋辅加元素平均含量组成。如 ZCuZn38 表示含锌量为 38％的铸造黄铜，ZCuZn40Pb2 表示含锌量为 40％，含铅量为 2％的铸造铅黄铜。

c. 青铜。由于主加元素不同，青铜分为锡青铜、铍青铜、铝青铜、铅青铜及硅青铜等。除锡青铜外，其余均为无锡青铜。

青铜的牌号是用符号"Q"（青字汉语拼音字首）和数字组成。如 QSn4-3，表示其含锡量为 4％，含锌量为 3％的锡青铜。QAl17 表示其含铝量为 17％的铝青铜。

铸造青铜牌号表示法与铸造黄铜类似。如 ZCuSn5Pb5Zn5 表示含锡量为 5％，含铅量为 5％，含锌量为 5％的铸造锡青铜。

1.3.2　非金属材料

非金属材料是近些年发展非常迅速的工程材料，因其具有金属材料无法具备的某些性能（如电绝缘性、耐腐蚀性等），在工业生产中已成为不可替代的重要材料，如高分子材料和工业陶瓷。

（1）塑料

塑料是高分子化合物，其主要成分是合成树脂，在一定的温度、压力下可软化成形，是最主要的工程结构材料之一。由于塑料具有许多优良的性能，例如具有良好的电绝缘性、耐腐蚀性、耐磨性、成形性，密度小，因此不仅在日常生活中随处可见，而且在工程结构中也被广泛应用。

塑料的种类很多，按热性能可分为热塑性塑料和热固性塑料两大类。

热塑性塑料在加热时可软化和熔融，冷却后能保持一定的形状，再次加热时又可软化和熔融，具有可塑性。

热固性塑料在固化后，不能再次软化和熔融，不再具有可塑性。

常用热塑性塑料和热固性塑料的名称、性能、用途如表1-6所示。

表1-6 常用热塑性塑料和热固性塑料的名称、性能、用途

名 称		性 能	应用举例
热塑性塑料	聚乙烯	无毒、无味；质地较软，比较耐磨、耐腐蚀，绝缘性较好	薄膜、软管、塑料管、板、绳等
	聚丙烯	具有良好的耐腐蚀性、耐热性、耐曲折性、绝缘性	机械零件、医疗器械、生活用具，如齿轮、叶片、壳体、包装袋等
	聚苯乙烯	无色、透明；着色性好；耐腐蚀、绝缘，但易燃、易脆裂	仪表零件、设备外壳及隔音、包装、救生等器材
	丙烯腈-丁二烯-苯乙烯(ABS)	具有良好的耐腐蚀性、耐磨性、加工工艺性、着色性等综合性能	轴承、齿轮、叶片、叶轮、设备外壳、管道、容器、车身、转向盘等
	聚酰胺，即尼龙(PA)	强度、韧性较高；耐磨性、自润滑性、成形工艺性、耐腐蚀性良好；吸水性较大	仪表零件、机械零件、电缆保护层，如油管、轴承、导轨、涂层等
	聚甲醛	具有优异的综合性能，如良好的耐磨性、自润滑性、耐疲劳性、冲击韧性及较高的强度、刚度等	齿轮、轴承、凸轮、制动闸瓦、阀门、化工容器、运输带等
	聚碳酸酯(PC)	透明度高；耐冲击性突出，强度较高，抗蠕变性好；自润滑性能差	齿轮、涡轮、凸轮；防弹窗玻璃，安全帽、汽车挡风玻璃等
	聚四氟乙烯	耐热性、耐寒性极好；耐腐蚀性极高；耐磨、自润滑性优异等	化工用管道、泵、阀门；机械用密封圈、活塞环；医用人工心、肺等
	有机玻璃	透明度好、透光率很高；强度较高；耐酸、碱，不宜老化；表面易擦伤	油标、窥镜、透明管道、仪器、仪表等
热固性塑料	酚醛塑料	具有较高的强度、硬度；绝缘性、耐热性、耐磨性好	电器开关、插座、灯头；齿轮、轴承、汽车刹车片等
	氨基塑料	表面硬度较高；颜色鲜艳、有光泽；绝缘性良好	仪表外壳、电话外壳、开关、插座等
	环氧塑料	强度较高；韧性、化学稳定性、绝缘性、耐寒性、耐热性较好；成形工艺性好	船体、电子工业零部件等

(2) 橡胶

橡胶与塑料的不同之处是橡胶在室温下具有很好的弹性。经硫化处理和炭黑增强后，其拉伸强度达25~35MPa，并具有良好的耐磨性。如表1-7所示为常见橡胶的名称、性能和应用。

表1-7 常见橡胶的名称、性能和应用

名 称	性 能	应用举例
天然橡胶	电绝缘性优异；弹性很好；耐碱性较好；耐溶剂性差	轮胎、胶带、胶管等
合成橡胶	耐磨、耐热、耐老化性能较好	轮胎、胶布、胶板；三角带、减振器、橡胶弹簧等
特种橡胶	耐油性、耐蚀性较好；耐热、耐磨、耐老化性较好	输油管、储油箱；密封件、电缆绝缘层等

(3) 陶瓷材料

陶瓷是各种无机非金属材料的统称，在现代工业中具有很好的发展前景。预计未来世界将是陶瓷材料、高分子材料、金属材料三足鼎立的时代，它们构成了固体材料的三大支柱。

常见工业陶瓷的分类、性能和用途见表1-8。

表 1-8　常见工业陶瓷的分类、性能和用途

分　类	主要性能	应用举例
普通陶瓷	质地坚硬;有良好的抗氧化性、耐蚀性、绝缘性;强度较低;耐一定高温	日用、电气、化工、建筑用陶瓷,如装饰陶瓷、餐具、绝缘子、耐蚀容器、管道等
特种陶瓷	有自润滑性及良好的耐磨性、化学稳定性、绝缘性;耐腐蚀、耐高温;硬度高	切削工具、量具、高温轴承、拉丝模、高温炉零件、内燃机火花塞等
金属陶瓷(硬质合金)	强度高;韧性好;耐腐蚀;高温强度好	刃具、模具、喷嘴、密封环、叶片、涡轮等

1.3.3　复合材料

复合材料是由两种或两种以上物理、化学性质不同的物质,经人工合成的材料。它保留了各组成材料的优良性能,从而得到单一材料所不具备的优良的综合性能。最常见的人工复合材料,如钢筋混凝土是由钢筋、石子、沙子、水泥等制成的复合材料,轮胎是由人造纤维与橡胶合成的复合材料。

复合材料一般由增强材料和基体材料两部分组成,增强材料均匀地分布在基体材料中。增强材料有纤维(玻璃纤维、碳纤维、硼纤维、碳化硅纤维等)、丝、颗粒、片材等。基体材料有金属基和非金属基两类,金属基体主要有铝合金、镁合金、钛合金等。非金属基体材料有合成树脂、陶瓷等。

复合材料种类繁多,性能各有特点。如玻璃纤维和合成树脂的合成材料具有优良的强度,可制造密封件及耐磨、减摩的机械零件。碳纤维复合材料密度小、比强度高,可应用于航空、航天及原子能工业。

1.4　钢的热处理

钢的热处理是将固态金属或合金在一定介质中加热、保温和冷却,以改变其组织,从而获得所需性能的工艺方法。热处理和其他加工工艺(锻压、铸造、焊接、切削加工)不同,它的目的不是改变钢件的外形和尺寸,而是改变其内部组织和性能。

在机械零件或工模具的制造过程中,往往要经过各种冷热加工,同时在各加工工序之间还经常要穿插多次热处理工艺。按热处理的作用不同可分为预备热处理和最终热处理,它们在零件的加工工艺路线中所处的位置如下:

铸造或锻造→预备热处理→机械(粗)加工→最终热处理→机械(精)加工

为使工件满足使用条件下的性能要求而进行的热处理称为最终热处理,如淬火＋回火等工序;为了消除前道工序造成的某些缺陷,或为随后的切削加工和最终热处理作好组织准备的热处理,称为预备热处理,如退火、正火工序。

钢的热处理的工艺过程包括加热、保温和冷却三个阶段,它可用温度-时间坐标图来表示,称为钢的热处理工艺曲线,如图 1-10 所示。

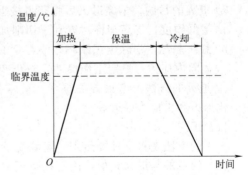

图 1-10　钢的热处理工艺曲线

1.4.1 热处理工艺

(1) 热处理工艺分类

根据加热、保温和冷却工艺方法的不同，热处理工艺大致分为整体热处理、表面热处理和化学热处理。常用钢的热处理分类见表1-9。

表1-9 常用钢的热处理分类

分 类	特 点	常 用 方 法
整体热处理	对工件整体进行穿透加热	退火、正火、淬火＋回火、调质等
表面热处理	仅对工件表面进行的热处理工艺	表面淬火和回火（如感应加热淬火）、气相沉积
化学热处理	改变工件表层的化学成分、组织和性能	渗碳、渗氮、碳氮共渗、氮碳共渗、渗金属、多元共渗等

(2) 常用热处理设备

加热炉是热处理车间的主要设备，通常的分类方法为：按能源分为电阻炉、燃料炉；按工作温度分为高温炉（＞1000℃）、中温炉（650～1000℃）、低温炉（＜650℃）；按工艺用途分为正火炉、退火炉、淬火炉、回火炉、渗碳炉等；按形状结构分为箱式炉、井式炉等。常用的热处理加热炉有电阻炉和盐浴炉。

① 箱式电阻炉。箱式电阻炉是由耐火砖砌成的炉膛及侧面和底面布置的电热元件组成。通电后，电能转化为热能，通过热传导、热对流、热辐射达到对工件的加热。箱式电阻炉一般根据工件的大小和装炉量的多少选用。中温箱式电阻炉应用最为广泛，常用于碳素钢、合金钢零件的退火、正火、淬火及渗碳等。

② 井式电阻炉。井式电阻炉的特点是炉身如井状置于地面以下。炉口向上，特别适用于长轴类零件的垂直悬挂加热，可以减少弯曲变形。另外，对于井式炉可用吊车装卸工件，故应用较为广泛。

③ 盐浴炉。盐浴炉是用液态的熔盐作为加热介质对工件进行加热，特点是加热速度快而均匀，工件氧化、脱碳少，适用于细长工件悬挂加热或局部加热，可以减少变形。

1.4.2 热处理工艺方法

热处理的方法很多，常见的有退火、正火、淬火和回火，还有表面热处理，如表面淬火、化学热处理等。

(1) 退火

退火是将工件加热到临界温度以上的适当温度，保持一定时间，然后缓慢冷却（一般随炉冷却）的热处理工艺。

① 退火的目的。钢经退火后将获得接近于平衡状态的组织，退火的主要目的如下。

a.降低硬度，提高塑性，以利于切削加工或继续冷变形；

b.细化晶粒，消除组织缺陷，改善钢的性能，并为最终热处理作组织准备；

c.消除内应力，稳定工作尺寸，防止变形与开裂。

② 退火的方法。退火方法很多，通常按退火目的的不同，可分为完全退火、球化退火、均匀化退火和去应力退火等。

(2) 正火

正火的方法是将工件加热到一定温度下，保温一定时间后，在空气中冷却。

正火的目的与退火相似，由于在空气中冷却，冷却速度稍快，正火后得到的组织比退火得到的更细，硬度也高一些。与退火相比，正火生产周期短，生产率高，所以应尽量用正火替代退火。在生产中，低碳钢常采用正火来提高切削性能，对一些不重要的中碳钢零件也可将正火作为最终热处理过程。

（3）淬火

淬火是将工件加热到一定温度，保温一定时间后，在水或油中快速冷却。

钢淬火的目的是提高钢的硬度和耐磨性。

（4）回火

回火是在淬火后必须进行的一种热处理工艺。因为工件淬火以后，得到的组织很不稳定，存在较大的内应力，极易造成裂纹，如在淬火后及时进行回火，就能不同程度地稳定组织，消除内应力，获得所需要的使用性能。

根据不同的回火温度，回火处理有高温回火、中温回火和低温回火三种。

高温回火的温度为500～650℃，淬火加高温回火称调质处理。调质处理适用于中碳钢，可获得较好的综合力学性能，它适用于生产重要零件（如轴、齿轮和连杆等）。中温回火（250～500℃）后，材料具有较好的弹性，硬度适中，适用于各种弹性零件（如弹簧）的生产。低温回火（150～250℃）后，材料仍保持较高的硬度，使工件具有很好的耐磨性，它适用于各种工具、滚动轴承等。

（5）表面淬火

表面淬火是将零件表层以极快的速度加热到临界温度以上使其表层材料奥氏体化，而心部材料因受热较少还来不及达到临界温度，接着用淬火介质进行急冷，使表层材料被淬成马氏体，心部仍保持淬火前组织的一种工艺。经表面淬火后，钢件得到表层硬度高、耐磨，心部硬度低、韧性好的性能。表面淬火有多种方法，现在常用感应加热表面淬火法，此外还有火焰加热表面淬火法、电接触加热表面淬火法等。

（6）化学热处理

将金属或合金工件置于一定温度的活性介质中保温，使一种或几种元素渗入它的表层，以改变其化学成分、组织和性能的热处理工艺，称为化学热处理。

化学热处理可以使工件的表层和心部得到迥然不同的组织和性能，从而显著提高零件的使用质量，延长使用寿命；它还能使一些价廉易得的材料改善性能，来代替某些比较贵重的材料。因此，近年来化学热处理有很大的发展。

化学热处理种类很多，按其主要目的大致可分两类：一类是以强化为主，例如渗碳、氮化（渗氮）、碳氮共渗、渗硼等，它们的主要目的是使零件表面硬度高、耐磨且疲劳抗力提高；另一类是以改善工件表面的物理、化学性能为主，如渗铬、渗铝、渗硅等，目的是提高工件表面的抗氧化、耐腐蚀等性能。

复习思考题

1. 什么是钢？钢是如何分类的？
2. 合金钢如何分类？
3. 普通碳素钢如何分类？说明其用途。
4. 优质碳素钢如何分类？说明其用途。
5. 什么是退火？其目的是什么？
6. 什么是淬火？其目的是什么？
7. 为什么淬火后必须回火？

第2章 铸 造

2.1 概 述

将熔融金属液浇入具有和零件形状相适应的铸型空腔中，凝固后获得一定形状和性能的金属件（铸件）的方法称为铸造。

铸件作为毛坯，需要经过机械加工后才能成为各种机器零件；有的铸件当达到使用的尺寸精度和表面粗糙度要求时，可作为成品或零件直接使用。

熔融金属和铸型是铸造的两大基本要素。铸造用金属有：铸铁、铸钢、铸造铝合金、铸造镁合金及铸造铜合金等。铸型用型砂、金属或其他耐火材料制成，形成铸件形状和空腔等部分。

铸造的生产方法有砂型铸造和特种铸造两大类。砂型铸造广泛用于铸铁和铸钢件的生产。

砂型铸造的生产工序很多，主要工序为：制模、制芯盒、配砂、造型、造芯、合型、熔炼、浇注、落砂、清理和检验。图2-1为压盖铸件的生产工序流程图。图2-2为压盖铸件的铸型装配图（各部分名称见图）。其中浇注系统（浇口）——为浇注金属液而开设于铸型中的一系列通道通常由外浇道、直浇道、横浇道和内浇道组成。

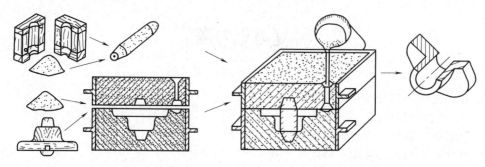

图2-1 压盖铸件生产工序流程

对于某些特殊铸件，还可采用其他特种铸造方法，如熔模铸造、金属型铸造、压力铸造、低压铸造、离心铸造、壳型铸造和消失模铸造等。

铸造的优点是适应性强（可制造各种合金类别、形状和尺寸的铸件），成本低，其缺点是生产工序多，铸件质量难以控制，铸件力学性能较差，劳动强度大。铸造主要用于形状复杂的毛坯件生产，如机床床身、发动机气缸体、各种支架、箱体等。它是制造具有复杂结构的金属件的最灵活的成形方法。

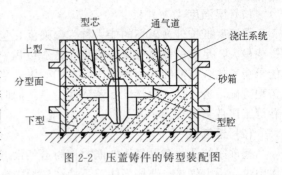

图 2-2　压盖铸件的铸型装配图

2.2　型　砂

造型过程中，型砂在外力作用下成形并达到一定的紧实度或密度而成为砂型。型砂的质量直接影响着铸件的质量，型砂质量不好会使铸件产生气孔、砂眼、黏砂和夹砂等缺陷，这些缺陷造成的废品约占铸件总废品的 50％ 以上。中小铸件广泛采用湿型砂（不经烘干可直接浇注的砂型），大铸件则用干型砂（经过烘干的砂型）。

2.2.1　型砂的种类

型砂根据用途可分为面砂、背砂、单一砂；根据浇注金属种类分为铸钢用砂、铸铁用砂、有色金属用砂；根据造型种类分为干型砂、湿型砂、表面干型砂。此外，按黏结剂的不同，型砂可分为黏土砂、水玻璃砂、植物油砂、合脂砂和树脂自硬砂。黏土砂是以黏土（包括膨润土和普通黏土）为黏结剂的型砂，其用量约占整个铸造用砂量的 70％～80％。

2.2.2　湿型砂的组成

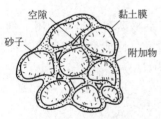

图 2-3　型砂的组成示意图

湿型砂也称潮模砂，主要由石英砂、膨润土、煤粉和水等材料组成，经过混制成为符合造型要求的混合物。石英砂是主体，主要成分是 SiO_2（耐高温）；膨润土黏结性较大，吸水后形成胶状的黏土膜，用作黏结剂，使砂粒黏结起来，使型砂具有必要的强度和韧性；煤粉（附加物）可以改善型砂所需要的性能，或起防止铸铁件黏砂的作用；砂粒之间的空隙起透气作用。紧实后的型砂结构如图 2-3 所示。

2.2.3　对湿型砂的性能要求

为保证铸件质量，必须严格控制型砂的性能。对湿型砂的性能要求分为两类：一类是工作性能，指砂型承受自重、外力、高温金属液烘烤和气体压力等作用的能力，包括湿强度、透气性、耐火度和退让性等。另一类是工艺性能，指便于造型、修理和起模的性能，如流动性、韧性、起模性等。根据铸件合金的种类，铸件的大小、厚薄、浇注温度、砂型紧实方法、起模方法、浇注系统的形状、位置和出气等情况，以及砂型表面风干情况等的不同，对湿型砂的性能提出不同的要求。最主要的，即直接影响铸件质量和造型工艺的湿型砂性能有水分、透气性、湿强度、耐火度、退让性、流动性、韧性等。

（1）湿强度

湿型砂抵抗外力破坏的能力称为湿强度，包括抗压、抗拉和抗剪强度等，其中抗压强度影响最大。足够的强度可保证铸型在铸造过程中不破损、塌落、胀大及避免在浇注时铸型可能承受不住金属液的冲刷和冲击，造成砂眼缺陷。但强度太高，需要加入更多的黏土，会使铸型过硬，透气性、退让性和落砂性变差，同时也增加了生产成本，而且给混砂、紧实和落砂等工序带来困难。

（2）透气性

型砂间的孔隙透过气体的能力称为透气性。在浇注时，砂型中会产生大量气体，液体金属中也会析出气体，这些气体若不能从砂型中排出，在铸件里就会形成气孔。如果型砂透气性差，气体会留在型砂内，浇铸过程中就有可能发生呛火，使铸件产生气孔、浇不到等缺陷；但透气性太高会使型砂疏松，铸件易出现表面粗糙和机械黏砂现象。

（3）耐火度

耐火度是指型砂经受高温热作用的能力。若耐火度差，铸件表面将产生黏砂，使切削加工困难，甚至造成废品。

（4）退让性

铸件凝固和冷却过程中产生收缩时，型砂能被压缩、退让的性能称为退让性。型砂退让性差，会使铸件收缩受到阻碍，产生内应力和变形、裂纹等缺陷。使用无机黏结剂的型砂，高温时发生烧结，退让性差；使用有机黏结剂的型砂退让性较好。为提高型砂的退让性，常在型砂中加入锯末、焦炭粒等材料。

此外，型砂除应具有上述性能外，还应具有较好的可塑性、流动性、耐用性，同时还必须有较低的吸湿性、较小的发气性、良好的溃散性等。

湿型砂必须含有适量水分，太干或太湿均不适于造型，也难铸造出合格的铸件。因此，型砂的干湿程度必须保持在一个适宜的范围内。

判断型砂的干湿程度有以下几种方法：

① 水分法：水分也叫含水量或湿度，它是表示型砂中水的质量分数。但是这种参数只能说明型砂中所含自由水分的绝对数量，并不反映型砂的干湿程度。型砂的成分不同，达到最适宜干湿程度的水分也不同。

② 手捏感觉法：用手攥一把型砂，感到潮湿但不粘手，且手感柔和，印在砂团上的手指痕迹清楚，砂团掰断时断面不粉碎，说明型砂的干湿程度适宜、性能合格，如图 2-4 所示。这种方法简单易行，但需凭个人经验，因人而异，也不准确。

(a) 型砂温度适当时　　(b) 手放开后可看　　(c) 折断时断面无粉碎状，有足够的强度
可用手捏成砂团　　　　出清晰的轮廓

图 2-4　手捏感觉法检测型砂

③ 紧实率法：紧实率是指一定体积的松散型砂试样紧实前后的体积变化率。较干的型砂自由流入试样筒时，砂粒堆积得较密实（密度较高），则紧实率小。这种型砂流动性好，但韧性差，发脆，起模时容易损坏，砂型转角处容易破碎，铸件易产生冲砂、砂眼等缺陷。而较湿的型砂流动性差，紧实后体积减小较多，即紧实率大。这种型砂湿强度和透气性很

差，砂型硬度不均匀，铸件易出现气孔、夹砂结疤和表面粗糙等缺陷。

　　紧实率能较科学地表示湿型砂的干湿程度。对手工造型和一般机器造型的型砂，要求紧实率保持在 45%～50%，对高密度型砂则要求为 35%～40%。

2.2.4　模样、芯盒与砂箱

　　模样和芯盒是造型和制芯的模具。模样用来形成铸件外部形状，生产中常用的模样有：木模、金属模和塑料模等。芯盒用来造芯，以形成铸件内部形状。从芯盒的分型面和内腔结构来看，芯盒的常用结构形式有分开式、整体式和可拆式。整体式芯盒一般用于制作形状简单、尺寸不太大和容易脱模的型芯，它的四壁不能拆开，芯盒出口朝下即可倒出型芯。可拆式芯盒结构较复杂，它由内盒和外盒组成。在单件小批生产中，广泛用木材来制造模样和芯盒，在大批大量生产中，常用铸造铝合金、塑料等来制造。

　　铸造生产中用模样制造型腔，浇入液态金属，待其冷却凝固后获得铸件。铸件经过切削加工即变成了零件。

　　在形状上，铸件和零件的差别在于有无起模斜度、铸造圆角，还有零件上尺寸较小的孔，在铸件上则不铸出等。铸件和模样的差别因铸件结构、造型方法的不同而呈现多样化。铸件是个整体，模样则可能是由几部分（包括活块等）组成的；铸件上有孔的部位，模样则可能是实心的，甚至还多出芯头的部分；简单的铸件也可能与模样在形状上相似。

　　由于模样形成铸型的型腔，故模样的结构一定要考虑铸造的特点。为便于取模，在垂直于分型面的模样壁上要做出斜度（称起模斜度），模样上壁与壁的连接处应采用圆角过渡，考虑金属冷却后尺寸变小，模样的尺寸比零件的尺寸要大一些（称收缩余量），在零件的加工面上留出机械加工时切除的多余金属层（称加工余量），有内腔铸件的模样上，要做出支持型芯的芯头。图 2-5 是滑动轴承的零件图、铸造工艺图、铸件图和模样。

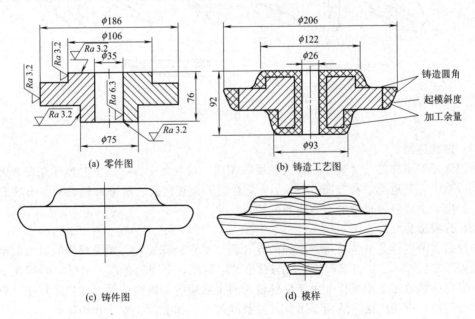

图 2-5　滑动轴承的零件图、铸造工艺图、铸件图和模样

　　砂箱是铸造生产常用的工装，造型时用来容纳和支承砂型，同时，在浇注时对砂型起固定的作用。合理选用砂箱可以提高铸件质量和劳动生产率，减轻劳动强度。

<h2>2.3　手工造型和制芯</h2>

<h3>2.3.1　手工造型</h3>

手工造型是指全部用手或手动工具完成的造型工序，其操作灵活、工艺装备简单，但生产效率低，劳动强度大，仅适用于单件或小批量生产。手工造型的方法很多，按模样特点主要分为整模、分模、活块模、挖砂等造型方法。

手工造型常用的工具如图 2-6 所示。其中：砂箱用来支承砂型；底板用于放置模样；春砂锤的尖头用来春砂，平头用来打紧砂箱顶部的砂；手风箱用来吹去型腔中的散砂；浇口棒用来形成浇口；通气针用来扎通气孔；起模针用来起模；墁刀用来修平面及挖沟槽；秋叶用于修凹的曲面；砂钩用于修深的底部或侧面，以及钩出砂型中的散砂；半圆用来修圆柱形内壁和内圆角。

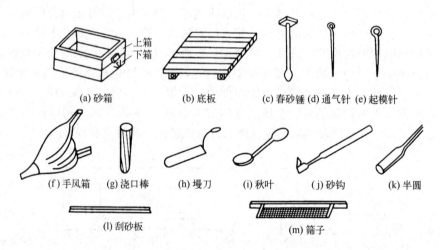

(a) 砂箱　　(b) 底板　　(c) 春砂锤 (d) 通气针 (e) 起模针

(f) 手风箱　(g) 浇口棒　(h) 墁刀　(i) 秋叶　(j) 砂钩　(k) 半圆

(l) 刮砂板　　　　　　　(m) 筛子

图 2-6　造型工具

(1) 整模造型

整模造型的模样是一个整体，最大截面在模样一端且是平面，造型时模样全部或大部分在一个砂箱内，其造型过程如图 2-7 所示。整模造型操作简便，所得铸型型腔的形状和尺寸精确，适用于生产各种批量的形状简单的铸件。

(2) 分模造型

分模造型的模样是分体结构，模样的分开面（也称分模面）必须是模样的最大截面，造型过程如图 2-8 所示。其造型操作方法与整模基本相似，不同的是造上型时，必须在下箱的模样上靠定位销放正上半模样。由于模样位于两个砂箱内，因而铸件尺寸精度较差。分模造型操作较简便，应用广泛，适用于形状较复杂的铸件，如套管、管子和阀体等。

(3) 活块模造型

模样上可拆卸的或能活动的部分叫活块，采用带有活块的模样造型的方法称为活块模造型。起模时，先取出模样主体，然后从型腔侧壁取出活块，如图 2-9 所示。

为了便于取出活块，要求活块的厚度小于该处模样厚度的二分之一。

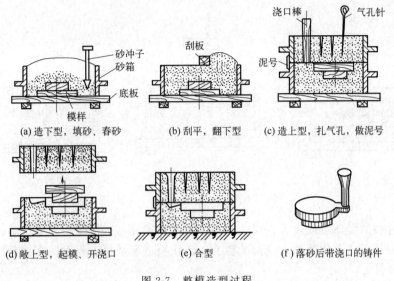

图 2-7　整模造型过程

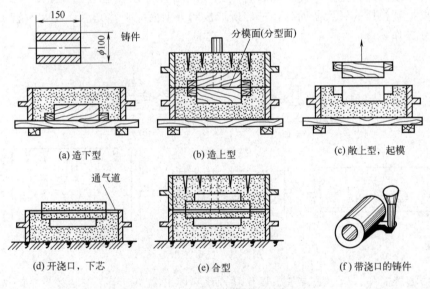

图 2-8　套筒的分模造型过程

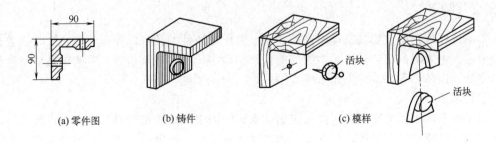

(a) 零件图　　　　(b) 铸件　　　　(c) 模样

图 2-9

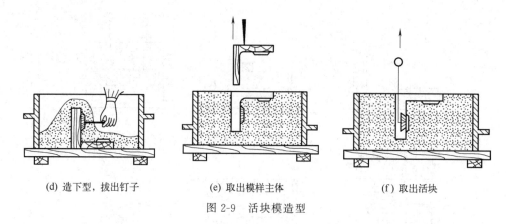

(d) 造下型，拔出钉子　　　　(e) 取出模样主体　　　　(f) 取出活块

图 2-9　活块模造型

活块模造型的操作难度较大，对工人操作技术要求较高，产量小，生产率低。要求产量较大时，可用外型芯取代活块，使造型容易。活块模造型适用于有无法直接起模的凸台、肋条等结构的铸件。

（4）挖砂造型

需要对分型面进行挖修才能取出模样的造型方法称为挖砂造型，如图 2-10 所示。挖砂造型一定要挖到模样的最大截面处，挖砂所形成的分型面应平整光滑，坡度不能太大，以便开箱和合型操作。

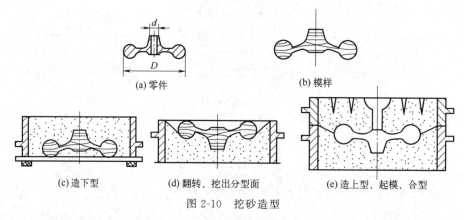

(a) 零件　　　　　　　　　　　　(b) 模样

(c) 造下型　　　　(d) 翻转、挖出分型面　　　　(e) 造上型、起模、合型

图 2-10　挖砂造型

挖砂造型耗时长，生产效率低，操作技术水平要求高，适用于形状较复杂的铸件的单件生产。

2.3.2　制芯

形成铸件外形的主要是模样制成的砂型，而限制铸件的孔或内腔形状的主要是型芯盒制成的型芯。绝大部分型芯是由芯砂制成的，又称砂芯。用芯砂制造砂芯，和制造砂型有很多相似之处，但砂芯和砂型的工作条件不同。

（1）芯砂

由于砂芯的表面被高温金属液所包围，受到的冲刷及烘烤比砂型厉害，所以要求砂芯应有比砂型更高或更好的强度、耐火度、透气性和退让性。冷凝时，砂芯受到金属收缩挤压的作用，为减少和防止铸件形成内应力、变形或开裂，砂芯的热变形性也要比砂型好。为了便于铸件落砂时清理，砂芯还要具有良好的溃散性。

一般砂芯使用黏土作黏结剂。形状复杂、强度要求较高的芯，多用合脂砂；少数壁薄、形状极复杂的芯需用桐油砂；大批量生产的复杂芯宜用树脂砂。为了增加芯砂的退让性，常在芯砂中加入锯末等附加物。

（2）制芯工艺

制芯时，除采用合适的材料外，还必须采取以下工艺措施：

① 安放芯骨：芯骨如图 2-11 所示，它的作用是加强型芯的强度，以防止砂芯在制造、搬运、使用及浇铸过程中损坏。

② 开通气道：如图 2-12 所示，为顺利排出型芯中的气体，制造时要开出通气道，且需与铸型的通气孔连通。

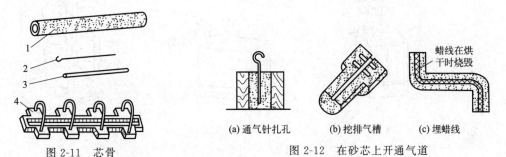

图 2-11 芯骨
1—钢管；2—铁丝；3—铁棒；4—铸焊芯骨

图 2-12 在砂芯上开通气道
(a) 通气针扎孔 (b) 挖排气槽 (c) 埋蜡线

③ 刷涂料：刷涂料是为防止铸件黏砂，改善铸件内腔表面的粗糙度。铸铁件砂芯常用石墨涂料，铸钢砂芯则用硅石粉涂料，非铁合金铸件的砂芯可用滑石粉涂料。

④ 烘干：烘干砂芯可以提高砂芯强度和透气性，减少浇注时砂芯产生的气体，保证铸件的质量。

（3）制芯方法

型芯可用手工和机器制造，方法包括芯盒和刮板制造。其中手工型芯盒制造最为常用。根据芯盒材料不同，手工制芯有塑料芯盒、金属芯盒、木芯盒制芯，根据芯盒结构不同，手工制芯有以下三种方法：

① 整体式芯盒制芯：用于制造形状简单的中小型芯，如图 2-13 所示。

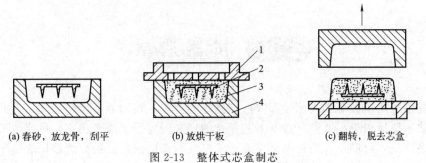

(a) 舂砂，放龙骨，刮平   (b) 放烘干板   (c) 翻转，脱去芯盒

图 2-13 整体式芯盒制芯
1—烘干板；2—龙骨；3—砂芯；4—芯盒

② 对分式芯盒制芯：多用于制造简单型芯，特别适用于圆形截面的型芯制作。制芯过程如图 2-14 所示。

③ 可拆式芯盒制芯：适用于制造形状复杂的型芯。其操作方式与对分式芯盒制芯相似，不同的是可拆式是把妨碍砂芯取出的芯盒部分做成活块，取芯时，从不同方向分别取下活

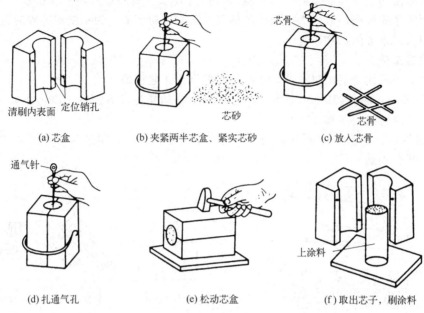

(a) 芯盒　　　　　　　(b) 夹紧两半芯盒、紧实芯砂　　　　　(c) 放入芯骨

(d) 扎通气孔　　　　　　　(e) 松动芯盒　　　　　　　(f) 取出芯子，刷涂料

图 2-14　对分式芯盒制芯过程

块，如图 2-15 所示。

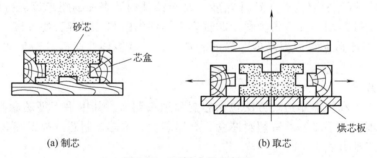

(a) 制芯　　　　　　　　　　　　(b) 取芯

图 2-15　可拆式芯盒制芯

2.4　机 器 造 型

　　机器造型是用机械全部或部分完成造型操作的方法。其动力是压缩空气。上面介绍的手工造型方法主要适用于小批量、造型工艺复杂的场合。与手工造型相比，机器造型生产效率高，劳动强度低，对操作者的技术水平要求不高，砂型质量好，铸件型腔轮廓清晰，尺寸精度高，但机器造型用的设备及工艺装备费用较高，生产准备周期较长，对产品变化的适应性比手工造型差，因此机器造型主要用于成批、大量生产。

　　机器造型常使用模板造型，由于无法造出中型，所以一般只适用于两箱造型，且不宜使用活块造型。机器造型采用模板和砂箱在专门的造型机上进行。模板是将砂型模样及浇注系统的模样与底板装配成一体，并附设砂箱定位装置的造型工装。

　　按紧实砂型方式不同，常用的机器造型方法有振压造型和射压造型等。

2.4.1 振压造型

由于型砂紧实均匀，且常采用单机造型，所以振压造型在生产中应用较多。图 2-16 为振压式造型机的造型过程示意图，其造型过程基本工序有填砂、振实、压实和起模。

（1）填砂

将砂箱放在模板上，如图 2-16（c）所示，型砂通过漏斗填满砂箱。

（2）振实

压缩空气经振击活塞、压实活塞中的通道进入振击活塞的底部，顶起活塞、模板和砂箱。当活塞上升到排气孔位置时，内部气体得以排除。自重使得振击活塞、模板、砂箱等一起下落，发生撞击振动。如此循环，砂箱的下部型砂经反复振击而被紧实，如图 2-16（d）所示。

（3）压实

压缩空气由底部进气孔进入压实气缸内，顶起压实活塞、振击活塞、模板和砂型，使型砂受到压板的压实，如图 2-16（e）所示。

（4）起模

起模气缸内经进气孔进气，压缩起模活塞，推动同步架顶起 4 根起模顶杆，使模样起出，如图 2-16（f）所示。

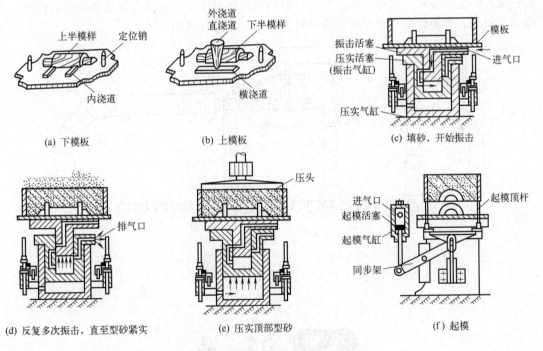

(a) 下模板　　　　　(b) 上模板　　　　　(c) 填砂，开始振击

(d) 反复多次振击，直至型砂紧实　　(e) 压实顶部型砂　　　(f) 起模

图 2-16　振压式造型机造型过程示意图

2.4.2 射压造型

射压造型是利用空气骤然膨胀将型砂高速射入砂箱而进行填砂和紧实的方法。特点是砂型紧实度分布均匀，生产速度快，工作无振动噪声。一般应用在中小型铸件的批量生产中。图 2-17 为射压造型机的工作原理图。

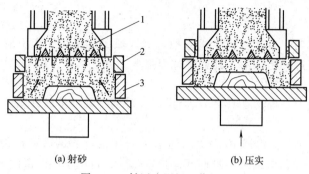

(a) 射砂   (b) 压实

图 2-17　射压造型机工作原理

1—射砂头；2—辅助框；3—砂箱

此外还有抛砂紧实造型、气冲造型、高压造型和微振压实造型等。

2.4.3　造型生产线

图 2-18 为造型生产线示意图，两台造型机分别造上型、下型，工艺流程为：下型经轨道送至翻箱机翻转，再经落箱机送至铸型输送机平板上，手工放芯；上型造好后经翻转、检查，进入合箱机，通过定位销准确合型，铸型运至压铁机下放压铁，在浇注段进行浇注，而后进入冷却室，冷却、取走压铁，然后在捅箱机处捅出砂型。空箱由输送机分别运回上、下型造型机处；带铸件的砂型则运到落砂机上，落砂后进行清理。

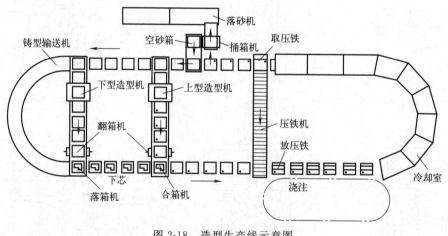

图 2-18　造型生产线示意图

2.5　合　型

合型是将铸型的各个组元，如上型、下型、型芯、浇注系统等组合成一个完整铸型的操作过程，俗称合箱。合型是造型工艺的最后一道工序，相当于机械制造过程中的装配工序。合型要保证铸型型腔几何形状及尺寸的准确和型芯的稳固。若合型不当，会使铸件产生错型、偏芯、跑火及夹砂等缺陷。合型后，应将上、下型紧扣或放上压铁，以防止浇注时上型被合金液抬起。如果合型不符合要求，即使砂型和型芯制造质量较高，同样也可以使铸件质量受损甚至报废。合型工作包括以下内容。

（1）铸型的检查与下芯

砂箱尽量水平放置，保证浇口杯处于方便浇注的位置，检查浇注系统、冒口、通气孔是否通畅，清理型腔内壁，并检查型芯的安装是否准确、稳固。

（2）定位合型

合型时应使上型保持水平下降，合型线对齐或定位销准确插入定位孔。对于单件、小批量生产，多采用划泥号定位。

（3）铸件的紧固

浇注时，金属液充满型腔，上型与芯头会受到金属液浮力作用，使上型抬起，铸件易出现跑火缺陷，因此浇注前要将铸件紧固。小批量生产多采用压铁压箱，大批量生产多使用压铁、卡子或螺栓紧固铸型。

2.6　金属的熔炼和浇注系统

2.6.1　金属的熔炼

（1）铸造合金种类

铸造所用金属材料种类繁多，有铸铁、铸钢、铸造铝合金、铸造铜合金等。其中铸铁应用最为广泛，铸铁件约占铸件总产量的 80%。工业中常用的铸铁是含碳量＞2.11%（通常为 2.8%～3.5%）的铁碳合金。它具有良好的铸造性、耐磨性、耐蚀性、减振性和导热性，以及适当的强度和硬度，因此应用比铸钢广泛。但其强度低，塑性差，所以制造受力大而复杂的铸件多采用铸钢。按照碳在铸铁中存在形式不同，一般分为灰铸铁、球墨铸铁、可锻铸铁等，其中灰铸铁最为常用，一般用冲天炉熔炼，且不需要炉前处理而可以直接浇注。

铸钢包括碳钢和合金钢。与铸铁相比，铸钢的流动性差、收缩率大、易吸气和氧化。但铸钢强度高，塑性好。其中合金钢还具有耐磨、耐蚀、耐热等特殊性能，某些高合金钢还具有比特种铸铁更好的加工性和焊接性。铸钢熔点高，熔炼时必须采用炼钢炉，如电弧炉和感应电炉等。由于铸钢容易产生浇不到、气孔、缩孔、黏砂、热裂等缺陷，要求其浇注温度高、型砂强度高且耐火度和透气性及退让性好，因此多采用干砂型铸造。铸钢多应用于工程结构件中的大中型铸件，特别是要求强度高且韧性好的铸件，如高压阀、火车轮、轧辊、大齿轮和锻锤机架等。

铸造非铁合金最常用的有铝合金、铜合金和镁合金等，其中铸造铝合金由于密度小，有一定的强度、塑性及耐蚀性，广泛用于制造发动机的气缸体、气缸盖、活塞等。而且铝合金比铜合金熔点低、价格便宜，所以应用更广泛。铸造铜合金具有比铸造铝合金更好的力学性能，且导电、导热性好和有优异的耐蚀性，多用于制造承受高应力、耐腐蚀、耐磨损的重要零件，如泵体、阀体、齿轮、轴承套等。铸造镁合金是最有发展前景的金属结构材料之一，与铝合金相比，镁合金具有密度小，强度和刚度好等优点，广泛应用于纺织、印刷、交通、航空航天、兵器、光学仪器及计算机制造等领域。

（2）合金的熔炼

铸造合金的熔炼是一个复杂的物理化学过程，是通过加热使金属由固态转变为液态，并通过冶金反应去除金属液中的杂质，使其温度和成分达到规定要求的过程和操作。熔炼是铸造生产过程中的重要环节，熔炼金属液的质量直接影响铸件的质量。熔炼时，既要控制金属液的温度，又要控制其化学成分，如果控制不当，铸件的化学成分和力学性能将达不到要求，会出现气孔、夹渣、缩孔等缺陷。同时在保证质量的前提下，应尽量减少能源和原料的消耗，减轻劳动强度，降低环境污染。合金熔炼的基本要求是优质、高效与低耗。

熔炼铸铁所使用的设备有冲天炉、电炉、坩埚炉、反射炉等，其中以冲天炉应用最为广泛。熔炼铸钢所用设备有电弧炉、感应电炉等。非铁合金熔炼中感应电炉和坩埚炉的使用较为广泛。

① 冲天炉熔炼：冲天炉是圆筒形竖式化铁炉。由于其制造成本低，操作简单，维护也不太复杂，可连续化铁、熔炼，生产效率高，因此国内大多数生产厂家都使用冲天炉来熔炼铸铁。其结构如图 2-19 所示。

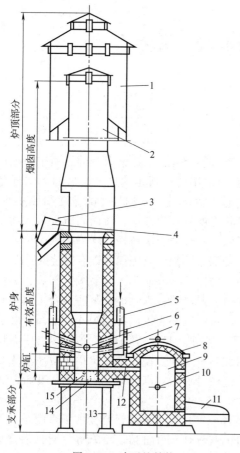

图 2-19 冲天炉结构

1—火花罩；2—烟囱；3—加料口；4—加料装置；
5—风管；6—风带；7—风口；8—前炉盖；
9—前炉；10—出渣口；11—出铁口；12—过桥；
13—支柱；14—炉底门；15—炉底

a. 冲天炉主要由烟囱、炉身、前炉、送风系统组成。

烟囱：用于排烟，其上装备能扑灭火花的除尘器，防止火灾和减轻环境污染。

炉身：冲天炉的主要的工作部位，内部砌有耐火砖层和炉衬，外部用钢板制成炉壳，冲天炉的加料、加热、熔化、送风等都是在炉身中进行的。其中炉缸用于贮存熔融的金属。

前炉：用于承接从炉缸中流出的高温铁液的容器，由过桥与冲天炉炉缸连接。

送风系统：空气由鼓风机鼓入，经风管、风带和风口进入炉内，自下而上流动，供焦炭燃烧，产生热量，熔化炉料。

冲天炉的主要附件设备有鼓风机和加料设备，此外还有各种检测仪表等。

b. 冲天炉的炉料包括金属炉料、燃料和熔剂三部分。

金属炉料：主要有生铁（高炉生铁）、回炉铁（主要是清理下来的浇口和冒口、报废铸件和回收的废旧铸件等）、废钢和铁合金（硅铁、锰铁等）。高炉生铁是炉料的主要部分，回炉铁可以降低铸件成本，废钢可以调整铁液的含碳量，铁合金则用于调整或补偿铁液的合金含量。

燃料：主要是焦炭，作用是获得炼铁所需的热量和温度。对焦炭的要求是其磷、硫等有害杂质含量低，发热量高，强度高，块度适中。

熔剂：比较常用的熔剂是石灰石（主要成分 $CaCO_3$）和萤石（CaF_2）。铁液中加入熔剂，可以降低炉渣的熔点，提高炉渣的流动性，使其易于与铁液分离而顺利地从出渣口排出。熔剂的加入量一般是焦炭用量的 1/5～1/3。

c. 冲天炉熔炼原理：冲天炉熔化铁时，炉料由上而下运动，被上升的热炉气预热，并在熔化区（底焦顶部）开始熔化。铁液在向下流动过程中，又被高温炉气和炽热的焦炭继续加热，温度约为1600℃时经过桥进入前炉，而后出炉时温度略有降低。鼓风机不断送入大量的空气，使焦炭燃烧，产生大量的高温热气流，热气流上升使下降的炉料温度不断升高；炉料和热气流相对流动，不断接触，产生了金属料的受热、熔化、过热及成分变化等各种物理和化学变化，从而使铁液获得较高的温度和一定的化学成分。即冲天炉是利用对流的原理来进行工作的。

冲天炉熔炼时的基本操作过程为：备料→修炉并烘干→加底焦→加炉料→送风熔化→排渣和出铁液→停风打炉。

② 感应电炉熔炼：感应电炉是根据电磁感应原理，利用炉料内感生的电能转化为热能来熔化金属的设备。其结构如图2-20所示。装金属炉料的坩埚外面缠绕内部可通冷却水的感应线圈，当通以一定频率的交流电时，其内外形成相同频率的交变磁场，炉膛内的金属炉料或铁液在交变磁场作用下产生感应电流，因炉料本身具有电阻而形成强大的涡流，产生的电阻热使炉料熔化和过热。熔炼铸铁、铸钢时需用耐火材料坩埚；熔炼非铁合金时多用铸铁坩埚或石墨坩埚。

感应电炉优点为：

a. 加热速度快，热量散失少，温度可调控，热效率高；

b. 碳、硫等元素损失少；

c. 无烟尘，噪声小，工作条件优越。

缺点为：耗电量大，去除硫、磷等有害元素作用差。

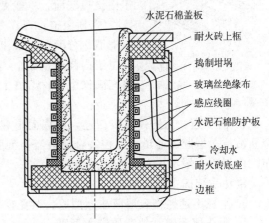

水泥石棉盖板
耐火砖上框
捣制坩埚
玻璃丝绝缘布
感应线圈
水泥石棉防护板
冷却水
耐火砖底座
边框

图2-20 感应电炉结构示意图

感应电炉按电源工作频率可分为：高频感应电炉、中频感应电炉、工频感应电炉三种。

③ 坩埚炉熔炼：坩埚炉熔炼是利用传导和辐射原理进行熔炼。熔炼时坩埚放在炉内，合金放在坩埚内，以避免合金与燃料直接接触，通过炉料燃烧产生的热量加热坩埚，使炉内的金属炉料熔化。

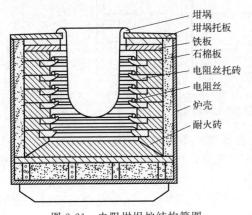

坩埚
坩埚托板
铁板
石棉板
电阻丝托砖
电阻丝
炉壳
耐火砖

图2-21 电阻坩埚炉结构简图

坩埚常用电阻、焦炭或煤气加热，一般只用于有色金属的熔炼。石墨坩埚炉适用于熔炼熔点较高的铜合金；电阻坩埚炉主要适用于熔炼铸造铝合金；耐热铸铁或铸钢坩埚适用于熔炼熔点较低的铝合金和锌合金等。

电阻坩埚炉如图2-21所示。其优点为：

a. 合金与燃料不直接接触，减少了金属的吸气和氧化；

b. 炉温便于控制；

c. 易于操作，工作条件优越。

缺点为：加热缓慢，熔炼时间长，耗电量大，主要用于铝合金的熔炼。

2.6.2 浇注系统

(1) 浇注系统的组成及作用

浇注系统由浇口杯、直浇道、横浇道、内浇道组成，是为使金属液填充型腔和冒口而开设于铸型中的一系列通道。各部分如图2-22所示，作用如下：

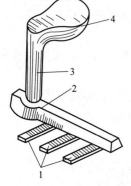

图2-22 浇注系统
1—内浇道；2—横浇道；
3—直浇道；4—浇口杯

① 浇口杯：外浇道又称浇口杯，承接浇包中倒出的金属液，减少对铸型的冲击，使其平稳流入直浇道，并部分分离熔渣。漏斗形浇口杯用于中小型铸件，盆形浇口杯用于大型铸件。

② 直浇道：为有一定锥度的垂直通道。利用直浇道的高度可以产生一定的静压力，使金属液具有充填压力。直浇道多做成倒圆锥形，便于起模，同时防止浇道内形成真空引起金属液吸气。底部低于横浇道底面，一般做出直浇道窝，以减轻液流冲击，使流动平稳。

③ 横浇道：开在分型面上上箱部分的水平通道，连接直浇道和内浇道，分配金属液流入内浇道。为了挡渣，其截面形状多为梯形，且位于内浇道顶面上，末端应超出内浇道侧面。浇注时，金属液始终充满横浇道，熔渣上浮到横浇道顶面，金属液由横浇道底部流入内浇道。

④ 内浇道：与铸件直接相连，其截面形状一般为梯形、月牙形或三角形。作用是引导金属液流入型腔的通道，并控制金属液流入型腔的速度和方向，以及影响铸件内部的温度分布。内浇道一般不正对型芯，以免冲坏型芯。

浇注系统的主要作用：

a. 平稳迅速地将金属液注入型腔，避免损坏型壁。

b. 阻止熔渣或其他杂质进入型腔。

c. 调节铸件不同部位的温度和凝固次序。

(2) 浇注系统的分类

① 按内浇道的注入位置：浇注系统可分为顶注式浇注系统、中间注入式浇注系统、底注式浇注系统以及阶梯式浇注系统，如图2-23所示。

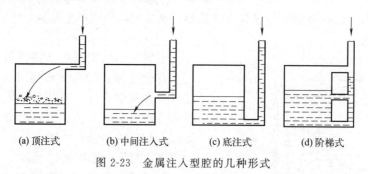

(a) 顶注式　　(b) 中间注入式　　(c) 底注式　　(d) 阶梯式

图2-23 金属注入型腔的几种形式

a. 顶注式浇注系统：内浇道开在铸件上部，金属液从型腔顶部引入，容易充满，有一定的补缩作用，金属消耗少，但容易冲坏铸型和产生飞溅，主要用于不太高而形状简单、壁薄及中等壁厚的铸件，如图2-23（a）所示。

b. 中间注入式浇注系统：金属液从铸件某一高度引入，内浇口多开在分型面处。此系统多用于不是很高、结构复杂的铸件，如图2-23（b）所示。

c. 底注式浇注系统：内浇道位于铸件底部，金属液从型腔底部注入，充型平稳，不易冲砂，型腔内气体易排出，金属氧化少，但不易充满薄壁铸件，主要用于高度不大的厚壁铸件和某些易氧化的合金铸件（如铸钢、铝镁合金及黄铜等），如图 2-23（c）所示。

d. 阶梯式浇注系统：在铸件的不同高度上开设若干条内浇道，使金属液从底部开始逐层地由下而上进入型腔，兼有顶注式和底注式的优点，但造型较复杂，适于高大的铸件，如图 2-23（d）所示。

② 按各组元的截面比例关系：浇注系统可分为封闭式浇注系统、开放式浇注系统、半封闭式浇注系统。

a. 封闭式浇注系统：是指直浇道截面积（$A_直$）大于横浇道截面积（$A_横$），横浇道截面积又大于内浇道截面积（$A_内$），即 $A_直 > A_横 > A_内$ 的浇注系统。此系统为充满式浇注系统，优点是挡渣效果好，熔渣易上浮。缺点是金属液对于铸型的冲击力较大，易喷溅，多用于中小型铸铁件。

b. 开放式浇注系统：为非充满式浇注系统（$A_直 < A_横 < A_内$）。金属液充型快，冲击力较小，但挡渣效果差，适用于壁薄且尺寸较大的铸铁件、铸钢件及有色合金铸件。

c. 半封闭式浇注系统：即 $A_内 < A_直 < A_横$，兼有前两者之优点，挡渣能力强，对铸型冲刷力小，应用广泛。

(3) 内浇道的开设原则

内浇道的位置、截面大小及形状对铸件质量有极大的影响，开设时必须注意以下几点：

① 一般不应开设在铸件的重要部位（如重要的加工面）。这是因为内浇道附近的金属冷却慢，组织粗大，力学性能较差。应尽可能使金属液进入铸型及金属液在型腔中流动的途径最短。

② 使金属液顺着型壁流动，避免直接冲击砂芯或砂型的突出部位。对于圆形铸件，内浇道应沿切线方向开设，如图 2-24 所示。

③ 内浇道的形状应考虑清理方便。内浇道和铸型的接合处应带有缩颈，以保证清除浇道时不撕裂铸件，如图 2-25 所示。

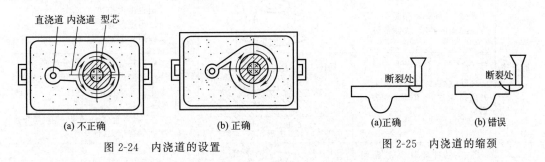

图 2-24　内浇道的设置　　　　　　　　图 2-25　内浇道的缩颈

2.7　常见的铸造缺陷

铸件质量的好坏关系到产品的质量和生产成本，具有缺陷的铸件是否为废品，必须按铸件的用途和要求，以及缺陷产生的部位和严重程度来决定。由于铸造工序繁多，因而产生缺陷的原因也很复杂。一般轻微缺陷的铸件可以直接使用，中等缺陷的铸件可允许修补后再使用，而严重缺陷的铸件则只能报废。国家标准 GB/T 5611—2017《铸造术语》将铸造缺陷分为 8 大类 110 种，表 2-1 为常见铸件缺陷的特征及产生原因。

表 2-1　几种常见铸件缺陷的特征及产生原因

类　别	缺陷名称和特征	图　例	主要原因分析
孔洞	气孔:铸件内部处出现的圆形或梨形,且内壁光滑的孔洞		1. 舂砂太紧或型砂透气性差 2. 型砂太湿,起模、修型时刷水太多 3. 砂芯未烘干或通气道堵塞 4. 浇口开设不正确,气体排不出去
	缩孔:铸件厚壁处出现的形状不规则、内壁粗糙的孔洞 缩松:铸件截面上细小而分散的缩孔		1. 浇注系统或冒口开设不正确,无法补缩或补缩不足 2. 浇注温度过高,金属液收缩过大 3. 铸铁中碳、硅含量低,其他合金元素含量高时易出现缩松
	砂眼:铸件表面或内部带有砂粒的孔洞		1. 型砂太干、韧性差,易掉砂 2. 局部没舂紧,型腔、浇口内散砂未吹净 3. 合型时砂型局部挤坏,掉砂 4. 浇注系统不正确,冲坏砂型
	渣气孔:铸件浇注时,上表面充满熔渣的孔洞,大小不一,成群集结,常与气孔并存		1. 浇注温度太低,熔渣不易上浮 2. 浇注时没挡住熔渣 3. 浇注系统不正确,挡渣作用差
形状尺寸不合格	偏芯:铸件局部及内腔形状位置偏错		1. 型芯变形 2. 下芯时放偏 3. 型芯没固定好,浇注时被冲偏
	错箱:铸件的一部分与另一部分在分型面处相互错开		1. 合型时上、下型错位 2. 定位销或泥号不准 3. 造型时上、下模有错动
表面缺陷	黏砂:铸件表面黏附着一层难以除去的砂粒,表面粗糙		1. 砂型舂得太松 2. 浇注温度过高 3. 型砂耐火度差
	夹砂结疤:铸件表面有金属夹杂物或片状、瘤状物,表面粗糙		1. 型砂的热湿强度低,水分过多 2. 浇注温度过高,浇注时间过长 3. 在金属液热作用下,型腔上、下表面膨胀,鼓起开裂 4. 浇注系统不合理,使局部砂型烘烤严重 5. 型砂膨胀率大,退让性差
裂纹、残缺	热裂:铸件开裂,裂纹断面严重氧化,呈暗蓝色,外形曲折而不规则 冷裂:裂纹断面未氧化并发亮,呈连续直线状,有时轻微氧化		1. 型砂退让性差,阻碍铸件收缩而引起过大的内应力 2. 浇注系统开设不当,阻碍铸件收缩 3. 铸件设计不合理,薄壁差别大
	冷隔:铸件上有未完全融合的缝隙,边缘呈圆角 浇不到:铸件残缺,或形状完整但边角圆滑光亮,其浇注系统是充满的		1. 浇注温度太低 2. 浇注速度过慢或断流 3. 内浇道截面尺寸过小,位置不当 4. 未开出气口,金属液的流动受型内气体阻碍 5. 远离浇注系统的铸件壁过薄

2.8 铸造工艺及模样结构特点

生产铸件需根据零件结构特点、技术要求和生产批量等条件进行铸造工艺设计，绘制铸造工艺图、铸件图等，作为模样、芯盒等设计、制作及铸件验收的依据。铸造工艺设计是否合理，直接影响到铸件质量及生产率。铸造工艺主要包括选择造型方法、确定分型面、确定浇注位置、确定主要工艺参数、确定砂芯结构等。

2.8.1 选择造型方法

造型方法很多，一般根据铸件的形状、尺寸大小、生产数量和生产条件等进行选择。单件、小批量生产一般采用手工造型。成批、大量生产多采用机器造型。

2.8.2 确定铸件的分型面和浇注位置

(1) 分型面的选择

分型面是指铸型组元间的接合面，它直接影响铸造工艺的简化及铸件尺寸精度。其选择原则如下：

① 分型面应选择在铸件的最大截面处，便于起模，如图2-26所示。

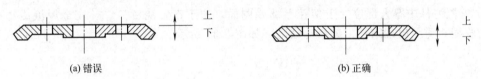

(a) 错误   (b) 正确

图2-26 分型面的确定

② 为减少错箱、提高铸件的精度，需使铸件全部或大部分位于同一砂型内。如图2-27所示，水管堵头铸件有不同分型方案，采用方案1能保证铸件上加工基准面和主要加工面位于同一砂箱内，以保证它们之间的位置精度。

③ 应尽量减少分型面的数目。减少分型面的数目可以减少砂型数目，减少错箱，提高造型效率。在成批、大量生产中用采用机器造型时可以采用一个分型面的两箱造型，避免采用三箱造型，如图2-28。

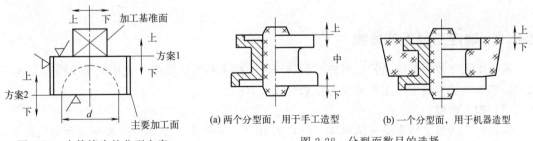

图2-27 水管堵头的分型方案

(a) 两个分型面，用于手工造型   (b) 一个分型面，用于机器造型

图2-28 分型面数目的选择

(2) 浇注位置的确定

浇注位置是指浇注时铸件在型内所处的空间位置。确定浇注位置是为了保证铸件的质量及尺寸精度，因而需注意以下原则：

① 应使铸件的重要加工表面向下或处于侧面，由于浇注时金属液中渣子、气泡的作用，铸件上表面易出现砂眼、气孔、夹杂物等缺陷。铸件重要表面在铸型中向下，有利于保证其平整光洁，如图 2-29 所示。

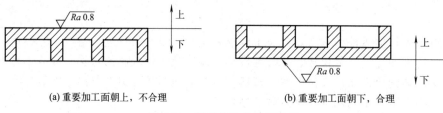

(a) 重要加工面朝上，不合理　　　　　(b) 重要加工面朝下，合理

图 2-29　铸件浇注位置的确定

② 应使铸件的薄壁部分处于型腔的下部，这样有利于金属液充型，避免出现浇不到、冷隔等缺陷，如图 2-30 所示。

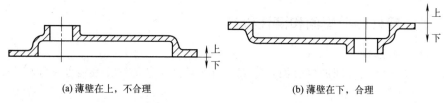

(a) 薄壁在上，不合理　　　　　(b) 薄壁在下，合理

图 2-30　薄壁部分浇注位置的确定

③ 应使铸件中厚大部位处于型腔上部或侧面，便于设置浇冒口，补充金属液冷却、凝固时的收缩，避免出现缩孔、缩松等缺陷，如图 2-31 所示。

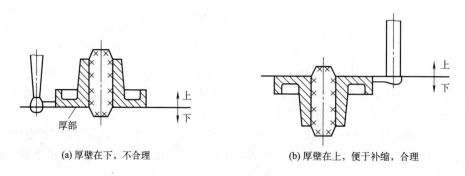

(a) 厚壁在下，不合理　　　　　(b) 厚壁在上，便于补缩，合理

图 2-31　厚大部位浇注位置的确定

2.8.3　确定主要工艺参数

铸造工艺参数为影响铸件、模样的形状与尺寸的某些工艺数据，直接关系模样与芯盒的尺寸、结构及铸件精度。主要的工艺参数有如下几项：

(1) 加工余量

指预先在铸件上增加而在机械加工时切去的金属层厚度。加工余量大小与合金的种类、铸件尺寸以及机加工面在浇注时的位置有关，单件、小批量的加工余量为 4.5～5.5mm。

(2) 铸造收缩率

铸件凝固、冷却过程中，尺寸会缩小，为保证其尺寸要求，需将模样的尺寸加上相应的收缩量。灰铸铁的收缩率约为 1%，非铁合金收缩率约为 1.5%，铸钢件收缩率约为 2%。

（3）起模斜度

指平行于起模方向模样或芯盒壁上的斜度，常以壁的倾斜角 α 表示。起模斜度的大小与起模高度、模样材料及造型方法的特点等有关。一般来说，壁越高，斜度越小，机器造型（造芯）的起模斜度比手工造型（造芯）要小些，金属模的起模斜度比木模小些，模样外壁的起模斜度比内壁小些。

（4）不铸出的孔和槽

铸件上较小的孔（直径小于 30mm）和槽，由于铸造困难一般不予铸出，反而使用钻头或铣刀加工更为方便，且形位尺寸易得到保证。

2.8.4 确定砂芯结构

砂芯多用来形成铸件的内腔，设计时要确定砂芯的数目和芯头结构等问题。砂芯结构直接影响铸件质量，设计不当易产生漂芯、偏芯、呛火等缺陷。砂芯由芯体和芯头组成，芯体形成铸件形状，芯头起定位和支承作用。芯头必须有足够的尺寸和合适的形状来保证砂芯牢固地固定在砂型中，以免砂芯在浇注时漂浮、偏斜或移动。设计芯头时应考虑砂芯定位准确、安放牢固，装配、排气以及清理等方便。通常，下芯头高度应稍大些，斜度稍小些，以增加砂芯的稳定性；

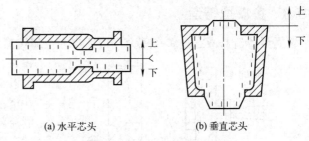

(a) 水平芯头 　　　 (b) 垂直芯头

图 2-32　常见芯头结构示意图

上芯头高度应小些，斜度大些，且与型芯座有间隙，以便合型。图 2-32 为常见的芯头结构形式。

2.8.5 绘制铸造工艺图、铸件图

（1）绘制铸造工艺图

铸造工艺图是指在零件图上，以规定的符号表示各项铸造工艺内容所得到的图样，是指导铸造生产的主要技术文件。生产使用的铸造工艺图中，分型线、分模面、活块、加工余量、浇注系统等用红色线条标注；分型线两侧用红色标出"上""下"字样表示上、下型，不铸出的孔用红色线条打叉表示；铸造收缩率用红色线条注在零件图右下方；芯头的边界用蓝色线条表示，在砂芯的轮廓线内沿轮廓走向标注出蓝色打叉符号。

（2）绘制铸件图

铸件图是铸造生产的产品图，是反应铸件实际形状、尺寸和技术要求的图样。根据铸造工艺图可以很方便地绘出铸件图。图 2-33 为支承台铸件图。

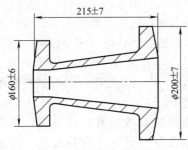

图 2-33　支承台铸件图

2.8.6 确定模样

铸造工艺图确定后，铸件、模样和芯盒的形状、尺寸也就相应得以确定。铸造生产中可根据需要使用木模、金属模、塑料模、蜡模等，对于成批、大量生产，则多使用塑料模和金属模。

模样、铸件和零件形状、尺寸之间的关系为：用模样制得型腔，金属液注入型腔冷却、

凝固后获得铸件，再经切削加工得到零件。即三者之间主体形状一致，尺寸方面则存在如下关系：

$$模样尺寸＝铸件尺寸＋金属收缩余量$$
$$铸件尺寸＝零件尺寸＋加工余量$$

2.9 特种铸造

特种铸造是指与砂型铸造不同的其他铸造方法，如金属型铸造、压力铸造、离心铸造、熔模铸造等。特种铸造在提高铸件精度和表面质量、改善铸件力学性能、提高生产率、改善劳动条件以及降低铸件生产成本方面各有特点。

2.9.1 金属型铸造

金属型铸造是液态金属在重力作用下浇入金属铸型内以获得铸件的方法。金属型是指用

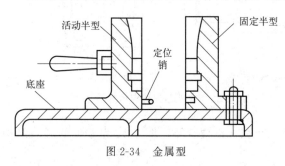

图 2-34 金属型

铸铁、铸钢或其他合金制成的铸型，由于可以反复使用，所以又称永久型。金属型在浇注前要预热，还须在型腔和浇道中喷刷涂料，以保护铸型表面，使铸件表面光洁。金属型无退让性，为防止产生内应力和裂纹，铸件宜早取出；同时金属型比砂型散热速度快，浇注时金属液温度要稍高于砂型铸造的浇注温度，以免产生浇不到等缺陷。图 2-34 为垂直分型的金属型。

金属型铸造的优点有：铸件冷却速度快，组织致密，力学性能好，尺寸精度高，加工余量少，一型多铸，生产率高，劳动条件好。

金属型铸造的缺点为：加工费用大，成本高、周期长，易产生裂纹；由于金属型没有退让性，所以不宜生产形状复杂的薄壁铸件。

金属型铸造适用于大批量生产的中小型有色金属铸件。

2.9.2 压力铸造

压力铸造是在高压下快速将金属液压入金属型中，使金属液在压力下凝固获得铸件的方法。压力铸造需要在压铸机上进行，所用模具是用耐热合金制造的压铸模。压力铸造工艺过程如图 2-35 所示。

压力铸造优点有：铸件组织致密，强度高，力学性能好，尺寸精度高，表面粗糙度值小，加工余量小，生产效率高，一般不需要机械加工即可使用。

压力铸造缺点为：铸型结构复杂，加工精度和表面粗糙度要求很高，成本高，周期长；由于充型速度过快，铸件易产生皮下气孔缺陷，不宜进行机械加工和热处理；考虑到压型寿命的原因，压铸不适合用于铸钢、铸铁等高熔点合金的铸造，而且压铸件尺寸不宜过大。

压力铸造适用于有色合金的薄壁小件的大量生产，广泛用于航空、汽车、电器以及仪表工业。

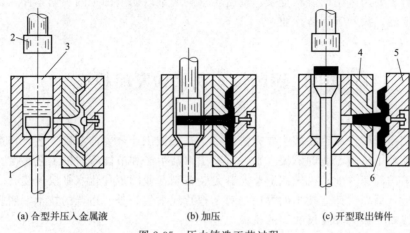

(a) 合型并压入金属液　　　　(b) 加压　　　　(c) 开型取出铸件

图 2-35　压力铸造工艺过程

1—下活塞；2—上活塞；3—压缩室；4—定型；5—动型；6—铸件

2.9.3　离心铸造

离心铸造是将液态金属浇入高速旋转的铸型内，在离心力作用下充型、凝固后获得铸件的方法。离心铸造原理如图 2-36 所示。离心铸造的设备是离心铸造机，铸型多采用金属型，可以围绕垂直轴或水平轴旋转。

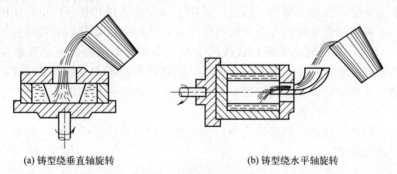

(a) 铸型绕垂直轴旋转　　　　　　　　(b) 铸型绕水平轴旋转

图 2-36　离心铸造原理

离心铸造优点有：铸件组织致密，力学性能好，气孔、夹杂等缺陷少，型芯用量少，浇注系统的金属消耗小。

离心铸造缺点为：铸件内孔尺寸不精确，非金属夹杂物较多增加了内孔的加工余量；不宜铸造密度偏析大的合金（如铅青铜）。

离心铸造适用于铸造铁管、钢辊筒、铜套等回转体铸件。

2.9.4　熔模铸造

熔模铸造又称失蜡铸造，是用易熔材料（如蜡料、松香料）制成熔模样件，然后在模样表面涂挂耐火材料，硬化结壳后，熔化蜡模得到中空的硬型壳，再经高温焙烧去杂质后放入砂箱内，浇入金属液获得熔模铸件。熔模铸造的型壳属一次性铸型。

熔模铸造优点有：铸型无分型面，铸件精度高，表明光洁，适于铸造高熔点、形状复杂及难以切削加工的零件，是一种少、无切削加工的铸造方法。

熔模铸造缺点为：铸造工序多，生产周期长，成本高，不适于生产大型铸件。

熔模铸造主要用来生产形状复杂、精度要求高或难以切削加工的小型零件，目前广泛应用于航空、仪器、兵器等制造行业。

2.10 铸造技术现状和发展趋势

铸造是获得机械产品毛坯的主要方法之一，是机械工业重要的基础工艺。铸造生产的现代化程度，反映了机械工业的发展水平，反映了清洁生产和节能省材的工艺水准。面对当今全球信息技术的高速发展，机械制造业尤其是装备制造业的现代化水平快速提升，我国铸造业应当机智地把握现代铸造技术的发展趋势，理智地采用先进、适合的技术，明智地实施可持续发展的战略，振兴和发展我国的机械工业。

2.10.1 铸造技术现状

近年我国开发推广了一些先进熔炼设备，提高了金属液温度和综合质量，开始引进AOD（氩氧脱碳）、VOD（真空吹氧脱碳）等精炼设备和技术，提高了高级合金铸钢的内在质量。重要工程用的超低碳高强韧马氏体不锈钢，采用精炼技术提高钢液纯净度，改善性能。高强度、高弹性模量灰铸铁用于机床铸件，高强度薄壁灰铸铁件铸造技术得到应用，灰铸铁表面激光强化技术用于生产，人工智能技术在灰铸铁性能预测中得到应用。

国产水平连铸生产线投入市场，铸造厂采用了直读光谱仪和热分析仪，炉前有效控制了金属液成分，采用超声波等检测方法控制铸件质量。同时铸造业开始重视环保技术。

商品化CAE（计算机辅助工程）软件已上市。一些大中型铸造企业开始在熔炼方面用计算机技术控制金属液成分、温度及生产率等。成都科学技术大学研制了砂处理在线控制系统，清华大学等开发了计算机辅助砂型控制系统软件，华中科技大学成功开发了商品化铸造CAE软件。

铸造业互联网发展迅速，部分铸造企业网上电子商务活动活跃，如一些铸造模具厂实现了异地设计和远程制造。

2.10.2 铸造技术发展趋势

铸造技术发展趋势受铸造产品发展趋势的影响，因而有更好的综合性能、更高的精度、更少的余量、更光洁的表面以及节能环保等要求的铸造产品发展趋势限定了铸造技术的发展方向。

我国铸造技术发展趋势如下。

① 铸造合金材料方面：以轻量化、精密化、强韧化、高效化为目标，研制耐磨、耐蚀、耐热特种合金新材料；提高材质性能、利用率，降低成本，缩短生产周期。开发优质铝合金、镁合金、高锌铝合金、黑色金属以及铸造复合新材料等新型压铸合金；开发降低生产成本、材料再利用和减少环境污染的技术。

② 铸造辅助材料方面：根据不同合金、铸件特点、生产环境，开发不同品种的原砂、少（无）污染的优质壳芯砂，开展取代特种砂的研究和开发人造铸造用砂。将湿型砂黏结剂发展重点放在新型煤粉及取代煤粉的附加物开发上。大力开发旧砂回用新技术，尽最大可能回收铸造旧砂，以降低生产成本、减少污染、节约资源，推动计算机专家系统在型砂等造型材料质量管理中的应用。

③ 合金熔炼方面：发展 5 吨每小时以上大型冲天炉，推行冲天炉-感应炉双联熔炼工艺；广泛采用先进的铁液脱硫、过滤技术、配备直读光谱仪、碳当量快速测定仪、定量金相分析仪及球化率检测仪，应用微机技术于铸铁熔体热分析等。推广冲天炉除湿送风技术，提高冲天炉废气利用率，减少对环境的污染，提高铁液质量。

由于感应电炉具有灵活、节能、效率高等优势，采用感应电炉是今后铸铁熔炼技术发展的方向。同时开发新的合金孕育技术，推广合金包芯线技术，提高球化处理成功率。

铸造方面技术发展趋势如下。

① 砂型铸造：大力提高铸件尺寸精度与表面光洁度、减少加工余量；进一步推广高压、射压造型等高度机械化、自动化、高密度湿砂型造型工艺是今后中小型铸件生产的主要发展方向。在湿砂型仍是主流的 21 世纪，采用纳米技术改性膨润土，提高膨润土质量是推广应用湿型砂造型工艺的关键。

提高砂处理设备的质量、技术含量、技术水平和配套能力，尽快填补包括旧砂冷却装置和适于运送旧砂的斗式提升机在内的技术空白，努力提高砂处理系统的设计水平。

开发精确成形技术和近精确成形技术，大力发展可视化铸造技术，推动铸造过程数值模拟技术 CAE 向集成、虚拟、智能、实用化发展；基于特征化造型的铸造 CAD 系统将是铸造企业实现现代化生产工艺设计的基础和前提。

② 特种铸造：开发熔模铸造模具、模料新技术、新型黏结剂以及优质型壳黏结剂；采用精密、大型、薄壁熔模铸件成型技术以及快速成型技术替代传统蜡模成形技术，简化工艺，缩短生产周期；开发新型压铸设备及控制系统，改善液面加压系统性能以满足工艺要求；开发高度自动化的低压铸造机和高可靠性零部件；开发复杂、薄壁、致密压铸件生产技术，推动低压铸造向差压铸造的发展。

发展金属半固态连续铸造技术；推广树脂砂、金属型及覆砂金属型等高精度、近无切削的高效铸造技术；推广无铸型电磁铸造技术；开展喷铸技术的研究和应用。充分借鉴冶金界电渣技术的研究成果，着重解决电渣熔铸工艺的技术难点，如电渣熔铸大型异形复杂铸件的结晶器设计、渣料配制及工装技术等。

③ 3D 打印＋精密铸造：精密铸造又称为消失模铸造，它的产品精密、复杂、接近于零件最后形状，可不加工或很少加工就直接使用，是一种近净成形的先进工艺。

3D 打印与精密铸造结合实现了三维数字化制造，通过计算机辅助设计进行消失模原型的制作，从而实现生产定制化产品，突破了传统蜡模复杂结构成形和人工耗时的局限。3D 打印增材制造与传统铸造工艺结合应用，促进新技术在各应用领域的推广，符合国家政策导向和市场发展趋势。

2.10.3 引入计算机及网络技术

铸造生产引入计算机技术已成为时代发展的要求和现代化铸造的发展方向。计算机技术在铸造领域的应用主要包括计算机辅助设计（CAD）与计算机辅助工程（CAE）、计算机检测与控制、专家系统、信息处理系统以及 Internet（互联网）与铸造产业等。

新一代铸造系统是一个集模拟分析、专家系统、人工智能于一体的集成化系统。它促使铸造工装的现代化水平进一步提高，进一步实现远程设计与制造。用计算机来测试各种参数、监视生产状况、控制生产过程的设备及装置，推动了传统铸造业的革命性进步。

开发既分散又集成、形式多样、适用于铸造生产各方面（如设计、制造、诊断等）需要的计算机专家系统，推行计算机集成制造系统（CIMS），借助计算机网络、数据库集成各环节产生的数据，综合运用现代管理、制造、信息、系统工程技术，与铸造生产全过程中有关人、技术、设备、管理要素及信息、物质流有机集成，可以实现铸造行业整体优化，最终实现产品优质、低耗；同时在铸造领域引入机器人替代人工操作，可以更好地提高劳动强度和劳动效率。期待我国的铸造业快速发展，焕然一新。

2.11 安全技术

① 造型操作前要注意工作场地、砂箱等工具的安放位置。
② 禁止用嘴吹分型面，使用皮老虎时，要注意旁人的眼睛。
③ 熔化和浇注时要按规定戴好防护用具。
④ 观看熔炉及熔化过程，应站在一定安全距离外，避免因铁水飞溅而烫伤。
⑤ 浇注前铁水包要烘干，扒渣棒一定要预热，铁水面上只能覆盖干的草灰。
⑥ 浇注铁水时，抬包要稳，严禁和他人谈话或并排行走，以免发生危险。
⑦ 浇注速度要适中，其他人不能站在铁水正面，并严禁在冒口顶部观察铁水。
⑧ 已浇注的砂型，未经许可不得触动，以免损坏。清理时，对清理的铸件要注意其温度，避免烫伤。

复习思考题

1. 什么叫铸造？铸造包括哪些主要工序？
2. 湿型砂是由哪些材料组成的？它应具备哪些性能？
3. 砂型由哪几部分组成？
4. 各种手工造型方法所用模样有哪些特点？各适用于哪种生产？
5. 机器造型和手工造型比较，各有什么优缺点？
6. 型芯起什么作用？
7. 机器造型有什么优点？试列举几种机器造型的方法。
8. 合型应注意什么问题？合型不当会对铸件有什么影响？
9. 冲天炉的工作原理是什么？熔炼铸造用合金应满足什么要求？
10. 浇注系统由哪几部分组成？各部分起什么作用？
11. 试列举气孔、砂眼、缩孔、渣气孔等缺陷产生的原因及防止措施。
12. 确定浇注位置应注意哪些问题？
13. 什么叫分型面？选择分型面的原则是什么？
14. 开设内浇道时应注意哪些问题？
15. 模样、铸件及零件，三者在形状和尺寸上有什么区别？为什么？
16. 常用特种铸造方法有哪些？各有哪些特点？

第3章 锻 压

3.1 概 述

锻压是锻造和冲压的总称，是对坯料施加外力，使其产生塑性变形，改变其形状、尺寸及改善其性能，用以制造机械零件、工件或其毛坯的一种加工方法。锻压通常指自由锻造、模型锻造和板料冲压（图3-1）。

锻造是在锻造设备及模具的作用下，使坯料产生局部或全部的塑性变形以获得毛坯或零件的方法。锻造生产的过程主要包括下料、加热、锻打成形、冷却和热处理等。根据变形温度不同，锻造分为热锻、温锻和冷锻。按照坯料成形方法不同，锻造主要分为自由锻和模锻两大类；按照所用设备和工具不同，自由锻分为手工自由锻和机器自由锻

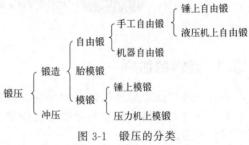

图 3-1 锻压的分类

两种；模锻又分为锤上模锻等多种。用于锻造的金属必须具有良好的塑性，以便在锻造时容易产生永久变形而不破裂。由于锻件内部组织致密、均匀，性能优于铸件，能承受较大的载荷及冲击，所以重要的零件一般都采用锻件毛坯。

冲压是利用冲模使金属板料产生塑性变形或分离的加工方法。由于冲压使用的板料厚度多数在1～2mm以下，而且通常是在室温下进行，所以又称薄板冲压或冷冲压。当板厚大于8～10mm时，才使用热冲压。冲压加工的应用范围广泛；既适用于金属材料，也适用于非金属材料；既可加工小型零件，也可加工汽车覆盖件等大型零件。冲压件具有刚性好、重量轻、尺寸精度和表面光洁度高等优点。由于其模具结构复杂，制造成本高，而且生产一个冲压件往往需要多副模具，因而板料冲压只适用于工件的大批量生产。

通常以金属的塑性和变形抗力来综合衡量其锻压性能。塑性是金属产生永久变形的能力。变形抗力是指在变形过程中金属抵抗工具（如模具）作用的力。显然，金属的塑性越好，变形抗力越小，锻压性能越好。常用锻压材料有各种钢、铜、铝、钛及其合金；铸铁属于脆性材料，不能进行锻压加工。

3.2 锻压安全

① 手锻操作前要检查大锤、锤头与锤柄连接是否牢固，打大锤时，先看四周，以免伤人。

② 不得用手锤、大锤对砧面进行敲击，以免锤头反跳被击伤；且砧面上不得积存渣皮，清理时勿直接用手，要使用刷子等工具。

③ 操作时要密切配合，听从"轻打""打""重打""停止"等口号。

④ 加热时要严格控制锻造温度范围，在加热时不准猛开风门，以防火星或煤屑飞出伤人。

⑤ 下料和冲孔时，周围人员应避开，以免料头及冲头等飞出伤人。

⑥ 不准用手替代钳子直接拿工件，以防烫伤。

⑦ 未经允许不准擅自动用锻造设备，操作空气锤时只准一个人，严禁学生在旁边帮忙。

⑧ 不准用空气锤锻打未预热好的"冷铁"。

⑨ 空气锤在开始时不可"强打"，使用完毕将锤头提起，并用木块垫好。

⑩ 操作完毕，将锻炉熄火，并清理场地。

3.3 坯料的加热和锻件的冷却

3.3.1 坯料的加热

坯料在锻打前需要加热，目的是提高坯料的塑性，降低其变形抗力，改善其锻造性能。通常随着温度的升高，金属的强度降低而塑性提高。

(1) 锻造温度范围

坯料可以开始锻打的温度为始锻温度，停止锻打的温度为终锻温度。若加热温度超过始锻温度，会造成过热、过烧等加热缺陷；若在终锻温度以下继续锻造，不仅变形困难，而且可能造成坯料开裂或设备（模具）损坏。所以始锻温度应在锻坯不产生过热、过烧缺陷的前提下尽可能高些；终锻温度应在使锻坯锻造不产生冷却变形强化的前提下尽可能低些。

从始锻温度到终锻温度的温度区间为锻造温度范围。常见金属材料的锻造温度见表 3-1。

表 3-1　常见金属材料的锻造温度

材料种类	始锻温度/℃	终锻温度/℃
低碳钢	1200~1250	800
中碳钢	1150~1200	800
合金结构钢	1100~1150	850
铝合金	450~500	350~380
铜合金	800~900	650~700

(2) 加热设备

按照热源不同，加热设备分为火焰炉和电加热炉两大类。

火焰炉是利用煤、重油或煤气等燃料燃烧来加热坯料。常用的火焰炉有手锻炉、反射炉、油炉和煤气炉。煤炉加热多采用反射炉 [图 3-2 (a)]，油炉加热多采用室式炉 [图 3-2 (b)]。

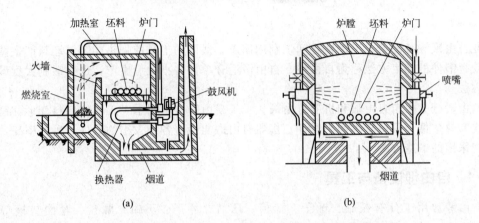

图 3-2 反射炉的结构和工作原理 (a) 和室式重油炉的结构和工作原理 (b)

电加热炉是利用电能转变为热能对金属加热的装置。常用的电炉多采用电阻加热炉、接触加热炉和感应加热炉等。

(3) 加热缺陷及防止措施

金属在加热过程中常出现的缺陷有氧化和脱碳、过热和过烧、加热裂纹等。

① 氧化和脱碳：金属在高温下长时间与氧化性炉气（O_2、H_2O 和 CO_2 等）接触发生化学反应，造成表层烧损。氧化会造成锻件表面质量下降，脱碳会使金属表面的硬度和强度降低而影响锻件质量。

减少氧化和脱碳的措施是：在保证加热质量的前提下，尽量采用快速加热并避免在高温下停留时间过长；严格控制送风量，或采用少氧化、无氧化加热等。

② 过热和过烧：加热温度过高或高温下保温时间过长引起晶粒粗大则为过热，加热温度超过始锻温度过多，使晶粒边界出现氧化及熔化的现象称为过烧。过热组织可以通过锻打或热处理细化晶粒；过烧的坯料则无法锻造，是无法挽回的废品。

防止过热和过烧的措施是注意加热温度、保温时间并控制炉气成分。

③ 加热裂纹：对塑性差或导热性差的金属材料，在较快的加热速度或过高的炉温下，由于坯料内外温差较大而产生内应力，进而出现裂纹。

为防止产生加热裂纹，要严格控制加热速度和装炉温度。

3.3.2 锻件的冷却

锻件的冷却有以下三种方式。

① 空冷。即锻完后就将锻件置于干燥地面，在空气中冷却。

② 坑冷。将锻件放在充填石灰、砂子或炉灰等保温材料的坑中冷却。

③ 炉冷。将锻件放入加热炉中，随炉缓慢冷却。

一般地说，低碳钢、中碳钢及低合金钢的中小型锻件，锻后多采用冷却速度较快的空冷方法，但冷却速度过快又会造成锻件表层硬化，难以进行切削加工，甚至产生裂纹。对于成分复杂的高合金钢和塑性较差的大中型锻件，多采用坑冷或炉冷。

3.4 自 由 锻

在自由锻设备的上、下抵铁之间，利用简单、通用的工具使加热的金属坯料产生塑性变形以获得锻件的加工方法称为自由锻。自由锻适合单件、小批量生产，也是锻制大型锻件的唯一方法。

自由锻分为手工自由锻和机器自由锻。手工自由锻是利用手工工具使坯料变形，锤击力小，生产效率低，只适于生产小锻件。机器自由锻能锻造各种大小的锻件，生产率高，是目前普遍采用的锻造方法。

3.4.1 自由锻设备与工具

自由锻常用工具有铁砧、锤子、摔模、压肩、冲子、手钳、漏盘、弯曲垫模等（如图 3-3 所示），其中铁砧和手锤属于手工自由锻的工具，也可作为机器自由锻的辅助工具。

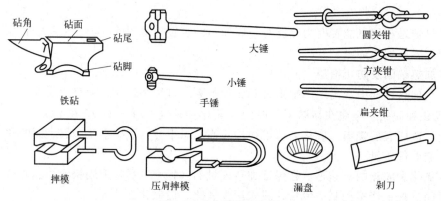

图 3-3 自由锻常用工具

机器自由锻设备分两类：一类作用力以冲击力为主，如空气锤、蒸汽-空气自由锻锤等；一类作用力以静压力为主，如水压机等。中小型锻件多采用空气锤锻造，大型锻件采用水压机锻造，在此仅以空气锤为例简要介绍。

空气锤是机器自由锻最常用的设备，由锤身、传动机构、压缩缸、工作缸、操纵机构、锤砧和落下部分等组成。其规格以锤落下部分的质量来表示，如 65kg 的空气锤，就是指锤落下部分的质量为 65kg。

空气锤依靠配套的电动机带动减速机构和曲柄-连杆机构，推动压缩缸中的压缩活塞压缩空气，再通过上、下旋阀的配气作用，使压缩空气进入工作缸的上部或下部，或直接连通大气，进而使工作活塞连同锤杆和上抵铁一起，通过操纵手柄或踏杆控制，实现上悬、下压、空转、单打或连续锻打等操作。空气锤的结构和工作原理如图 3-4 所示。

3.4.2 自由锻造的基本工序

自由锻造工序包括基本工序、辅助工序和精整工序。实现锻件基本成形的工序为基本工序，如镦粗、拔长、冲孔、扩孔、弯曲、扭转、错移和切割等；辅助工序为便于基本工序操作而使坯料产生少量变形的工序，如压肩、倒棱等；在基本工序后进行的提高锻件形状和尺

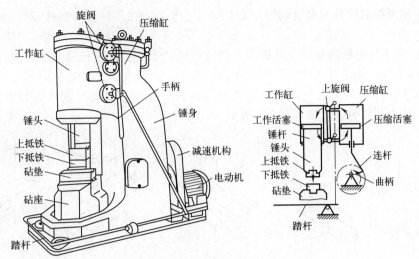

图 3-4 空气锤

寸精度的修整工序称精整工序，如滚圆、摔圆、平整等。

下面简要介绍三种常用的自由锻造基本工序。

(1) 镦粗

镦粗是指沿锻件轴向锻打，使其高度减小、横截面增大的锻造工序。

镦粗操作工艺要点如下。

① 坯料高径比应小于 2.5～3，否则会镦弯或造成双鼓形，如果发生折叠，则可能会使锻件报废，图 3-5 为双鼓形和折叠。

② 坯料须加热均匀，以防止镦裂。

③ 端面要平整且与坯料的轴线垂直，以免镦歪。

④ 镦粗过程中，如发现镦歪、镦弯或出现双鼓形，需及时矫正。局部镦粗时，要使用相应尺寸的漏盘。

空气锤上进行镦粗的方法有：全镦粗、局部镦粗和垫环镦粗三种，如图 3-6 所示。

(2) 拔长

拔长是使坯料横截面积减少而长度增加的工序，分为平砧拔长、局部拔长和芯棒拔长三种。拔长主要用于轴杆类锻件的成形，如直轴、拉杆、套筒等。

拔长操作工艺要点如下。

① 拔长时可使用反复翻转 90°的方法锻打，也可沿轴线锻完一面后翻转 90°。翻转的方法如图 3-7 所示。

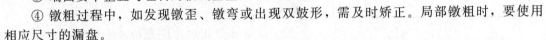

(a) 双鼓形　(b) 折叠

图 3-5　双鼓形和折叠

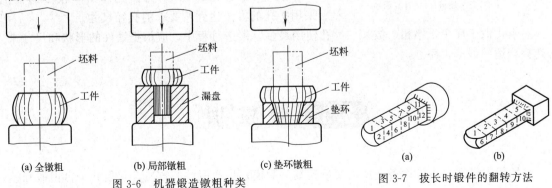

(a) 全镦粗　(b) 局部镦粗　(c) 垫环镦粗

图 3-6　机器锻造镦粗种类

图 3-7　拔长时锻件的翻转方法

拔长时注意控制锻件的宽度与厚度之比，比值要小于2.5，否则翻转90°后再锻打会产生夹层。

② 拔长时坯料沿抵铁宽度方向送进，送进量要适当，每次向抵铁的送进量应为抵铁宽度的0.3～0.7倍。送进量太大，拔长效率低；太小，产生夹层。如图3-8所示。

③ 局部拔长时，要先进行压肩，即锻制台阶或凹挡时，要先在截面分界处压出凹槽。对方料用压铁进行压肩的方法如图3-9所示。

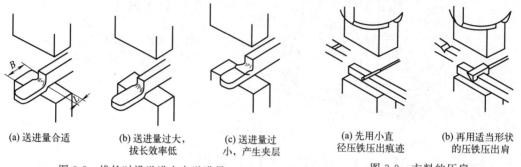

(a) 送进量合适　　(b) 送进量过大，　　(c) 送进量过　　　　(a) 先用小直　　(b) 再用适当形状
　　　　　　　　　拔长效率低　　　小，产生夹层　　　径压铁压出痕迹　　的压铁压出肩

图3-8　拔长时沿送进方向送进量　　　　　　　图3-9　方料的压肩

④ 拔长后，锻件须进行调平、校直等修整，以使其尺寸准确，表面光洁。修整时应轻轻锤击锻件，同时使用钢板尺的侧面检查锻件的平直度及平整度。

(3) 冲孔

冲孔是在坯料上锻出通孔或不通孔的锻造工序，多用于锻造空心锻件，如齿轮、圆环等。通常冲孔分为双面冲孔和单面冲孔。

冲孔操作工艺要点如下。

① 为提高塑性，应将坯料均匀加热到允许的最高温度，以防止冲裂和损坏冲头。

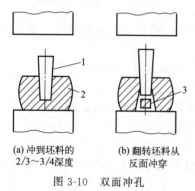

(a) 冲到坯料的　　(b) 翻转坯料从
2/3～3/4深度　　　反面冲穿

图3-10　双面冲孔

1—冲子；2—坯料；3—冲孔余料

② 锻件冲孔前，需要对坯料进行镦粗，以减少冲孔深度并使断面平整。

③ 为了保证孔位正确，应先用冲子轻轻冲出孔位的凹痕（即试冲），并检查孔位是否正确。为便于取出冲头，冲前可向凹痕内撒些煤粉。

④ 一般锻件采用双面冲孔法，即先将孔冲到锻件厚度的2/3～3/4深度，取出冲子，翻转锻件，从反面将孔冲透，如图3-10所示。

⑤ 为防止冲裂坯料，一般冲孔孔径需小于坯料直径的1/3，若其大于直径的1/3，则需先冲出一较小的孔，然后采用扩孔的方法达到所要求的孔径尺寸。

自由锻工序中，镦粗、拔长、冲孔使用最多，锻造过程中，应根据锻件的形状和尺寸来选择合适的锻造工序。

3.5　胎模锻

胎模锻是在自由锻设备上使用简单模具（胎模）生产锻件的方法，它是介于自由锻和模锻之间的一种锻造方法，通常使用自由锻方法制坯，而后在胎模中终锻成形。胎模不固定在设备上，根据工艺要求随时放上或取下。

与自由锻相比，胎模锻锻件在模膛内最终成形，锻件形状较准确，表面质量好，尺寸精度高，力学性能好，生产效率高；与模锻相比，胎模锻不需要昂贵的模锻设备，锻模制造成本较低，适应性强。胎模锻的工艺灵活，可以完全由胎模完成锻件的锻制，也可根据工艺要求，有选择地对要求高的部位使用胎模成形，而其他部位使用自由锻成形。胎模锻造工具简单、工艺灵活，主要用于形状比较复杂、精度要求较高的小型锻件的中小批量生产，但胎模的寿命低，操作工人的劳动强度大。

常用的胎模结构有摔模、扣模、套筒模、垫模、合模等，见表 3-2。

表 3-2 常用胎模结构和说明

名称	图 例	简要说明
摔模	上摔 / 下摔	摔模由上摔、下摔组成，胎膜最常见也最简单。锻造时需不断旋转锻件，以免工件变形时产生飞边和毛刺 主要应用于轴类锻件的成形、精整或为合模制坯
扣模	上扣 / 下扣	扣模由上扣、下扣组成，锻造时坯料不转动，只做前后移动，扣形后需翻转 90° 平整侧面 主要应用于具有平直侧面的非回转体锻件的局部或整体成形，或为合模制坯
弯模		弯模多用于弯曲类锻件的成形，可改变坯料的轴线形状，或为合模制坯
套筒模	模冲 / 模套 / 锻件 / 模垫	套筒模是一种闭式胎膜，模具由模套、模冲、模垫组成 主要用于回转体无飞边锻件的锻造，如圆盘、圆轴类锻件
垫模	锤砧 / 锻件 / 垫模 / 横向飞边	垫模只有下模，上模由锤砧代替，锻造时易产生横向飞边 主要用于圆盘、圆轴及法兰盘锻件
合模		合模模具由上模、下模及导向装置构成，锻造时沿分模面产生横向飞边 适用于各类锻件的最终成形，尤其是形状复杂的非回转体锻件，如连杆、叉形件等

3.6 冲 压

冲压是利用冲模使金属板料产生塑性变形或分离的加工方法，由于冲压使用的板料厚度多数在 1～2mm，而且通常是在室温下进行，所以又称薄板冲压或冷冲压。

常用的冲压材料是低碳钢、铜、铝及奥氏体不锈钢等强度低、塑性好的金属。

冲压设备相对比较简单，操作容易，生产效率高，加工费用低，易实现机械化和自动化，因而应用广泛。

3.6.1 冲压设备

冲压设备主要有剪床和冲床两大类。剪床（剪板机）是将板料按要求切成一定宽度条料的过程（即下料），供下一步冲压使用。冲床（压力机）是冲压加工的基本设备，用于切断、落料、冲孔、弯曲和其他冲压工序。

常用冲床的结构如图 3-11 所示。电动机接通电源后，带动带轮旋转，人踩下踏板使离合器闭合并带动曲轴旋转，曲轴经连杆带动滑块沿导轨做上下往复运动，进行冲压。如果将踏板踩下后立即抬起，则离合器脱开，滑块在冲压一次后便在制动器的作用下，停止在最高位置上，如果踏板不抬起，滑块就进行连续冲压。曲柄连杆结构可以调节滑块和上模的高度及冲程大小。

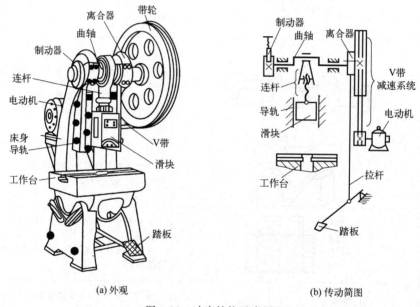

(a) 外观　　　　　　　　　　　　　　(b) 传动简图

图 3-11　冲床结构示意图

3.6.2 冲压的基本工序

冲压的基本工序分为分离工序和成形工序两大类。分离工序是使板料的一部分与另一部分分离的工序，有切断、冲裁等；成形工序是使板料发生局部或整体变形的工序，有弯曲、拉深、翻边等。板料冲压的基本工序的特点和应用见表 3-3。

表 3-3　板料冲压的基本工序的特点及应用

工序名称		简　图	特点及应用
分离工序	切断	零件	使用剪床或冲床切断板材，用于下料或加工形状简单的平板材料

工序名称		简　图	特点及应用
分离工序	冲裁		冲裁包括冲孔和落料,是使坯料沿一定封闭轮廓线分离的工序,若冲下部分是所需产品,其余为废料,则操作工序为落料,反之为冲孔 　　适用于制造各种具有一定形状的平板零件或为后续变形工序下料
	切口		切口可视为不完整的冲裁,是将板料沿不封闭的轮廓线部分分离的工序,分离部分发生弯曲或胀形 　　多用于各类机械及仪表外壳的冲压
成形工序	弯曲		弯曲是使用冲模或折弯机,将板料弯成具有一定曲率和角度的变形工序。但弯曲件有最小弯曲半径的限制,且凹模工作部位的边缘要有圆角,以免拉伤零件 　　适用于制作弯边、折角等各种弯曲形状的冲压件
	拉伸		拉深是把板料冲制成中空形状压件的变形工序。冲头和凹模间要留有相当于板厚1.1～1.2倍的间隙,拉深前需涂润滑油,为防止拉裂,拉深变形程度要有一定限制 　　适用于各种弯曲形状的冲压件
	翻边		用冲模在带孔平板坯料上用扩孔的方法获得凸缘,或把平板料的边缘按曲线或圆弧弯成竖直的边缘 　　用于制作带有凸缘或需要翻边的冲压件
	胀形		胀形是对板料半成品的局部施加压力,使其在双向拉应力的作用下厚度减薄、表面积增大的工序,如在工件上压制出各种形状的凸起和凹陷等 　　用于制造各种中部较大形状的容器、管接头等

3.6.3　冲模

　　冲模是通过加压使金属或非金属板料分离、成形或接合而得到制件的工艺设备,是冲压生产中必不可少的模具。冲模按其结构和工作特点不同,分为简单冲模、连续冲模和复合冲模三种。

(1) 简单冲模

　　滑块在一次行程中只完成一道冲压工序的冲模称为简单冲模,它由模架、凸模(冲头)、

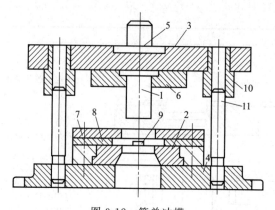

图 3-12　简单冲模

1—凸模；2—凹模；3—上模板；4—下模板；5—模柄；6—压板；7—卸料板；
8—导料板；9—定位销；10—导套；11—导柱

凹模、导料板、定位销及卸料板组成，如图 3-12 所示。这种冲模生产效率低，冲压件的精度低。

简单冲模各部分的作用如下。

① 模架包括上、下模板，导柱，导套及压板等，对凸、凹模起安装、固定作用，其中导柱和导套起导向作用，保证上、下模具对齐。

② 凸模和凹模是冲模的核心部件，可以实现板料的分离和变形。

③ 导料板和定位销的作用是控制板料的送进方向和送进量。

④ 卸料板是使凸模在冲裁后从板料中脱出。

（2）连续冲模

滑块在一次行程中，在模具的不同部位同时完成两个或多个冲压工序的冲模称为连续冲模。冲孔和落料的连续冲模如图 3-13 所示。

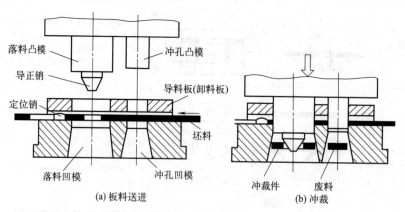

(a) 板料送进　　　　　　　(b) 冲裁

图 3-13　连续冲模

连续冲模生产效率高，易于实现机械化和自动化，但定位精度要求高，结构复杂，制造成本较高。

（3）复合冲模

滑块在一次行程中，在模具的同一部位完成两道或多道冲压工序的冲模称为复合冲模。图 3-14 所示为落料和拉深的复合冲模。这种模具外缘为落料凸模，内缘为拉深凹模；首先落料（即凸凹模下降），然后进行拉深。拉深时，凸模将坯料反向顶入凸凹模内进行拉深，顶出器在滑块回程时将拉深件顶出。

复合冲模有较高的加工精度及生产率，但制造复杂，成本高，适用于大批量生产的条件。

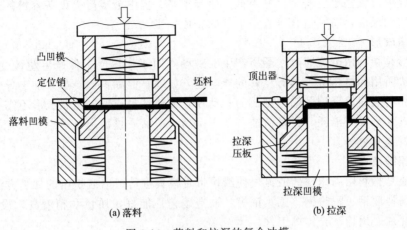

(a) 落料　　　　　　　　　(b) 拉深

图 3-14　落料和拉深的复合冲模

3.7　锻压技术的发展趋势

现代锻压生产的发展趋势是：提高锻件的性能和质量，实现少、无切屑加工和无污染的清洁生产；利用计算机技术，发展高柔性和高效率的自动化锻压设备，提高零件的生产效率，降低生产成本。下面介绍几种锻压新技术。

3.7.1　超塑性成形技术

超塑性成形技术是利用金属在特定条件（一定的变形温度、变形速率和组织条件）下所具有的超塑性（超高的塑性和超低的变形抗力）来进行塑性加工的方法。超塑性成形方法包括模锻、挤压、轧制、无模拉拔、压锻、深冲、模具凸胀成形、液压凸胀成形、压印加工以及吹塑和真空成形。不同的超塑性成形方法应采用与其相应的设备。

超塑性可大大提高材料的伸长率，其成形优点有：工具成本低，生产准备时间短，材料的横向疲劳强度、韧性及耐蚀性均优良。

3.7.2　高速成形技术

高速成形技术（又称高能率成形技术）有多种加工形式，即在很短的时间内，释放化学能、电能、电磁能和机械能等高能量给被加工的金属材料，使其迅速成形。

高速成形分为爆炸成形、电液成形、电磁成形和高速锻造等。它具有成形速度快、可加工难加工的金属材料、加工精度高、设备投资小等优点。

(1) 爆炸成形

爆炸成形是利用炸药爆炸时产生的高能冲击波，通过不同的介质使坯料产生塑性变形的方法。成形时在模腔内置入炸药，炸药爆炸时产生的大量高温、高压气体呈辐射状传递，从而使坯料成形。该方法适合于柴油机罩子、扩压管等零件的小批生产。

（2）电液成形

电液成形是指利用在液体介质中高压放电时所产生的高能冲击波，使坯料产生塑性变形的方法。电液成形的原理与爆炸成形有相似之处。与爆炸成形相比，电液成形时能量控制和调整简单，成形过程稳定、安全，噪声低，生产率高。但电液成形受设备容量的限制，不适合于较大工件的成形，特别适合于管类工件的胀形加工。

（3）电磁成形

电磁成形是指利用电流通过线圈所产生的磁场作用于坯料使工件产生塑性变形的方法。这种成形方法所用的材料应当具有良好的导电性，如铜、铝和钢等。如果加工导电性差的材料，则应在坯料表面放置用薄铝板制成的驱动片，促使坯料成形。电磁成形不需要用水和油等介质，工具几乎没有消耗，设备清洁，生产率高，产品质量稳定，适合于加工厚度不大的小零件、板材或管材等。

（4）高速锻造

高速锻造是指利用高压空气或氮气使滑块带着模具进行锻造或挤压的加工方法。高速锻造可以锻打高强度钢、耐热钢、工具钢等，锻造工艺性能好，质量和精度高，设备投资少，适合于加工叶片、蜗轮、壳体等工件。

3.7.3 液态模锻

液态模锻又称熔融锻造，是将定量的熔融金属注入金属模腔，在金属即将凝固或半凝固（即液、固两相共存）状态下，用冲头施以机械静压力，使其充满型腔，并产生少量塑性变形，从而获得组织致密、性能良好、尺寸精确的锻件的工艺方法。

目前，我国用液态模锻法生产的制件有：铝合金气动仪表零件、汽车活塞、弯头等；铜合金的光学镜架、高压阀体、齿轮、蜗轮和轴流泵体；碳钢电机端盖和法兰等。

3.7.4 摆动辗压

摆动辗压是指上模的轴线与被辗压工件（放在下模）的轴线倾斜一个角度，模具一面绕轴心旋转，一面对坯料进行压缩（每一瞬时仅压缩坯料横截面的一部分）的加工方法。

摆动辗压时，瞬时变形是在坯料上的某个小区域里进行的，而且整个坯料的变形是逐渐进行的。这种方法可以用较小的设备辗压出大锻件，而且噪声低、振动小，锻件质量高。摆动辗压主要用于制造具有回转体的轮盘类锻件，如齿轮、铣刀片等。

进入21世纪以来，锻压工业的柔性自动化发展正不断加快，以适应及时生产的时代要求。若要更具柔性，就要求例如冲床在内的锻压设备的所有控制功能集成化，从而实现全套模具的菜单化管理，包括滑块行程调整、平衡器气压调整、气垫行程调整以及自动化控制系统等各个环节的参数设定，引入锻压模具CAD/CAM（计算机辅助设计/计算机辅助制造）技术，提高设计效率，提高模具的加工精度，减轻劳动强度。

复习思考题

1. 锻压生产的基本特点是什么？为什么会有这样的特点？
2. 锻造前加热的目的是什么？
3. 锻造温度范围是根据什么确定的？实践中怎样粗略判断锻造温度是否合适？

4. 加热时可能产生哪些缺陷？如何防止？

5. 自由锻的适用范围是什么？理由何在？

6. 自由锻最基本的工序是什么？为什么？

7. 自由锻和模锻在坯料的成形上各有何特点？对生产过程有什么影响？

8. 板料冲压有哪些基本工序？进行冲压操作时应注意哪些事项？

9. 模锻和胎模锻有何异同？应用上有何区别？

10. 冲压生产有何特点？适于生产何类产品？

第4章 焊　接

4.1　概　述

焊接是通过局部加热或加压（或两者并用），并且用（或不用）填充材料，使焊件形成原子或分子间结合的一种连接方法，被连接的焊件材料（即母材）可以是同种或异种金属或非金属等。

焊接是现代工业中用来制造或修理各种金属结构和机械零件、部件的主要方法之一。作为一种永久性连接的加工方法，焊接工艺已基本取代铆接工艺。与铆接相比，焊接具有节省金属材料、生产率高、连接质量优良、劳动条件好等优点，同时还具有结构简单、密封性能好等优点，因而焊接广泛应用于航空航天、汽车、造船、冶金、电子、矿山机械等工业领域。

焊接的种类很多，按焊接过程的特点不同可分为熔焊、压焊和钎焊三大类。

① 熔焊：将焊件连接处局部加热到熔化状态，而后冷却凝固成为一体，并且不施加压力的焊接。熔焊焊接接头各部分名称、焊缝各部分名称如图4-1、图4-2所示。

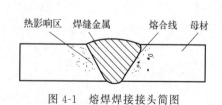

图 4-1　熔焊焊接接头简图　　　　　　图 4-2　焊缝各部分名称

② 压焊：对焊件施加压力完成焊接的方法（加热或不加热）。

③ 钎焊：采用比母材熔点低的填充金属作钎料，加热熔化后与固态焊件金属相互扩散实现连接的方法。

常用焊接方法具体分类如图4-3所示。

常见焊接方法的基本原理及主要用途见表4-1。

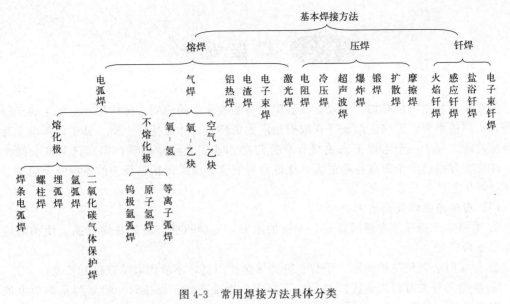

图 4-3　常用焊接方法具体分类

表 4-1　常见焊接方法的基本原理及主要用途

焊接方法		基本原理	主要用途
熔焊	焊条电弧焊	利用电弧作为热源溶化焊条和母材面形成焊缝的一种手工操作方法,焊条电弧焊电弧作业温度可达 6000～8000℃	应用范围广泛,尤其适用于焊接短焊缝及全位置焊接
	埋弧自动焊	电弧在焊剂层下燃烧,利用焊剂作为金属熔池的覆盖层,将空气隔绝使之不侵入熔池,焊丝的进给和电弧沿接缝的移动为机械操纵,焊缝质量稳定,形成美观	适用于水平焊缝和环形焊缝的焊接
	气焊	利用氧-乙炔或其他气体火焰加热母材、焊丝和焊剂而达到焊接的目的。其火焰温度约为 3000℃	适用于焊接薄件、有色金属和铸铁等
	等离子弧焊	利用气体充分电离后,再经过机械收缩效应、热收缩效应和磁收缩效应而产生的一束高温高热源进行焊接。等离子体能量密度大,温度高达 20000℃	可用于焊接不锈钢、耐热合金钢、铜及铜合金、钛及钛合金以及钼、钨及其合金等
	气电焊	是利用专门供应的气体保护焊接区的电弧焊,气体作为金属熔池的保护层将空气隔绝。气电焊采用的保护性气体有惰性气体和氧化性气体,如氩弧焊、二氧化碳气体保护焊	惰性气体保护焊用于焊接合金钢及铝、铜、钛等有色金属及其合金;氧化性气体保护焊用于普通碳素钢及低合金钢材料的焊接
压焊	电阻焊	利用电流通过焊件接触面时产生的电阻热,并加压进行焊接的方法。分为点焊、缝焊和对焊。点焊和缝焊时焊件加热到局部熔化状态;对焊时焊件加热到塑性状态或表面熔化状态	可焊接薄板、棒材、管材等
	摩擦焊	利用焊件间相互摩擦产生的热量将母材加热到塑性状态,然后加压形成焊接接头	用于钢及有色金属及异种金属材料的焊接(限方、圆截面)
钎焊	钎焊	采用比母材熔点低的材料作填充金属,利用加热使填充金属熔化,母材不熔化,借液态填充金属与母材之间的毛细作用和扩散作用实现焊接	一般用于焊接尺寸较小的焊件

4.2 焊接安全

焊接是一种重要的热加工手段，在我国装备制造业中的应用十分广泛。电焊工属于特殊工种，上岗前都要经过岗前培训，在取得相应的资质后，才能持证上岗。其工作环境中存在多种危险源。对于一个电焊工来说只有掌握焊接作业安全注意事项，提高自身安全操作技能，才能在焊接作业中避免各种危害，保证自身安全，消除焊接过程中的各种安全隐患，以及保证焊接工件的质量问题。

(1) 焊条电弧焊安全措施

① 电机应平稳安放在通风良好、干燥的地方，周围不准有易燃易爆物品。使用前应检查电线是否完好。

② 焊接时必须戴防护面罩、手套、鞋盖等防护用具，不准用眼睛直接看弧光。

③ 推闸门开关时，人体应倾斜站立，并需一次推到位。焊接时，绝对禁止调节电流大小，以免烧毁电焊机。

④ 焊钳不准放于工作台上，以免短路烧毁。

⑤ 在敲击熔渣时，注意保护眼睛。

(2) 气焊与气割安全措施

① 气焊、气割操作前应检查氧气和乙炔气路接头是否有漏气现象，回火防止器是否完好，以免引起意外事故。

② 氧气瓶、乙炔瓶应避免碰撞和剧烈振动，防止暴晒、冻结，不得靠近热源和用火烤，防止爆炸；乙炔瓶严禁在地上卧放并直接使用，必须竖直放稳。

③ 安装减压表时，人应斜立，缓缓打开瓶上阀门，以免被气流击伤。

④ 严禁让油脂或带油脂的棉纱、手套等与焊炬、割炬、氧气瓶、减压器接触。

⑤ 气焊、气割时，应注意不要把火焰喷到身上和胶管上，不要用手触及刚焊好或气割好的工件，防止烫伤。

⑥ 气焊操作时，先开乙炔阀门，然后稍开些氧气阀门，点火调整，如发现火焰突然回缩并听到"咻咻"声，应立即关闭焊炬的乙炔及氧气阀门，这意味着发生了危险的回火现象。

⑦ 点焊、气焊、气割操作完毕后，应及时关闭各开关及气阀，清理场地。

4.3 焊条电弧焊

焊条电弧焊（简称手工电弧焊）是利用焊条与焊件之间产生的电弧热量，将焊条和焊件熔化，从而获得牢固连接的一种手工操作方法。这种焊接属于熔焊，所需设备简单，操作方便、灵活，适于厚度 2mm 以上各种金属材料在各种条件下的焊接，特别适于机构形状复杂，焊缝短小、弯曲焊件的焊接。

4.3.1 焊条电弧焊过程

焊条电弧焊焊接过程如图 4-4（a）所示。焊接前，先将焊钳和焊件分别接到弧焊机的两极，并用焊钳夹持焊条，然后引燃电弧，焊条和焊件在电弧热的作用下同时熔化，形成金属熔池。随着电弧沿焊接方向前移，熔池金属迅速冷却，凝固形成焊缝。

4.3.2　焊接电弧

焊接电弧是发生在具有一定电压的两电极间，在局部气体介质中产生的强烈、持久的放电现象。引弧后，焊条与焊件间充满高热的气体，由于离子的碰撞以及焊接电压的作用，高温金属从阴极表面发射出电子并撞击气体分子，使气体介质电离成正离子和负离子，正离子高速流向阴极，负离子和电子高速流向阳极，从而形成焊接电弧。焊接电弧的温度很高，并散发出大量紫外线和红外线，对人体有害。焊接电弧分为阳极区、弧柱区和阴极区三部分，如图4-4（b）所示。一般情况下，电弧热量在阳极区产生得较多，约占总热量的43%，阴极区因放出大量电子，消耗了部分能量，因而产生的热量较少，约占总热量的36%，弧柱区的温度一般较高，在5000~50000K（随气体种类和电流大小变化）。如采用钢焊条焊接钢材，阴极区的温度约为2400K，阳极区的温度约为2600K。

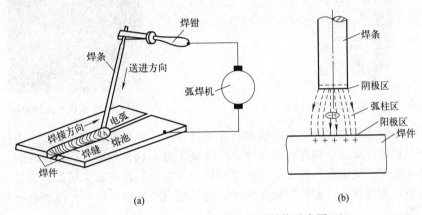

图4-4　焊条电弧焊（a）及焊接电弧结构示意图（b）

4.3.3　弧焊机

电弧焊所使用的专用焊接电源称为电弧焊机，焊条电弧焊所使用的焊接电源称为手弧焊机，简称弧焊机。弧焊机按其供应的焊接电流性质，可分为交流弧焊机和直流弧焊机两类。

（1）交流弧焊机

交流弧焊机实际上是一种特殊的降压变压器，具有结构简单、噪声小、成本低、使用可靠、维修方便等优点，但电弧的稳定性较差。它是把220V或380V的电源电压降到60~80V（即焊机空载电压），以满足引弧需要。图4-5所示是一种常见的交流弧焊机，型号为BX1-400，其中"B"表示弧焊变压器，"X"表示下降外特性，"1"为品种序号，"400"表示额定电流为400A。

（2）直流弧焊机

生产中常用的直流弧焊机有整流式直流弧焊机和逆变式直流弧焊机等。

① 整流式直流弧焊机（简称整流弧焊机）。整流弧焊机是电弧焊专用的整流器，故又称为弧焊整流器。它把交流电降压和整流后变为直流电。整流弧焊机弥补了交流弧焊机电弧

图4-5　交流弧焊机

稳定性较差的缺点，且焊机结构较简单、制造方便、空载损失小、噪声小，但价格比交流弧焊机高。图 4-6 所示是一种常用的整流弧焊机，其型号为 ZXG-500。型号中"Z"表示整流弧焊机，"X"表示下降外特性，"G"表示该整流弧焊机采用硅整流元件，"500"表示整流弧焊机的额定焊接电流为 500A。

　　② 逆变式直流弧焊机（简称逆变弧焊机）。逆变弧焊机又称为弧焊逆变器，是一种很有发展前景的新型弧焊电源。它具有高效节能、质量轻、体积小、调节速度快和弧焊工艺性能良好等优点，近年来发展迅速，预计在未来的弧焊电源中将占据主导地位。图 4-7 所示是一种常见的逆变式直流弧焊机。

图 4-6　整流式直流弧焊机

图 4-7　逆变式直流弧焊机

　　使用直流弧焊电源焊接时，有正接和反接两种方法。将焊件接直流弧焊机正极，焊条接负极的接法为正接；反之，将焊件接负极，焊条接正极，称为反接。焊接厚板时，一般用正接法，这时电弧热多集中在焊件上，有利于加快焊件熔化，保证较大熔深。焊接薄板时，为防止焊穿缺陷，多用反接。如使用碱性焊条，均采用直流反接，以保证电弧燃烧稳定。正接与反接法见图 4-8。

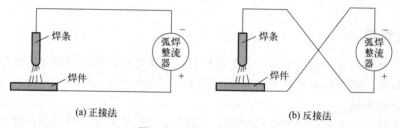

(a) 正接法　　　　　　　　(b) 反接法

图 4-8　正接法与反接法

4.3.4　弧焊机的主要技术参数

　　弧焊机的主要技术参数标在弧焊机的铭牌上，主要有初级电压、空载电压、工作电压、输入容量、电流调节范围和负载持续率等。

（1）初级电压

　　初级电压是指弧焊机接入网路时所要求的外电源电压。一般交流弧焊机的初级电压为单相 380V，整流弧焊机的初级电压为三相 380V。

（2）空载电压

　　空载电压是指弧焊机没有负载时（即未焊接时）的输出端电压。一般交流弧焊机的空载电压为 60～80V，直流弧焊机的空载电压为 50～90V。

（3）工作电压

工作电压是指弧焊机在焊接时的输出端电压，也可看作电弧两端的电压（电弧电压）。一般弧焊机的工作电压为 20～40V。

（4）输入容量

输入容量是指由网路输入到弧焊机的电压与电流的乘积，它表示弧焊变压器传递电功率的能力，单位为 kV·A。

（5）电流调节范围

指弧焊机在正常工作时可提供的焊接电流范围。GB/T 8118—2010 对弧焊机的电流调节范围作了明确的规定。

（6）负载持续率

负载持续率是指规定工作周期内弧焊机有焊接电流的时间所占的平均百分率。国家标准规定焊条电弧焊的电源的工作周期为 5min，额定的负载持续率一般为 60%，轻型电源可取35%。BX1-250 型弧焊机的主要技术参数见表 4-2。

表 4-2　BX1-250 型弧焊机的主要技术参数

初级电压/V	空载电压/V	工作电压/V	额定输入容量/(kV·A)	电流调节范围/A	额定负载持续率/%
380（单相）	70～78	22.5～32	20.5	62～300	60

4.3.5　焊条

焊条电弧焊所用的焊接材料是焊条，它由焊芯和药皮两部分组成，如图 4-9 所示。

（1）焊芯

焊芯是焊条内的金属丝，其作用：一是作为导电电极，产生焊接电弧；二是熔化后作为填充焊缝的金属材料。一般焊芯由与焊接对象相近的材料组成。按国家标准，焊接用钢可分为碳素结构钢、合金结构钢、不锈钢三类。

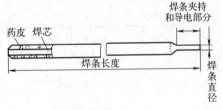

图 4-9　焊条

（2）药皮

药皮是压涂在焊芯表面的涂料层，它由矿石粉、有机物粉、铁合金粉和黏结剂等原料按一定比例配制而成。这些原材料按其作用分为稳弧剂、脱氧剂、造渣剂、造气剂。药皮的主要作用如下。

① 改善药皮的工艺性，使电弧易于引燃并保持稳定燃烧，容易脱渣，有利于焊缝成形。

② 机械保护作用：在电弧热作用下，药皮分解产生大量气体并形成熔渣，隔离空气和焊缝，防止金属烧损和氧化，对熔化金属起保护作用。

③ 冶金处理作用：通过药皮在熔池中的化学冶金作用去除有害杂质，增加有益的合金元素，改善焊缝质量。

（3）焊条的分类

① 按用途焊条分为结构钢焊条、不锈钢焊条、铸铁焊条、低温钢焊条、铝和铝合金焊条、特殊用途焊条等十大类。

② 按熔渣化学特性焊条分为酸性和碱性两类。药皮熔化后形成的熔渣以酸性氧化物为主的焊条为酸性焊条，如 E4303、E5003 等；反之为碱性焊条，如 E4315、E5015 等。E4303 或 E4315 焊条适于焊接 Q235 钢和 20 钢；E5003 或 E5015 焊条适于焊接 16Mn 钢。根据 GB/T 5117—2012 规定，碳钢焊条的型号用英文字母 E 后面加四位数字来表示。如焊

条 E4315 型号中："E"表示焊条；"43"表示熔敷金属最小抗拉强度为 430MPa；第三位数字"1"表示适于全位置焊接，"1"和"5"组合表示药皮类型为碱性，焊接电源种类为直流反接焊接电源。

4.3.6 焊接接头形式和坡口形式

(1) 焊接接头形式

常用的焊接接头形式有对接接头、搭接接头、角接接头和 T 形接头等，如图 4-10 所示。对接接头省材料，受力时应力分布均匀，因而应用得最多。

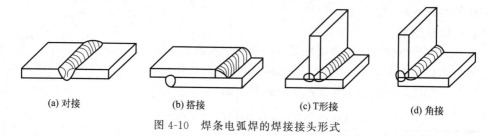

(a) 对接   (b) 搭接   (c) T形接   (d) 角接

图 4-10 焊条电弧焊的焊接接头形式

(2) 坡口形式

坡口是为保证焊缝质量而在被焊处加工成的一定形状的沟槽。常用的对接接头坡口形式如图 4-11 所示，主要有 I 形坡口、Y 形坡口、双 Y 形坡口、带钝边 U 形坡口。焊件较薄时常采用单面焊，较厚时则多采用双面焊接，这样既可保证焊透，又能减小变形。

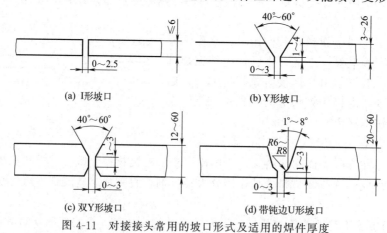

(a) I形坡口   (b) Y形坡口

(c) 双Y形坡口   (d) 带钝边U形坡口

图 4-11 对接接头常用的坡口形式及适用的焊件厚度

4.3.7 焊接位置

按焊接时焊缝的空间位置不同，焊接可分为平焊、立焊、横焊和仰焊四种位置，如图 4-12 所示。平焊位置易于操作，劳动条件好，焊接质量容易保证，因而焊件应尽量采用

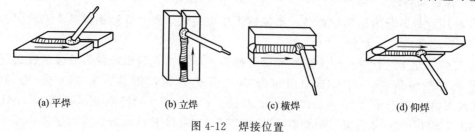

(a) 平焊   (b) 立焊   (c) 横焊   (d) 仰焊

图 4-12 焊接位置

平焊，立焊位置和横焊位置次之，仰焊位置最差。

4.3.8　焊接工艺参数

　　焊条电弧焊焊接工艺参数主要包括焊接电源、焊条直径、焊接电流、电弧电压、焊接速度等。焊接工艺参数的选择对焊接质量、生产率有很大影响。使用酸性焊条焊接时，通常选用交流弧焊电源；使用碱性焊条焊接时，一般选用直流弧焊电源；焊薄板时，采用直流电源反接。

　　焊条直径的选择主要考虑焊件的厚度、接头的形式、焊接位置和焊接层次等因素。通常在保证焊接质量的前提下，尽可能选用大直径焊条以提高生产率。厚焊件可选用大直径的焊条，薄焊件选用小直径焊条。立、横、仰焊的焊接位置应选用细焊条（$\phi < 4\text{mm}$）；V形坡口多层焊时，首层应选用细焊条，其后各层应用粗焊条；T形接、搭接和角接接头焊时应选用粗焊条。表4-3为焊条直径的选择表。

　　焊接电流主要根据焊条直径选择，其次根据焊件厚度、焊接位置、接头形式、母材金属等因素进行适当调整，详见表4-4。

表4-3　焊条直径选择表　　　　　　　　　　　　　单位：mm

焊件厚度	<4	4～7	8～12	>12
焊条直径	不超过焊件厚度	3.2～4.0	4.0～5.0	4.0～5.8

表4-4　焊接电流与焊条直径的关系

焊条直径/mm	焊接电流/A	焊条直径/mm	焊接电流/A
1.6	25～40	4.0	150～200
2.0	40～70	5.0	180～260
2.5	50～80	—	—
3.2	80～120	—	—

　　实际工作中：焊接电流过大时，熔宽和熔深增大，飞溅增多，焊条发红发热，使药皮失效，易造成气孔、焊瘤和烧穿等缺陷；焊接电流过小时，电弧不稳定，熔宽和熔深均减小，易造成未熔合、未焊透及夹渣等缺陷。选择焊接电流的原则是：在保证焊接质量的前提下，尽量采用较大的焊接电流，并配以较大的焊接速度，以提高生产率。

　　焊条电弧焊的电弧电压由弧长决定。电弧长，电弧电压高；电弧短，电弧电压低。若电弧过长，则燃烧不稳定，熔深减小，熔宽增大，易产生焊接缺陷，因此焊接时应力求用短弧焊接。

　　焊接速度由焊工根据焊件厚度、材质来掌握，太快可能焊不透或成形不好，太慢可能产生焊瘤或烧穿。焊接中应保持适当的速度，以保证焊缝质量和外形的美观。

4.3.9　焊条电弧焊的基本操作

　　(1) 引弧

　　引弧是指使焊条和焊件之间产生稳定电弧。常用的引弧方法有敲击法和摩擦法两种。引弧时，先将焊条末端与焊件表面接触形成短路，而后迅速提起焊条2～4mm的距离，电弧即可引燃，如图4-13所示。

　　(2) 运条

　　引弧后，需掌握好焊条与焊件之间的角度。平焊运条的基本运动及焊条角度如图4-14所示。基本运动为：焊条向下均匀送进，以保持弧长不变；焊条沿焊接方向逐渐向前移动；焊条做横向摆动，以获得适当的焊缝宽度。

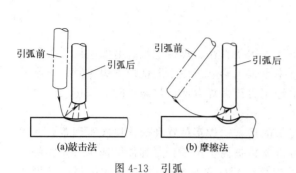

图 4-13　引弧

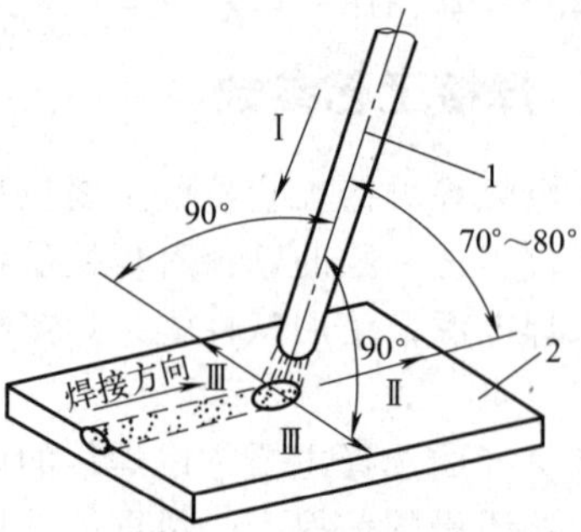

图 4-14　平焊运条的基本运动及焊条角度
Ⅰ—向下送进；Ⅱ—沿焊接方向移动；
Ⅲ—横向摆动；1—焊条；2—焊件

(3) 焊缝的收尾

焊缝收尾时，焊缝末尾的弧坑应填满。通常是将焊条压近弧坑，在其上方停留片刻，填满弧坑后，再逐渐抬高焊条，使熔池逐渐缩小，最后拉断电弧。

4.4　气焊与气割

4.4.1　气焊

气焊是利用可燃气体乙炔（C_2H_2）和氧气（O_2）混合燃烧，产生高温火焰使焊件和焊丝局部熔化，同时填充金属的一种焊接方法。气焊示意图见图 4-15。

乙炔和氧气混合燃烧形成氧-乙炔焰，温度可达 3150℃。焊接时，焊件和焊丝熔化形成熔池并填充金属，冷却凝固后形成焊缝；乙炔燃烧时产生大量 CO_2 和 CO 气体，包围熔池，对熔池起保护作用。与焊条电弧焊相比，气焊不需要电源，火焰温度易于控制，设备简单，操作简便，移动方便，施工场地不限。但气焊热源温度低、热量分散、生产效率低、焊接变形大、焊接质量差。气焊适于焊接厚度在 3mm 以下的低碳钢薄板，质量要求不高的铜、铝等非铁合金材料，低熔点材料以及补焊铸铁。

(1) 气焊设备

气焊设备包括氧气瓶、乙炔瓶、减压器、回火保险器及焊炬等，如图 4-16 所示。

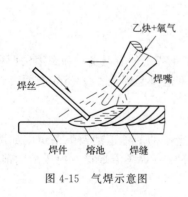

图 4-15　气焊示意图

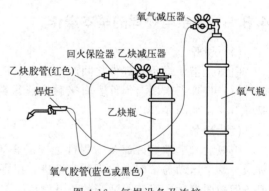

图 4-16　气焊设备及连接

① 氧气瓶。氧气瓶是运输和储存高压氧气的容器，常用氧气瓶容积为 40L，在 15MPa 工作压力下可储存 $6m^3$（6000L）的氧气。

② 乙炔瓶。乙炔瓶是运输和储存乙炔的容器，常用容积为 40L，限压 1.52MPa。乙炔是易燃易爆的气体，要严格按要求正确保管和使用，注意瓶体的温度不能超过 30~40℃；乙炔瓶不能横躺卧放，只能直立；瓶身不得剧烈振动；存放乙炔瓶的场所应注意通风。

③ 减压器。减压器是将高压气体降为低压气体，并保持焊接过程中压力基本稳定，保证火焰稳定燃烧的装置，如图 4-17 所示。减压器工作时，先缓慢打开氧气瓶或乙炔瓶的阀门，然后旋转减压器调压手柄，顶开活门，使高压气体进入低压室，低压室内气体压力增大，压迫薄膜及调压弹簧，带动活门下行，获得所需的稳定工作压力。低压室的气体压力由低压表读出，瓶内储气量可由高压表的压力反映。

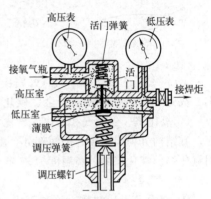

图 4-17 减压器构造与工作示意图

④ 回火保险器。气焊时，若乙炔供给不足或管路、焊嘴阻塞，火焰会沿着乙炔管道逆向燃烧的现象称为回火。回火保险器是装在乙炔瓶和焊炬之间的防止乙炔向乙炔瓶燃烧的安全装置。

⑤ 焊炬。焊炬是控制火焰进行焊接的工具，作用是将乙炔和氧气按一定比例均匀混合，同时控制两种气体的混合流量，以获得稳定燃烧的焊接火焰。按可燃气体与氧气在焊炬中的混合方式不同，焊炬分为射吸式和等压式两种，图 4-18 为常用的射吸式焊炬。焊炬常用的型号有 H01-2 和 H01-6 等，其中"H"表示焊炬，"0"表示手工操作，"1"表示射吸式，"2"或"6"表示可焊接低碳钢的最大厚度，单位为 mm。

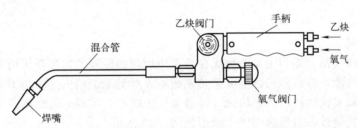

图 4-18 射吸式焊炬

(2) 焊丝和气焊熔剂

① 焊丝。焊丝是焊接时作为填充金属与熔化的母材形成焊缝金属的金属丝。通常焊丝要与所焊材料的化学成分相同或相近，这样可以防止产生气孔、夹渣等缺陷。焊丝表面光洁，无油脂、锈斑和油漆等污物；具有良好的工艺性能，流动性适中，飞溅小等。焊丝直径应根据焊件厚度来选择，一般为 2~4mm。

② 气焊熔剂。气焊熔剂（简称焊剂）是气焊助熔剂，相当于电焊条的药皮，作用是保护熔池金属，去除焊接过程中形成的氧化物等杂质，增加液态金属的流动性。我国气焊熔剂的牌号有 CJ101（用于焊接不锈钢、耐热钢）、CJ201（用于焊接铸铁）、CJ301（用于焊接铜及铜合金）、CJ401（用于焊接铝及铝合金）。

(3) 气焊火焰

气焊时，通过调整乙炔和氧气的混合比例，可以获得三种性质不同的火焰，即中性焰、

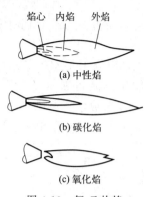

焰心 内焰 外焰

(a) 中性焰

(b) 碳化焰

(c) 氧化焰

图 4-19 氧-乙炔焰

碳化焰、氧化焰，如图 4-19 所示。

① 中性焰。当氧气和乙炔的混合比为 1.1～1.2 时，燃烧所形成的火焰称为中性焰，它由焰心、内焰和外焰三部分组成，靠近喷嘴处为焰心，呈白亮色，其外层颜色发暗的部分为内焰，最外层呈橙黄色的部分为外焰。中性焰乙炔燃烧充分，火焰温度高，最高温度位于焰心前端 2～4mm 的内焰区，温度为 3050～3150℃。中性焰适于焊接低碳钢、中碳钢、低合金钢、不锈钢、紫铜、铝及铝合金、镁合金等材料。

② 碳化焰。当氧气和乙炔混合比小于 1.1 时形成的火焰称为碳化焰。碳化焰也分内焰、外焰和焰心三部分，但比中性焰的火焰长，最高温度可达 2700～3000℃。碳化焰适于焊接高碳钢、高速钢、铸铁、硬质合金、碳化钨等材料。

③ 氧化焰。当氧气和乙炔混合比大于 1.2 时形成的火焰称为氧化焰，整个火焰比中性焰短，其结构分为焰心和外焰两部分。由于火焰中有过量的氧，具有氧化作用，故一般气焊不采用氧化焰。氧化焰的最高温度为 3100～3300℃。在气焊黄铜、镀锌铁板时采用轻微氧化焰。

(4) 气焊操作

① 气焊点火、调整火焰和灭火。点火时，先微开氧气阀门，再开乙炔阀门，用明火点燃火焰，然后逐渐开大氧气阀门，调节火焰状态。灭火时应先关乙炔阀门，再关氧气阀门，防止火焰倒流和产生烟灰。若发生回火，应立即关闭氧气阀，再关乙炔阀。

② 平焊焊接。平焊时，一般右手握焊炬，左手握焊丝，两手配合，沿焊缝向左或向右焊接。开始焊接时，为尽快加热焊件形成熔池，焊炬倾角（指焊嘴与焊件的夹角）应大些；正常焊接时，焊炬倾角一般保持在 30°～50°；焊接结束时，焊炬倾角应适当减小，以便更好地填充熔池和避免烧穿。

4.4.2 气割

(1) 氧气切割

氧气切割简称气割，是利用某些金属在纯氧中燃烧的原理来实现金属切割的方法。气割利用气体火焰的热能，将割件局部金属预热到燃点，然后割炬喷出高速切割氧气流，使割件燃烧，生成的金属氧化物被燃烧热熔化，并被氧气流吹掉，实现连续切割。气割设备除用割炬代替焊炬外，其他设备与气焊相同。割炬如图 4-20 所示。

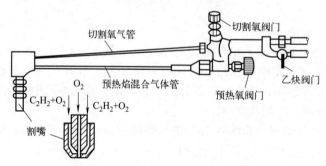

图 4-20 割炬

常用的割炬型号有 G01-30 和 G01-100 等。其中"G"表示割炬，"0"表示手工操作，"1"表示射吸式，"30"或"100"表示可切割低碳钢件的最大厚度，单位为 mm。金属材料需满足以下条件才能进行气割。

① 金属的燃点必须低于其熔点才能保证金属在固体状态下燃烧，保证割口平整。铸铁的燃点高于自身熔点，所以不能进行气割。

② 金属燃烧生成的氧化物（熔渣）的熔点应低于金属本身的熔点，且流动性好。铝及其合金、高铬钢或铬镍钢的氧化物熔点高于其金属自身的熔点，故不能进行气割。

③ 金属燃烧时会释放大量的热，而且金属本身的导热性要差。这样才能保证气割处的金属有足够的预热温度使气割过程能连续进行。铝、铜及其合金导热性好，不能进行气割。

(2) 等离子弧切割

等离子弧切割是利用等离子弧的热能实现金属材料熔化切割的方法。其切割原理如图4-21，是利用等离子弧能量密度高及冲力大的特点，将被切割件局部加热熔化并随即吹除，从而形成整齐的割口。等离子弧切割温度一般在 10000～14000℃。等离子弧切割切口窄、速度快，切割速率是氧-乙炔切割的 1～3 倍，可用于切割高碳钢、高合金钢、铸铁、铜及其合金、铝及其合金等，也可切割花岗岩、碳化硅混凝土等非金属材料。空气等离子弧切割系统如图 4-22 所示，主要由电源、供气系统和割枪等组成。

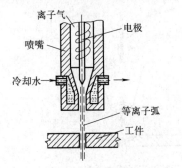

图 4-21　等离子弧切割原理示意图

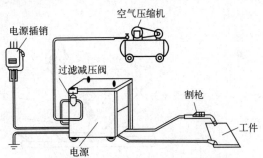

图 4-22　空气等离子弧切割系统示意图

4.5　其他焊接方法

4.5.1　二氧化碳气体保护焊

二氧化碳气体保护焊是利用 CO_2 气体作为保护气体的气体保护焊，简称 CO_2 焊。它用焊丝作电极兼作填充金属，以自动或半自动方式进行焊接。图 4-23 为 CO_2 焊接设备示意图。

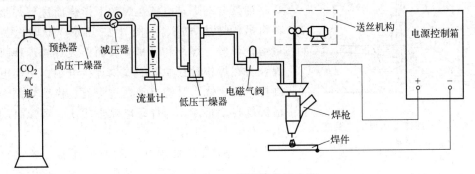

图 4-23　CO_2 焊接设备示意图

CO_2 焊只能采用直流电源，主要有硅整流电源、晶闸管整流电源、晶体管电源和逆变电源等。

CO_2 焊的优点是操作灵活，生产成本低，电流密度大，熔深大，焊接速度快，生产效率高，焊接质量好，焊接变形小，适于各种空间位置焊接。缺点是设备复杂，焊缝成形差，飞溅大。

由于 CO_2 气体是一种氧化性气体，焊接过程中会使焊件金属元素氧化烧损，故 CO_2 焊不适于焊接非铁金属合金和高合金钢。CO_2 焊主要用于焊接低碳钢和低合金结构钢等。

4.5.2 氩弧焊

利用氩气（Ar）作为保护气体的气体保护焊称为氩弧焊。按采用的电极不同，氩弧焊分为钨极氩弧焊和熔化极氩弧焊两类，如图 4-24 所示。钨极氩弧焊是利用钨极和焊件之间产生的电弧进行加热，焊接时，钨极不熔化，填充金属从一侧送入，熔化填充焊缝，形成金属熔池。从喷嘴流出的氩气在电弧周围形成气体保护层隔绝空气，防止空气对钨极、电弧熔池及加热区产生的不良影响，进而保证焊缝质量。

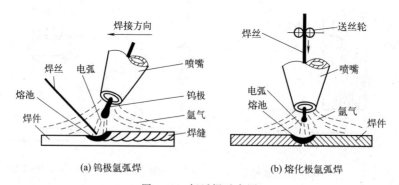

(a) 钨极氩弧焊　　　　　　(b) 熔化极氩弧焊

图 4-24　氩弧焊示意图

氩弧焊具有以下特点。

① 氩气是惰性气体，它既不能和熔池金属发生冶金反应，又能对电极、焊缝起保护作用；

② 氩气的热导率小，且是单原子气体，高温时不分解吸热，电弧热量损失小；

③ 氩弧焊是明弧焊，焊后无须清理，便于观察，易于实现自动化；

④ 氩气价格贵，焊接成本高，所需设备复杂。

4.5.3 埋弧自动焊

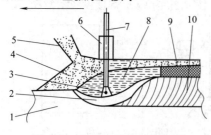

图 4-25　埋弧自动焊工艺原理

1—焊件；2—熔池；3—熔滴；
4—焊剂；5—焊剂斗；6—导电嘴；
7—焊丝；8—熔渣；9—渣壳；10—焊道

埋弧自动焊是电弧在焊剂下燃烧而进行焊接的一种机械化焊接方法，如图 4-25 所示。此时电弧的热量熔化焊丝、焊剂和母材金属而形成焊缝。埋弧自动焊设备在焊接过程中既能提供焊接电源、引燃电弧和维持电弧燃烧，又能自动送进焊丝、供给焊剂，还能沿焊缝自动行走。与焊条电弧焊相比，埋弧自动焊有以下优点。

① 由于焊丝伸出导电嘴的长度短，焊丝导电部分的导电时间短，故可以采用较大的焊接电流，厚板

还可以不开坡口或开小些。

② 保护熔池效果好，焊接质量好。

③ 设备自动化控制，生产效率高，劳动强度低。

④ 电弧在焊剂层下燃烧，避免了弧光对人的伤害，改善了劳动条件。

缺点是适应性差，设备费用高，只宜在水平位置焊接。

埋弧自动焊适于焊接低碳钢、低合金钢、不锈钢、铜、铝等金属材料的厚板的长直焊缝和较大直径的环向焊缝（环缝）。

4.5.4 电阻焊

电阻焊又称接触焊，是直接利用电阻热，在焊接处把母材金属熔化，并在压力下使两工件熔合的焊接方法。电阻焊的主要方法有对焊、点焊、缝焊等，如图 4-26 所示。

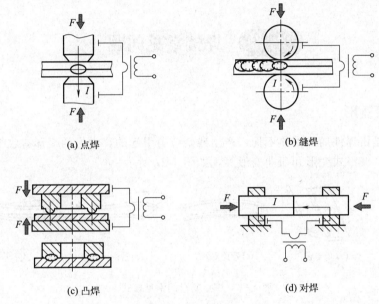

(a) 点焊　　　　　　　　　　(b) 缝焊

(c) 凸焊　　　　　　　　　　(d) 对焊

图 4-26　电阻焊

电阻焊的主要特点是：焊接电压很低（1～12V），焊接电流很大（几十安培至几千安培），完成一个焊点的焊接时间极短（0.01 秒至几秒），故生产率高；电阻焊不需要填充金属，焊接变形小，操作简单，易于实现机械化和自动化。

(1) 点焊

点焊是将焊件装配成搭接接头，并压紧在两电极之间，利用电阻热熔化母材金属，形成焊点的焊接方法。点焊时，待焊的薄板被压紧在两柱状电极之间，通电后使接触处温度迅速升高，将两焊件接触处的金属熔化而形成熔核，熔核周围的金属则处于塑性状态。然后断电，保持或增大电极压力，使熔核金属在压力下冷却凝固，形成组织致密的焊点。点焊主要用于低碳钢，不锈钢，铜合金、铝合金等材料的薄板与薄板的焊接。

(2) 缝焊

缝焊（滚焊）是利用旋转的盘状电极代替点焊机的柱状电极来压紧焊件，当盘状电极连续滚动时断续通电，使焊点相互重叠而形成连续致密的焊缝，其焊接原理与点焊相同。缝焊主要用于有密封要求的薄壁容器和管道的焊接，材料可以是低碳钢、合金钢、铝及其合金等。

(3) 对焊

对焊是将焊件装配成对接接头，使其端面紧密接触，利用电阻热加热至塑性状态，然后迅速施加顶锻力的方法。对焊按操作方法不同分为电阻对焊和闪光对焊。电阻对焊操作简单，接头表面光滑，但接头内部易有夹杂物，焊接质量不高。闪光对焊是在焊件未接触前先接通电源，然后使两焊件逐渐接触，焊件端面夹杂物少，接头质量好，应用广泛。对焊广泛用于端面形状相同或相似的杆状类零件的焊接。

(4) 凸焊

凸焊是在点焊基础上发展起来的，凸焊的加工机理与点焊基本相似，是点焊的一种变型，是在一焊件的接合面上预先加工出一个或多个凸起点，使其与另一焊件表面相接触，加压并通电加热，压塌凸起点，使这些接触点形成焊点的电阻焊方法。凸焊广泛应用在汽车配件等机械零部件上。

4.6 焊接常见问题

4.6.1 焊接变形

焊接变形是由焊件局部受热不均、产生残余应力引起的，常见的变形有收缩变形、角变形、弯曲变形、波浪式变形和扭曲变形等，如图 4-27 所示。

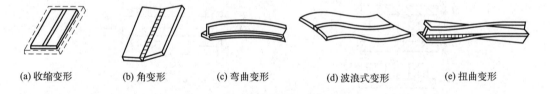

(a) 收缩变形　　(b) 角变形　　(c) 弯曲变形　　(d) 波浪式变形　　(e) 扭曲变形

图 4-27　焊接变形的常见模式

为防止焊接应力引起的焊接变形，在实际生产中主要采取以下措施。

① 合理选择焊接结构，减少焊缝数量、减小焊缝长度及截面积。

② 焊前预热，减小焊接应力。

③ 焊前组装采用反变形法（图 4-28）、刚性固定法。

④ 选择合理的焊接顺序。

⑤ 采用整体调温回火、机械拉伸、温度拉伸及振动法等消除内应力。

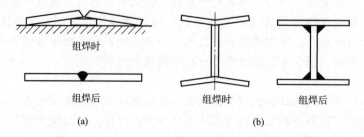

组焊时　　　　　　组焊时　　　组焊后

组焊后

(a)　　　　　　　　(b)

图 4-28　反变形法

4.6.2 焊接缺陷及焊接质量检验

(1) 焊接缺陷

焊接接头中产生的不符合设计或工艺要求的缺陷，称为焊接缺陷。熔焊常见的焊接缺陷有焊缝尺寸及形状不符合要求、咬边、焊瘤、未焊透、夹渣、气孔和裂纹等，如图 4-29 所示。焊接缺陷的存在，减小了焊缝的有效承载面积，直接影响焊接结构的安全。熔焊常见的焊接缺陷名称、产生原因和防止措施见表 4-5。

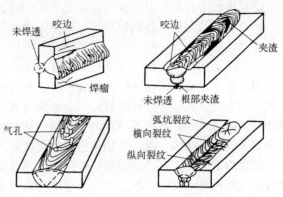

图 4-29　熔焊常见焊接缺陷

表 4-5　熔焊常见的焊接缺陷名称、产生原因和防止措施

缺陷名称	产生原因	防止措施
焊缝表面尺寸不符合要求	坡口角度不正确或间隙不均匀； 焊接速度不合适或运条方法不妥； 焊条角度不合适	选择适当的坡口角度和间隙； 正确选择焊接工艺参数； 采用合适的运条方法和焊条角度
咬边	焊接电流太大； 电弧过长； 运条方法或焊条角度不适当	选择正确的焊接电流和焊接速度； 采用短弧焊接； 掌握合适的运条方法和焊条角度
焊瘤	焊接操作不熟练； 运条角度不当	提高焊接操作技术水平； 调整焊条角度
未焊透	坡口角度或间隙太小，钝边太大； 焊接电流过小、焊接速度过快或电弧过长； 运条方法或焊条角度不合适	正确选择坡口尺寸和间隙； 正确选择焊接工艺参数； 掌握合适的运条方法和焊条角度
气孔	焊件或焊接材料有油、锈、水等杂质； 焊条使用前未烘干； 焊接电流太大、焊接速度过快或电弧过长	焊前严格清理焊件和焊接材料； 按规定严格烘干焊条； 正确选择焊接工艺参数
热裂纹	焊件或焊接材料选择不当； 熔深与熔宽之比过大； 焊接应力大	正确选择焊件和焊接材料； 控制焊缝形状，避免深而窄的焊缝； 改善应力状况
冷裂纹	焊件材料淬硬倾向大； 焊缝金属含氢量高； 焊接应力大	正确选择焊条材料； 采用碱性焊条，使用前严格烘干； 采用焊前预热等措施，焊后进行保温处理

(2) 焊接质量检验

常用的质量检验方法有破坏性检验和非破坏性检验。破坏性检验是指从焊件或试件上取样，破坏焊件或试件，以检验试件各种力学性能、化学成分和金相组织的试验方法，包括焊缝金属及焊接接头力学性能试验、金相检验、断口分析、化学分析与试验。非破坏性检验是指不破坏焊件或试件的检验方法，包括外观检验、水压试验、致密性试验、无损检验等。其中无损检验又分为渗透探伤、磁粉探伤、射线探伤和超声波探伤等。

水压试验用来检验受压容器的强度和焊缝致密性，属于超载检查，试验压力要根据容器设计工作压力确定。当工作压力 $F=0.6\sim1.2\text{MPa}$ 时，试验压力 $F_1=F+0.3\text{MPa}$；当 $F>1.2\text{MPa}$ 时，$F_1=1.25F$。

致密性试验是指检查有无漏水、漏气、渗油、漏油等现象的试验。

渗透探伤是利用带有荧光粉或红色染剂的渗透剂来检查焊接接头表面微裂纹的方法。

磁粉探伤是利用磁粉在焊接接头处磁场中的分布特征来检验磁铁性材料的表面微裂纹和近表面缺陷的方法。

射线探伤和超声波探伤用来检查焊接接头的内部缺陷，如气孔、夹渣等。

焊接质量一般包括焊缝的外形和尺寸、焊缝的连续性和接头性能三个方面。对焊缝外形和尺寸的要求：焊缝和母材金属之间应平滑过渡，以减少应力集中，避免烧穿、未焊透等焊接缺陷，同时焊缝的余高不应太大。焊缝的连续性是指焊缝中是否有裂纹、气孔、夹渣、未熔合与未焊透等缺陷。接头性能是指焊接接头的力学性能及其他性能（如耐蚀性）。

焊接质量的优劣直接影响焊接结构的安全使用，因此焊接生产中要高度重视焊接质量，并做好焊接质量的检验工作，采取措施防止出现焊接缺陷，避免因焊接质量问题发生事故。影响焊接质量的因素主要有焊接应力引起的焊接变形以及各种焊接缺陷等。

4.7 焊接结构设计与焊接工艺设计

下面以简单压力容器为例，介绍焊接结构设计和工艺设计过程。

制造卧式储罐，如图 4-30（a）所示，罐体长 3400mm，罐体壁厚 16mm，直径 ϕ1500mm，进口直径 ϕ450mm，进口管高 250mm，出口管为 ϕ120mm×10mm。

① 分析储罐的工作条件、承受压力载荷状况，计算出储罐所需强度和其他性能要求。

② 选择焊接结构材料：根据性能要求，选择制造储罐的材料为 16MnR，钢板壁厚为 16mm，钢板尺寸为 2000mm×5000mm×16mm。

③ 选择焊接方法：筒体纵缝、环缝采用埋弧焊，进、出管采用焊条电弧焊。

④ 焊缝布置：筒体用钢板冷卷，筒体纵向焊缝（纵缝）为避免焊缝密集，相互错开 180°，封头采用热压成形，与筒体连接处可用 30～50mm 的直锻，使焊缝躲开转角应力集中位置。进口管采用加热卷制。筒体的环缝可设计成图 4-30（b）、（c）所示两套方案，其中数字 1～5 表示焊缝，图 4-30（c）方案合理。

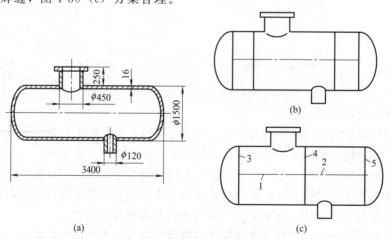

图 4-30 储罐结构及焊接图

⑤ 选择接头形式：筒体为确保质量采用对接，进、出口管环缝采用 T 形接头，而进口管纵缝采用对接接头。具体工艺设计见表 4-6。

表 4-6 储罐焊接工艺设计

焊缝名称	焊接方法及焊接工艺	接头形式及坡口形状	焊接材料
筒体纵缝 1、2	因储罐质量要求高,选用埋弧焊,双面焊,先内后外,材料为 16MnR 室内焊接	对接接头,I 形坡口	焊丝:H08MnA 焊剂:HJ431 焊条:J507
筒体环缝 3、4、5	采用埋弧焊,顺次焊 3、4、5,装配后先在内部用焊条电弧焊封底,再用埋弧焊焊外环缝	对接接头,I 形坡口	焊丝:H08MnA 焊剂:HJ431 焊条:J507
进口管纵缝	板厚 16mm,焊缝短,选用焊条电弧焊	对接接头,V 形坡口	焊条:J507
进口管环缝	平焊位置,采用焊条电弧焊,单面坡口,双面焊	角接接头,单边 V 形坡口	焊条:J507
出口管焊缝	管壁为 16mm,角焊缝插入式装配,采用焊条电弧焊	角接接头,I 形坡口	焊条:J507

4.8 焊接和切割新发展

4.8.1 焊接新技术

由于焊接技术是多学科交叉融合的产物,因此现代科学技术的发展,也推动了焊接技术的更新发展。除了物理、化学、材料、力学、冶金、机械、电子等领域的新发展推动了焊接新材料、新工艺（表 4-7 为几种先进的焊接方法）不断出现外,计算机、控制理论、人工智能等信息科学领域的进步也使焊接工艺实现的手段不断发展,步入自动化和智能化的新阶段。

表 4-7 几种先进的焊接方法

焊接方法	热 源	适合材料	应 用
电渣焊	电流通过熔渣产生的电阻热	碳钢、低合金钢、不锈钢等	制造大型铸-焊或锻-焊联合结构的工件
等离子弧焊	压缩的高温、高能量的等离子弧	各种金属材料	难熔金属、活泼金属、薄壁零件
真空电子束焊	经聚焦的高速、高能电子束	各种金属材料	要求变形小、在真空中使用的精密微型器件及厚大焊件
激光焊	高能密度激光束	各种金属、非金属或异种材料	微型、精密、热敏感的焊件,如集成电路接线、电容器等
摩擦焊	机械摩擦热(并加压)	碳钢、合金钢、不锈钢、铜及其合金、铝及其合金等塑性较好的材料	异种金属,如铜-不锈钢、碳钢-铝,截面尺寸相差悬殊的焊件
扩散焊	在高温下焊件原子之间互相扩散(并加压)	金属、非金属材料	异种金属、陶瓷与金属的焊接,复合材料的制造
超声波焊	超声波高频振荡的摩擦热(并加压)	各种金属和非金属材料	异种金属、厚薄悬殊和微连接焊件
爆炸焊	炸药爆炸产生的冲击波	贵重金属合金	钢-铜、钢-铝、钛-钢等复合板和复合管

焊接智能化技术是利用机器模拟和实现人的智能行为实施焊接工艺制造的技术。焊接智能化技术包括采用智能化途径进行焊接的工艺知识、焊接设备、传感与检测、信息处理、过程建模、过程控制器、机器人机构、复杂系统集成设计的实施等,可见焊接智能化技术是综合的系统集成技术。

传感技术是实现焊接自动化及智能化的关键环节之一。焊接过程的传感，能实现焊接过程质量控制的监控。焊接传感器按其使用目的可分为测量和检测操作环境、检测和监控焊接过程两大类。在传感原理方面，主要分为声学传感、力学传感、电弧传感、光学传感等。

现代焊接技术多使用计算机软件，对焊接动态过程进行建模，实现焊接动态过程的智能控制，同时采用焊接工艺专家系统和智能质量检测系统，引入机器人智能化技术与遥控焊接技术，提高焊缝质量和焊接生产率，降低劳动强度，改善工作环境，提高焊接自动化水平。

4.8.2　切割新技术

传统切割下料生产多使用锯床、剪板机、镀金气割和数控切割机等设备；其中数控切割机生产效率高，切割精度高，劳动强度低，是主要的切割下料设备。但目前很多企业不是没有套料软件，就是套料软件版本低，或是继续沿用传统的 CAD 画图和手动排料，手工编程，只能进行单个零件切割或局部切割，不能对整板和余料板进行套料切割，造成材料利用率低、浪费严重的现象，不能发挥数控切割机大批量、高效率的生产特性。

现代切割技术有别于传统的手工切割技术，它基于现代计算机信息技术，针对不同的切割下料设备，对传统切割技术加以改进提升，可以有效提高原材料的综合利用率、切割效率和切割质量。切割新技术还包括电火花切割、激光切割和水射流切割等。

下面简单介绍几种应用于切割技术的软件。

FastCUT 套料软件：应用于锯床和剪床，其核心技术是计算机优化套料计算，改变了传统的简单按顺序切割的下料方式，有效减少了边角余料，提高了材料的利用率。

FastSHAPES 镀金展开软件：核心技术是把美国、欧洲、澳大利亚等地的焊接标准和多种切割、焊接方式写入镀金展开软件，把几何的空间展开与切割、焊接工艺相结合，使镀金展开不再是简单的几何展开，而是根据焊接标准和切割、焊接工艺计算展开。FastSHA-PES 镀金展开软件的普及改变了传统手工镀金放样和气割下料生产方式。

FastCAM 套料软件：应用于数控机床，该软件系统稳定，功能齐全，是火焰、等离子、激光和水射流数控切割机必备的数控切割套料软件。

这几种软件非常典型实用，把每台切割下料设备和每个切割生产、管理环节分别管理好，并有序、有机地联系起来，有效提高了切割效率、切割质量。

复习思考题

1. 常用焊接方法有哪几种？怎么区分？
2. 弧焊机有哪几种？说明其型号和主要技术参数。
3. 焊条由几部分组成？各部分作用是什么？
4. 解释焊条牌号 E4303 的含义。
5. 焊条电弧焊常用的接头形式和坡口形式有哪些？
6. 氧-乙炔焰有哪几种？各适合焊接什么材料？
7. 焊炬和割炬有什么区别？
8. 氧气切割原理是什么？氧气切割条件主要有哪些？
9. 焊接缺陷有哪些？
10. 焊接变形有几种基本形式？

第5章 切削加工基础知识

5.1 概　　述

5.1.1 切削加工的实质和分类

切削加工是利用切削刀具或工具将坯料或工件上多余的材料切除，获得符合图样技术要求的零件的加工方法。在国民经济领域中，使用着大量的机器和设备，组成这些机器和设备不可拆分的最小单元就是机械零件。由于现代机器和设备的精度及性能要求较高，所以对组成机器和设备的大部分机械零件的加工质量也提出了较高的要求，不仅有尺寸和形状的要求，还有表面粗糙度的要求。为了满足这些要求，除了较少的一部分零件是采用精密铸造或精密锻造等方法直接获得外，绝大部分零件都要经过切削加工的过程获得。在机械制造行业，切削加工所担负的加工量约占机器制造总工作量的 40%～60%。由此可看出，切削加工在机械制造过程中具有举足轻重的地位。切削加工之所以能够得到广泛的应用，是因为与其他加工方法相比较，它具有如下突出的优点：切削加工可获得相当高的尺寸精度和较小的表面粗糙度参数值。磨削外圆精度可达 IT6～IT5，表面粗糙度 Ra 达 $0.8～0.1\mu m$，镜面磨削的表面粗糙度 Ra 甚至可达 $0.006\mu m$，最精密的压力铸造只能达到 IT10～IT9，Ra 为 $3.2～1.6\mu m$。切削加工几乎不受零件的材料、尺寸和重量的限制。目前尚未发现不能切削加工的金属材料，就连橡胶、塑料、木材等非金属材料也都可以进行切削加工。其加工尺寸小至不到 $0.1mm$，大至数十米，重量可达数百吨，并且可获得相当高的尺寸精度和较小的表面粗糙度参数值。

切削加工分为钳工和机械加工（简称机工）两大部分。钳工一般是由工人手持工具对工件进行切削加工，其主要内容包括划线、錾削、锯削、锉削、刮削、研磨、钻孔、扩孔、铰孔、攻螺纹、套螺纹、机械装配和修理等。机工是由工人操纵机床对工件进行切削加工，其主要方式有车削、钻削、铣削、刨削和磨削等，如图 5-1 所示，所使用的机床相应为车床、钻床、铣床、刨床和磨床等。

5.1.2 机床的切削运动

无论在何种机床上进行切削加工，刀具与工件之间都必须有适当的相对运动，根据在切削过程中所起的作用不同，切削运动分为主运动和进给运动。

（1）主运动

主运动是提供切削可能性的运动。也就是说，没有这个运动，就无法切下切屑。它的特点是在切削过程中速度最高、消耗机床动力最大。例如，在图 5-1 中，车削时工件的旋转，钻削时钻头的旋转，铣削时铣刀的旋转，刨削时刨刀的往复直线移动，磨削时砂轮的旋转均为主运动。

（2）进给运动

进给运动是提供继续切削可能性的运动。也就是说，没有这个运动，当主运动进行一个循环后新的材料层不能投入切削，切削无法继续进行。例如，在图 5-1 中，车削、钻削及铣削时工件的移动，刨削水平面时工件的间歇移动，磨削外圆时工件的旋转和往复轴向移动及砂轮周期性横向移动均为进给运动。在机械加工中，主运动只有一个，进给运动则可能是一个或几个。

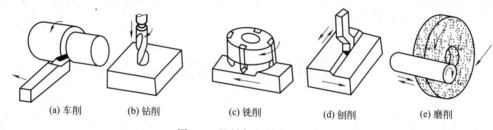

| (a) 车削 | (b) 钻削 | (c) 铣削 | (d) 刨削 | (e) 磨削 |

图 5-1　机械加工的主要方式

5.1.3　切削用量三要素

在机械加工过程中，工件上形成三个表面：待加工表面、已加工表面和过渡表面，如图 5-2 所示。

切削用量三要素是指切削速度 v_c、进给量 f 和背吃刀量 a_p。车削外圆、铣削平面和刨削平面时的切削用量三要素如图 5-2 所示。切削加工时，要根据加工条件合理选用 v_c、f、a_p 的具体数值。

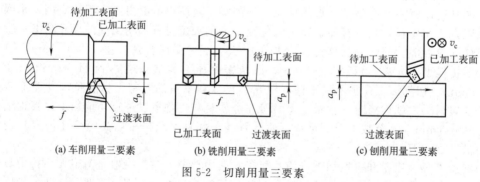

(a) 车削用量三要素　　　(b) 铣削用量三要素　　　(c) 刨削用量三要素

图 5-2　切削用量三要素

（1）切削速度

为在单位时间内工件与刀具沿主运动方向相对移动的距离（m/min 或 m/s），即工件过渡表面相对刀具的线速度。车削、钻削、铣削和磨削的切削速度计算公式为

$$v_c = \frac{\pi d n}{1000}(\text{m/min})\text{或} \ v_c = \frac{\pi d n}{1000 \times 60}(\text{m/s})$$

式中　　d——工件过渡表面或刀具切削处的最大直径，mm；

n——工件或刀具的转速，r/min。

牛头刨床刨削时切削速度的近似计算公式为

$$v_c \approx \frac{2Ln_r}{1000}(m/min)$$

式中　L——刨刀做往复直线运动的行程长度，mm；

　　　n_r——工件或刀具的转速，r/min。

(2) 进给量

在主运动中的一个循环或单位时间内，刀具与工件之间沿进给运动方向相对移动的距离称为进给量。车削时进给量为工件每转一转车刀沿进给方向移动的距离（mm/r）；铣削时常用的进给量为工件每分钟沿进给方向移动的距离（mm/min）；刨削时进给量为刨刀每往复一次（$1str$），工件或刨刀沿进给方向间歇移动的距离（mm/str）。

(3) 背吃刀量

即在通过切削刃基点并垂直于工作平面方向上测量的吃刀量，也就是工件待加工表面与已加工表面之间的垂直距离，习惯也称为切削深度（切深），通常用 a_p 表示，单位为 mm。

外圆车削时：

$$a_p = \frac{D-d}{2}$$

式中　D——工件待加工表面的直径，mm；

　　　d——工件已加工表面的直径，mm。

在铣削加工中，a_p 是沿铣刀轴线方向测量的刀具切入工件的深度，通常称为铣削深度。

(4) 切削用量各要素的选择原则

加工时，首先选取尽可能大的背吃刀量，其次根据机床动力、刚性限制条件和表面粗糙度的加工要求，选取尽可能大的进给量，最后利用切削用量手册选取或者用公式计算确定切削速度。

① 背吃刀量。

a. 在留下精加工及半精加工的余量后，粗加工应尽可能将剩下的余量一刀切除，以减少走刀次数。

b. 如果工件余量过大或机床动力不足而不能将粗切余量一次切除，则应将第一次走刀的切削深度尽可能取大些。

c. 当冲击负荷较大（如断续切削时）或工艺系统刚性较差时，应适当减小切削深度。

d. 一般精切（$Ra1.25 \sim 2.5\mu m$）时，可取 $a_p = 0.05 \sim 0.8mm$；半精切（$Ra5.0 \sim 10.0\mu m$）时，可取 $a_p = 1.0 \sim 3.0mm$。

② 进给量。

a. 粗切时，加工表面粗糙度要求不高，进给量主要受刀杆、刀片、工件及机床的强度和刚度所能承受的切削力的限制。

b. 半精切及精切时，进给量主要受表面粗糙度要求的限制，刀具的副偏角 κ_r' 愈小，刀尖圆弧半径越大，切削速度越高，工件材料的强度越大，则进给量越大。

③ 切削速度。

a. 刀具材料的耐热性好，切削速度可高些。

b. 工件材料的强度、硬度高，塑性太大和太小，切削速度均应取低些。

c. 加工带外皮的工件时，应适当降低切削速度。

d. 要求得到较小的表面粗糙度值时，切削速度应避开积屑瘤的生成速度范围。对硬质合金刀具，可取较高的切削速度；对高速钢刀具，宜采用较低的切削速度。

e. 断续切削时，应取较低的切削速度。

f. 工艺系统刚性较差时，切削速度应适当减小。

g. 在切削速度最后确定前，须验算机床电动机功率 P_E 是否足够，公式为

$$P_E \geqslant \frac{F_c v_c}{6120\eta}$$

式中，η 为机床的传动效率；F_c 为牵引力。若验算发现超载，则应适当减小切削速度。

5.2 零件的技术要求

切削加工的目的在于加工出符合设计要求的机械零件。设计零件时，为了保证机械设备的精度和使用寿命，应根据零件的不同作用提出合理的要求，这些要求通称为零件的技术要求。零件的技术要求包括表面粗糙度、尺寸精度、形状精度、位置精度以及零件的材料、热处理和表面修饰（如电镀、发蓝）等。前四项均由切削加工来保证。

5.2.1 表面粗糙度

无论用何种加工方法，零件表面加工后总会留下微细的凸凹不平的刀纹，出现交错起伏的峰谷现象，粗加工后的表面用眼就能看到，精加工后的表面用放大镜或显微镜也能观察到。这种已加工表面具有的较小间距和微小峰谷的不平度，称为表面粗糙度，过去曾用表面光洁度来衡量这一指标。

表面粗糙度与零件的配合性质、耐磨性和耐腐蚀性等有着密切的关系，它影响机器或仪器的使用性能和寿命。为了保证零件的使用性能，要限制表面粗糙度的范围，GB/T 1031—2009 规定了表面粗糙度的评定参数及其数值。表 5-1 列出了轮廓算术平均偏差 Ra（表面粗糙度评定参数之一）值与原光洁度级别的对应关系。

表 5-1 Ra 值与原光洁度级别的对应关系

$Ra/\mu m$	50	25	12.5	6.3	3.2	1.6	0.8	0.4	0.2	0.1	0.05	0.025	0.012	0.008
原光洁度级别	▽1	▽2	▽3	▽4	▽5	▽6	▽7	▽8	▽9	▽10	▽11	▽12	▽13	▽14

在设计零件时，要根据具体条件合理选择 Ra 的允许值。Ra 值越小，加工越困难，成本越高。表 5-2 为表面粗糙度 Ra 允许值及其对应的表面特征。

表 5-2 表面粗糙度 Ra 允许值及其对应的表面特征

表面加工要求	表面特征	Ra 允许值/μm
粗加工	明显可见刀纹	50
	可见刀纹	25
	微见刀纹	12.5
半精加工	可见加工痕迹	6.3
	微见加工痕迹	3.2
	不可见加工痕迹	1.6
精加工	可辨加工痕迹方向	0.8
	微辨加工痕迹方向	0.4
	不可辨加工痕迹方向	0.2

续表

表面加工要求	表面特征	Ra 允许值/μm
超精密加工（如光整加工）	暗光泽面	0.1
	亮光泽面	0.05
	镜状光泽面	0.025
	雾状镜面	0.012
	镜面	≤0.008

5.2.2 尺寸精度

尺寸精度是指零件的实际尺寸相对于理想尺寸的准确程度。尺寸精度是用尺寸公差来控制的，尺寸公差是切削加工中零件尺寸允许的变动量，在基本尺寸相同的情况下，尺寸公差愈小，则尺寸精度愈高。如图 5-3 所示，尺寸公差等于最大极限尺寸与最小极限尺寸之差，或等于上偏差与下偏差之差。

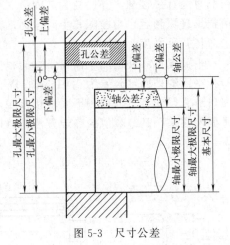

图 5-3 尺寸公差

例如：$\phi 60^{+0.025}_{-0.025}$，其中 $\phi 60$ 为基本尺寸，+0.025 为上偏差，−0.025 为下偏差。

最大极限尺寸：60+0.025＝60.025（mm）

最小极限尺寸：60−0.025＝59.975（mm）

尺寸公差＝最大极限尺寸−最小极限尺寸
　　　　　＝60.025−59.975
　　　　　＝0.05（mm）

或尺寸公差＝上偏差−下偏差
　　　　　＝0.025−（−0.025）
　　　　　＝0.05（mm）

GB/T 1800.1～1800.2—2020 规定，标准公差分 20 级，即 IT01、IT0 和 IT1～IT18，IT 表示标准公差，数字越大，精度越低。切削加工所获得的尺寸精度一般与所使用的设备、刀具和切削条件等密切相关。在一般情况下，若尺寸精度越高，则零件工艺过程越复杂，加工成本也越高。因此在设计零件时，在保证零件使用性能的前提下，应尽量选用较低的尺寸精度。

5.2.3 形状精度

形状精度是指零件上的线、面要素的实际形状相对于理想形状的准确程度。在零件加工过程中，由于机床、夹具、刀具系统存在几何误差，以及加工中零件存在受力变形、热变形、振动和磨损等，因此被加工零件的几何要素不可避免地会产生误差。这些误差（形状误差）对形状精度将产生影响，形状精度将对零件的使用功能有较大的影响。例如，孔与轴的结合，由于存在形状误差，在间隙配合中，间隙分布不均匀，加快局部磨损，从而降低了零件的工作寿命。在过盈配合中，形状误差则使过盈量各处不一致，影响连接强度。总之，零件的形状误差对机器或仪器的工作精度、寿命等均有较大影响，对精密、高速、重载、高温、高压下工作的机器或仪器的影响更为突出，因此，为了满足零件装配后的功能要求，保证零件的互换性和经济性，必须对零件的形状误差予以限制。GB/T 1182—2018 及 GB/T

1184—1995 规定了 6 项形状公差，见表 5-3。下面简单介绍其中的直线度、平面度、圆度、圆柱度公差的标注及其误差常用的检测方法。

表 5-3　形状公差的名称及符号

名称	直线度	平面度	圆度	圆柱度	线轮廓度	面轮廓度
符号	─	⌓	○	⌭	⌒	⌓

（1）直线度

直线度指零件被测要素线（如轴线、母线、平面的交线、平面内的直线）直的程度。图 5-4（a）为直线度公差的标注方法，表示箭头所指的圆柱表面上任一母线的直线度公差为 0.02mm；图 5-4（b）为小型零件直线度误差的一种检测方法，将刀口形直尺（或平尺）与被测直线直接接触，并使两者之间最大缝隙为最小，此时最大缝隙值即为直线度误差。误差值根据缝隙测定，当缝隙较小时按标准光隙法估读，当缝隙较大时可用塞尺测量。

（2）平面度

平面度指零件被测平面要素平的程度。图 5-5（a）为平面度公差的标注方法，表示箭头所指平面的平面度公差为 0.01mm；图 5-5（b）为小型零件平面度误差的一种检测方法，将刀口形直尺的刀口与被测平面直接接触，在各个不同方向上进行检测，其中最大缝隙值即为平面度误差，其缝隙值的确定方法与刀口形直尺检测直线度误差相同。

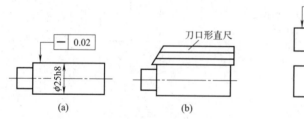

图 5-4　直线度公差的标注与误差检测

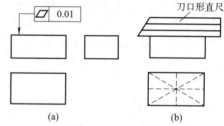

图 5-5　平面度公差的标注与误差检测

（3）圆度

圆度指零件的回转表面（圆柱面、圆锥面、球面等）横剖面上的实际轮廓线圆的程度。图 5-6（a）为圆度公差的标注方法，表示箭头所指圆柱面的圆度公差为 0.007mm。图 5-6（b）为圆度误差的一种检测方法，将被测零件放置在圆度仪工作台上，并将被测表面的轴线调整到与圆度仪的回转轴线重合，测量头每回转一周，圆度仪即可显示出该测量截面的圆度误差。测量若干个截面，其中最大的圆度误差值即为被测表面的圆度误差。圆度误差值 Δ 实际上是包容实际轮廓线的两个半径差为最小的同心圆的半径差值，如图 5-6（c）所示。

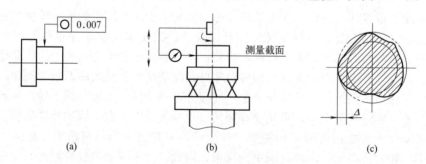

图 5-6　圆度公差的标注与误差检测

(4) 圆柱度

圆柱度指零件上被测圆柱轮廓表面的实际形状相对理想圆柱相差的程度。圆柱度公差的标注如图 5-7 (a) 所示,箭头所指圆柱轮廓表面圆柱度的公差为 0.005mm,图 5-7 (b) 为圆柱度误差的检测,其检测方法与圆度误差的检测方法大致相同,不同的是,圆柱度误差检测时测量头一边回转,一边沿工件轴向移动。圆柱度误差值 Δ 实际上是包容实际轮廓面的两个半径差为最小的同心圆柱的半径差值,如图 5-7 (c) 所示。

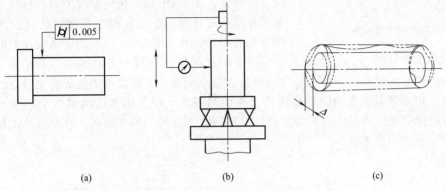

图 5-7 圆柱度公差的标注与误差检测

5.2.4 位置精度

位置精度是指零件上点、线、面要素的实际位置相对于理想位置的准确程度。位置精度是用位置公差来控制的。GB/T 1182—2018 及 GB/T 1184—1995 规定了 8 项位置公差,见表 5-4。下面仅简单介绍平行度、垂直度、同轴度和圆跳动公差的标注及其常用的误差检测方法。

表 5-4 位置公差的名称及符号

名称	平行度	垂直度	倾斜度	位置度	同轴度	对称度	圆跳动	全跳动
符号	∥	⊥	∠	⊕	◎	═	↗	⬈

(1) 平行度

平行度指零件上被测要素 (面或直线) 相对于基准要素 (面或直线) 平行的程度。图 5-8 (a) 为平行度公差的标注方法,表示箭头所指平面相对于基准平面 A 的平行度公差为 0.02mm;图 5-8 (b) 为平行度误差的一种检测方法,将被测零件的基准面放在平板上,移动百分表或工件,在整个被测平面上进行测量,百分表最大与最小读数的差值即为平行度误差。

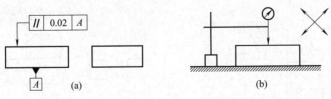

图 5-8 平行度公差的标注与误差检测

(2) 垂直度

垂直度指零件上被测要素 (面或直线) 相对于基准要素 (面或直线) 垂直的程度。图

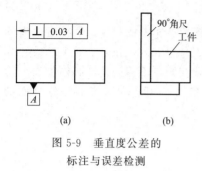

图 5-9　垂直度公差的
标注与误差检测

5-9（a）为垂直度公差的标注方法，表示箭头所指平面相对于基准平面 A 的垂直度公差为 0.03mm；图 5-9（b）为垂直度误差的一种检测方法，其缝隙值用光隙法或用塞尺读出。

（3）同轴度

同轴度指零件上被测回转表面的轴线相对基准轴线同轴的程度。图 5-10（a）为同轴度公差的标注方法，表示箭头所指圆柱面的轴线相对于基准轴线 A、B 的同轴度公差为 0.03mm。图 5-10（b）为同轴度误差的一种检测方法，将基准轴线 A、B 的轮廓表面的中间截面放置在两个等高的刃口状的 V 形架上，首先在轴向测量，取上、下两个百分表在垂直基准轴线的正截面上测得的各对应点的读数差 $|M_a - M_b|$ 作为该截面上的同轴度误差，再转动零件，按上述方法测量若干个截面，取各截面测得的读数差中的最大值（绝对值）就得到该零件的同轴度误差。这种方法适用于测量表面形状误差较小的零件。

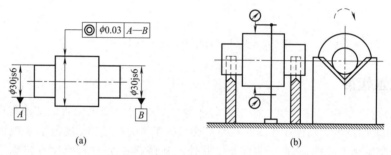

图 5-10　同轴度公差的标注与误差检测

（4）圆跳动

圆跳动指零件上被测回转表面相对于以基准轴线为轴线的理论回转面的偏离程度。按照测量方向不同，有端面、径向和斜向圆跳动之分。图 5-11（a）、（c）为圆跳动公差的标注方

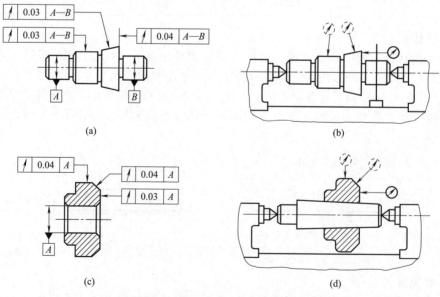

图 5-11　圆跳动公差的标注与误差检测

法。图 5-11（a）表示箭头所指的表面相对于基准轴线 A、B 的端面、径向、斜向圆跳动公差为 0.04mm、0.03mm、0.03mm。图 5-11（c）表示箭头所指的表面相对于基准轴线 A 的端面、径向、斜向圆跳动公差为 0.03mm、0.04mm、0.04mm。图 5-11（b）、（d）为圆跳动误差的检测方法。对于轴类零件，支承在偏摆仪两顶尖之间用百分表测量；对于盘套类零件，先将零件安装在锥度心轴上，然后支承在偏摆仪两顶尖之间用百分表测量。

5.3 刀具材料和量具

5.3.1 刀具材料

刀具由切削部分和刀柄部分组成。切削部分（即刀头）直接参加切削工作，而刀柄用于把刀具装夹在机床上。刀柄一般选用优质碳素结构钢制成，切削部分必须由专门的刀具材料制成。

（1）刀具切削部分材料的性能

在切削加工过程中，刀具的切削部分在极其恶劣的条件下工作，因此刀具材料必须具有高的硬度和耐磨性、足够的强度和韧性、高的耐热性以及一定的工艺性能等。

① 高的硬度和耐磨性。硬度是指材料抵抗其他物体压入其表面的能力，耐磨性是指材料抵抗磨损的能力。刀具材料只有具备高的硬度和耐磨性，才能切入工件，并承受剧烈的摩擦。一般来说，材料的硬度愈高，耐磨性也愈好。刀具材料的硬度必须高于工件材料的硬度，常温下硬度一般要求在 60HRC 以上。

② 足够的强度和韧性。常用抗弯强度 σ_{bb} 和冲击韧性 a_k 来评定刀具材料的强度和韧性。刀具材料只有具备足够的强度和韧性，才能承受切削力以及切削时产生的冲击和振动，以避免刀具脆性断裂和崩刃。

③ 高的耐热性。耐热性是指刀具材料在高温下仍能保持其硬度、强度、韧性和耐磨性等的性能，常用其维持切削性能的最高温度（又称红硬温度）来评定。

④ 一定的工艺性能。为便于刀具本身的制造，刀具材料还应具备一定的工艺性能，如切削性能、磨削性能、焊接性能及热处理性能等。

（2）常用刀具材料的特点及选用

① 碳素工具钢。碳素工具钢淬火后硬度可达 59～64HRC，但是其耐热性差。当切削温度达到 200～250℃时，材料的硬度明显下降。另外，其热处理工艺性能也差，容易出现淬火变形和裂纹。碳素工具钢用于制造简单手工刀具，如锉刀、刮刀、手锯等。常用的碳素工具钢牌号有 T10A、T12A 等。

② 合金工具钢。用于制造丝锥和板牙等形状复杂的刀具。常用的量具、刀具钢牌号有 CrWMn、9SiCr 等。

③ 高速钢。高速钢含有 W、Cr、V、Mo 等主要合金元素。热处理后，其硬度可达到 62～67HRC，耐热性也明显高于碳素工具钢。高速钢具有较高的抗弯强度和较好的冲击韧性，具有一定的切削加工性和热处理工艺性。因此高速钢适用于制造形状复杂的刀具，如钻头、成形车刀、铣刀、拉刀、齿轮刀具等。常用的高速钢牌号有 W18Cr4V、W6Mo5Cr4V2 等。

④ 硬质合金。硬质合金的硬度可达 89～93HRA，相当于 74～82HRC，具有良好的耐磨性。硬质合金的耐热性优良，其工作温度可达 850～1000℃。它允许的切削速度可达到

1.7～5m/s，但是，硬质合金的抗弯强度低，冲击韧性差，多制成各种形状的刀片，夹固或焊接在刀柄上。硬质合金分为钨钴（YG）类和钨钛钴（YT）类两大类。YG类硬质合金塑性较好，但切削塑性材料时，耐磨性较差，因此它适于加工铸铁、青铜等脆性材料，常用的牌号有YG3、YG6、YG8等，其中数字表示Co含量的百分率。Co含量少者，较脆、较耐磨。YT类硬质合金比YG类硬度高，耐热性好，并且在切削韧性材料时较耐磨，但韧性较差，适于加工钢件，常用的牌号有YT5、YT15、YT30等，其中数字表示TiC含量的百分率。TiC含量越多，韧性越差，而耐磨性和耐热性越好。

⑤ 涂层刀具材料。涂层刀具材料是在硬质合金或高速钢的机体上，涂一层几微米厚的高硬度、高耐磨性的金属化合物（TiC、TiN、Al_2O_3 等）而构成的。涂层硬质合金刀具的耐用度比不涂层的至少可提高1～3倍，涂层高速钢刀具的耐用度比不涂层的可提高2～10倍。国内涂层硬质合金刀片有CN、CA、YB等系列。

⑥ 陶瓷。陶瓷刀具材料的主要成分是Al_2O_3，陶瓷刀具有很高的硬度、很好的耐磨性及耐热性。它的主要缺点是抗弯强度低，冲击韧性差。陶瓷材料可做成各种刀片，主要用于冷硬铸铁、高硬钢和高强度钢等难加工材料的半精加工和精加工。

⑦ 人造聚晶金刚石（PCD）。人造聚晶金刚石硬度极高，耐磨性极好。但其韧性和抗弯强度很差，热稳定性也很差，当切削温度达到700～800℃时，就会降低硬度，因而不能在高温下切削；与铁亲和力很强，一般不适宜加工黑色金属。人造聚晶金刚石可制成各种车刀、镗刀、铣刀的刀片，主要用于精加工有色金属及非金属，如铝、铜及其合金，陶瓷，合成纤维，增强塑料和硬橡胶等。近年来，为提高金刚石刀片的强度和韧性，常把聚晶金刚石与硬质合金结合起来做成复合刀片，其综合切削性能好，实际生产中应用较多。

⑧ 立方氮化硼（CBN）。立方氮化硼硬度仅次于天然金刚石，达7000～8000HV，耐磨性很好，耐热性比金刚石高得多，可达1200℃，可承受很高的切削温度。立方氮化硼可制成整体刀片，也可与硬质合金制成复合刀片，目前主要用于淬硬钢、耐磨铸铁、高温合金等难加工材料的半精加工和精加工。

5.3.2 量具

零件在加工过程中和加工之后，为了保证其尺寸精度、形状精度和位置精度，就需要测量。根据不同的测量要求，所用的测量工具也不同。下面介绍最常用的几种量具。

(1) 游标卡尺

游标卡尺是一种测量精度较高的量具，可直接测量工件的外径、内径、宽度、深度尺寸等，其精度有0.1mm、0.02mm和0.05mm三种。图5-12所示为0.02mm精度游标卡尺，下面说明游标卡尺的刻线原理、读数方法、测量方法及注意事项。

① 刻线原理如图5-13（a）所示，主尺（尺身）和副尺（又叫游标）的卡脚贴合时，两尺零线对齐，副尺上10格长度刚好与主尺上9格长度相等，主尺每一小格为1mm，则副尺每一小格长度为9/10=0.9（mm），主、副两尺每小格之差为1－0.9=0.1（mm）。数值0.1mm即称为该游标卡尺的刻度值或精度值。

② 读数方法测量时，游标上"0"刻线所指示的尺身上，左侧刻线为毫米整数，从游标上"0"刻线右边算起，到第几条刻线与尺身某一条刻线对准，则游标这一段刻线的条数乘以精度值即为毫米小数部分，然后将整数和小数相加，即得到被测工件的尺寸。如图5-13（b）所示，整数部分为90mm，小数部分为5×0.1=0.5（mm），工件尺寸值＝90＋0.5＝90.5（mm）。其计算公式可表示为：被测工件尺寸＝游标零线以左的尺身数（取整数）＋游

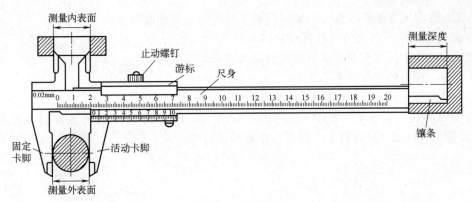

图 5-12　游标卡尺

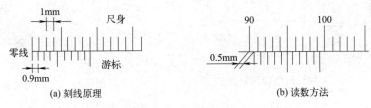

图 5-13　游标卡尺的刻线原理和读数方法

标与尺身重合格数×刻度值（尺寸的小数部分）。

③ 检查零位使用前推合两卡脚的两测量面，游标和尺身的零位应重合，否则要对测量读数进行修正。

④ 测量尺寸测量时，卡脚测量面必须与工件的表面平行或垂直，不得歪斜。测量内径尺寸时，应轻轻地前后摆动，以便找出最大值。

⑤ 测量用力要适当：测量用力不能过大，以免尺框倾斜，产生测量误差。若测量力太小，则卡脚与工件接触不良，使测量尺寸不准确。

⑥ 注意事项：测量工件应在静态下进行。游标卡尺用完后，应擦净，抹上防护油，平放在盒内，以防生锈或弯曲。

（2）千分尺

千分尺是一种应用螺旋传动原理，将回转运动变为直线运动的量具，主要用于外径和长度尺寸的测量。其测量精度比游标卡尺高，精度值为 0.01mm。测量范围有 0～25mm、25～50mm、50～75mm、75～100mm 等多种规格。按用途来分，有外径千分尺、内径千分尺、螺纹千分尺等。图 5-14 所示为外径千分尺结构。

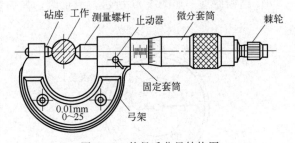

图 5-14　外径千分尺结构图

① 刻线原理。千分尺的读数机构由固定套筒和微分套筒组成（相当于游标卡尺的尺身和游标），如图 5-15 所示。固定套筒在轴线方向上刻有一条中线，中线的上、下方各刻一排刻线，刻线每小格间距均为 1mm，上、下刻线相互错开 0.5mm，在微分套筒左端圆周上有 50 等分的刻度线。因测量螺杆的螺距为 0.5mm，即测量螺杆每转一周，轴向移动 0.5mm，故微分套筒上每一小格的读数值为 0.5/50＝0.01（mm）。当千分尺的测量螺杆左端面与砧座表面接触时，微分套筒左

端的边缘与轴向刻度的零线重合，同时圆周上的零线应与中线对准。

② 读数方法。千分尺的读数方法如图 5-15 所示，可分为三步。

第一步：读出固定套筒上露出刻线的毫米数和半毫米数。

第二步：读出微分套筒上小于 0.5mm 的小数部分。

第三步：将上面两部分读数相加即为总尺寸。

③ 测量方法。千分尺的测量方法如图 5-16 所示，其中图 5-16（a）是测量小零件外径的方法，图 5-16（b）是在机床上测量工件外径的方法。

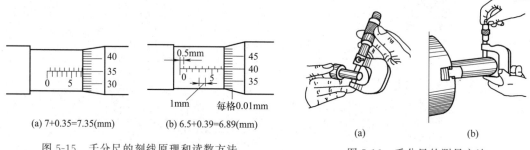

(a) 7+0.35=7.35(mm)	(b) 6.5+0.39=6.89(mm)

图 5-15　千分尺的刻线原理和读数方法

(a)　　　　(b)

图 5-16　千分尺的测量方法

④ 注意事项。使用千分尺时应注意下列事项。

a. 保持千分尺的清洁，尤其是测量面必须擦拭干净，使用前应先校对零点，若零点未对齐，应记住此数值，在测量时根据原始误差修正读数。

b. 当测量螺杆快要接近工件时，必须拧动端部棘轮，当棘轮发出"嘎嘎"打滑声时，表示压力合适，停止拧动。此时严禁拧动微分套筒，以防用力过度致使测量不准确。

c. 测量不得在预先调好尺寸锁紧测量螺杆后用力卡过工件。这样容易用力过大，不仅测量不准确，而且会使千分尺测量面产生非正常磨损。

（3）百分表

百分表是一种精度较高的比较量具，只能测出相对数值，不能测出绝对数值。它主要用于测量形状和位置误差，也可用于机床上安装工件时的精密找正。百分表的测量精度为 0.01mm，测量范围有 6～10mm、10～18mm、18～35mm、35～50mm、50～100mm、100～250mm、250～450mm 等多种规格。

① 结构原理。如图 5-17 所示，测量时，使测量杆上下移动，通过齿轮传动系统带动指

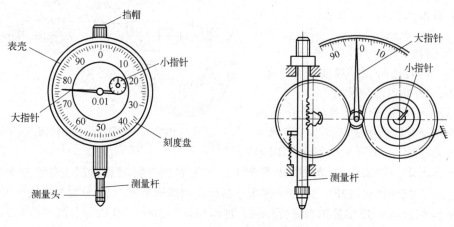

图 5-17　百分表及其结构原理

示表的大、小指针摆动。在刻度盘上小指针转过一格为 1mm，大指针转过一格为 0.01mm，指针读数的变动量即为尺寸变化量。刻度盘可以转动，以便测量时调整大指针对准零刻线。

② 读数方法。先读小指针所转过的刻度线（即毫米整数），再读大指针转过的刻度线数并乘以 0.01（即小数部分），然后两者相加，即得到所测量的数值。

③ 测量方法。百分表一般需要和专用表架配套使用，表架底部有磁性，可以牢固地把表架吸附在钢铁平面上。图 5-18 为用百分表测量工件尺寸和上下面平行度的实例。

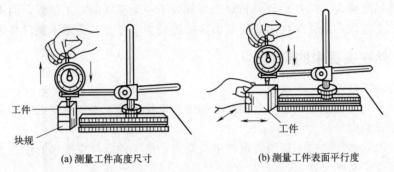

(a) 测量工件高度尺寸　　　　(b) 测量工件表面平行度

图 5-18　用百分表检测工件尺寸和平行度

(4) 万能角度尺

万能角度尺是一种调节和指示角度的测量工具，主要由主尺、游标、基尺、扇形板、角尺和直尺等组成，如图 5-19 所示。使用时，先根据被测工件角度的大小，确定基尺与角尺或与直尺或与扇形板的组合，见表 5-5。测量时，使被测量角度的一个面与基尺吻合，另一个面与角尺（或直尺或扇形板）吻合（可通过透光检查确定），然后拧紧固定螺钉，将工件拿开，从主尺和游标上读出其角度值。

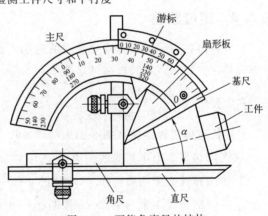

图 5-19　万能角度尺的结构

表 5-5　测量范围与尺子的组合

测量范围/(″)	组合件	测量范围/(″)	组合件
0～50	基尺与直尺	>140～230	基尺与角尺
>50～140	基尺与直尺或角尺	>230～320	基尺与扇形板

5.4 工件的装夹

5.4.1 基本概念

① 装夹：将工件安放在机床上或夹具上进行定位和夹紧的操作过程。
② 定位：使一批工件在机床上或夹具上相对于刀具处在正确的加工位置的操作过程。
③ 夹紧：工件在夹具中定位后，将其压紧、夹牢，使工件在加工过程中，始终保持定位时所取得的正确加工位置的操作过程。

夹紧的作用：保持工件在夹具中由定位所获得的正确加工位置，使工件在加工时不至于由于切削力等外力作用而破坏已取得的正确定位。

5.4.2 定位与夹紧的区别

定位是使工件占有一个正确的位置，夹紧是使工件保持这个正确位置。定位与夹紧在夹具设计中是两个非常重要的概念，两者既有紧密联系，缺一不可，但在概念上又有严格区别：定位的作用是确定工件在夹具中相对于刀具处于一个正确的加工位置，而夹紧的作用是保证工件在加工过程中始终保持由定位所确定的正确加工位置，夹紧不能代替定位。

5.4.3 工件在夹具中的定位

用夹具定位工件涉及三层关系：

①工件在夹具上的定位；②夹具相对于机床的定位；③工件相对于机床的定位——间接通过夹具来保证的定位。

工件定位以后必须通过一定的装置产生夹紧力，使工件保持在准确的位置上。这种产生夹紧力的装置就是夹紧装置。

5.4.4 定位原理

一个物体在空间可以有六个独立的运动，如在直角坐标系 $oxyz$ 中可以有 3 个独立的平移运动和 3 个独立的旋转运动（见图5-20）。习惯上，把上述 6 个独立运动称作六个自由度。

$$\text{六个自由度}\begin{cases}\text{平移自由度：}\vec{x}、\vec{y}、\vec{z}\\\text{旋转自由度：}\widehat{x}、\widehat{y}、\widehat{c}\end{cases}$$

(1) 长方体工件定位（图5-21）

① 底面布置 3 个不共线的约束点 1、2、3，限制 $\vec{z}$、$\widehat{x}$ 和 $\widehat{y}$ 三个自由度。

② 侧面布置 2 个约束点 4、5，限制 $\vec{y}$ 和 $\widehat{z}$ 二个自由度。

③ 在端面布置 1 个约束点 6，限制 $\vec{x}$ 一个自由度。

通过以上三步就完全限制了长方体工件的六个自由度。

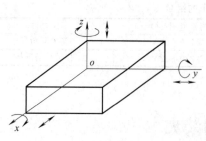

图5-20　直角坐标系

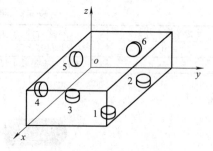

图5-21　长方体工件定位

(2) 限制自由度与加工要求的关系

工件定位时，影响加工要求的自由度必须限制，不影响加工要求的自由度不必限制（图5-22）。

(3) 定位方法

① 用支承钉的平面定位方法；

② 用支承板的平面定位方法；

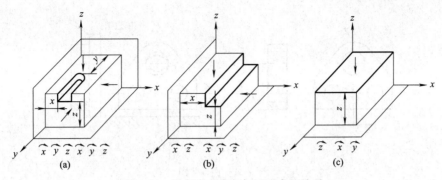

图 5-22 限制自由度与加工要求的关系

③ 用圆柱定位销的圆孔定位方法；

④ 用 V 形块的外圆柱面定位方法；

⑤ 用顶尖、锥度心轴的圆锥孔方法；

⑥ 用心轴的圆孔定位方法。

（4）工件的定位形式（见表 5-6）

表 5-6 工件的定位形式及其描述

工件的定位形式	描 述
工件完全定位	加工时,工件的六个自由度被完全限制了定位的现象
不完全定位	在满足加工要求的前提下,工件的六个自由度没有被完全限制的现象
欠定位	根据加工要求应该限制的自由度而没有限制的现象
过定位	工件的某个自由度被重复限制的现象称为过定位

5.4.5 定位原理分析

例 5-1：如图 5-23 所示为一长轴工件在双顶尖和三爪卡盘上定位。试分析此定位方案：写出各定位元件所限制的自由度；属于何种性质的定位？如有不合理之处，提出改进意见。

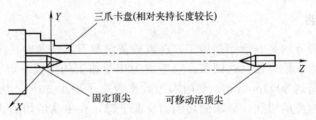

图 5-23 例 5-1 图

解：定位方案分析：

三爪卡盘限制工件四个自由度（三爪与工件的相对夹持长度较长）：$\vec{X}$、$\vec{Y}$、$\hat{Y}$、$\hat{X}$。

左顶尖限制工件三个自由度：$\vec{X}$、$\vec{Y}$、$\vec{Z}$。

右顶尖限制工件二个自由度：$\hat{Y}$、$\hat{X}$。

分析可知，这属于过定位。

改进方案：去掉三爪定位，采用双顶尖定位。

例 5-2：分析图 5-24 所示加工零件中加工两个小孔时必须限制的自由度，选择定位基准和定位元件，并在图中用示意图画出。确定夹紧力作用点的位置和作用方向，用规定的符号

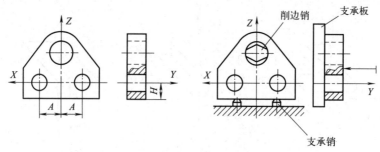

图 5-24　例 5-2 图

在图中标出。

　　提示：解此类题目，要把握两点：一是定位方案必须能合理（无重复定位和欠定位）；二是该定位方案必须能够保证加工精度（尺寸精度和位置精度）。如不能同时满足以上两点，则该定位方案是错误的。

　　解：必须限制的自由度：$\vec{X}$、$\vec{Z}$、$\hat{Y}$、$\hat{X}$、$\hat{Z}$。

　　支承板定位，限制工件的三个自由度：$\vec{Y}$、$\hat{X}$、$\hat{Z}$（保证各孔的轴心线垂直于工件底面）。

　　两支承销定位，限制工件二个自由度：$\vec{Z}$、$\hat{Y}$（保证工件两小孔的位置尺寸 H）。

　　削边销定位，限制工件一个自由度：$\vec{X}$（保证工件两小孔与大孔中心的对称位置尺寸 A）。

　　属于完全定位，且能保证工件的加工精度要求，因此方案正确。

5.5　切削加工技术的新发展

5.5.1　高速切削

　　切削加工的发展方向是高速切削加工，在数控技术和刀具技术的共同推动下，切削加工已进入了高速切削的阶段，在发达国家，它正成为切削加工的主流。近 20 年切削速度提高了 5～10 倍，可以高达 8000m/min，切削加工效率提高了至少 50%。切削速度提高到一定数值后，随着切削速度的增加，要求的切削力反而下降，在更高的切削速度下，工件的温升也随之降低。各种材料的高速切削加工，包括干切削、重切削和硬切削加工，有效地提高了加工效率和产品质量。高速切削加工是提高生产率的众多途径之一。

　　目前国外在高速切削加工方面除了进行工艺研究外，还着重研制、发展和提供能够适应于高速切削加工的高质量、高性能、高可靠性的加工设备和装置。与高速切削加工设备和装置相关的技术包括：机床结构改进、主轴结构改进、坐标轴驱动、导轨设计、刀具材料研究、刀具夹持装置、冷却处理、精密位置测量、排屑技术等以及能适应于高速切削加工设备控制的 CNC（计算机数控）系统及软件等。

5.5.2　先进刀具

　　先进刀具有三大技术基础：材料、涂层和结构创新。目前我国的刀具材料和涂层技术与国外相比还有差距，在使用常规加工设备的场合下，注重刀具的结构创新同样是提高切削效率的有效的手段。

刀具材料的选择是切削加工成功的基础。与硬质合金相比，PCD 刀具速度可达 4000m/min，而硬质合金只有其 1/4。从寿命上看，PCD 刀具一般能提高 20 倍；从加工出的表面质量看，PCD 的效果比硬质合金要好 $30\% \sim 40\%$。此外，CBN（立方氮化硼）超硬材料刀具的发展对推动切削加工技术的进步也功不可没。

涂层处理是大幅度提高刀具性能的重要手段。目前，在硬质合金（超细晶粒硬质合金）基体表面涂覆碳化物、氧化铝、氮化物的刀具的使用已相当广泛。日立公司通过纳米涂层技术的研究开发出了 TiSiN 和 CrSiN 涂层立铣刀，两种涂层材料的粒径均为 5nm，前者可高速加工 50～70HRC 的高硬度钢，后者可高速高精度加工 43HRC 的软钢及预淬硬钢。两种涂层的硬度和抗氧化性能均优于其他涂层，在延长刀具寿命、缩短加工周期等方面，有着突出的效果。

刀具结构的创新对提高刀具加工效率、降低工件整体成本有着很大的作用。

5.5.3 先进管理

在采用先进刀具实现高速切削的同时，还要应用相关技术和管理手段优化整个加工过程，减少非切削时间，如机外调刀、自动装载机、随机测量、设置装卸工位、采购可靠性高的设备、减少维修停机时间等，在管理手段上优化工艺配置、做好工序平衡以缩短工件周转和等待时间都是提高切削效率有效的方法。

5.6 安 全 技 术

① 进入车间实习前必须穿好工作服，并扎紧袖口，长发者必须戴好工作帽；不准穿拖鞋、凉鞋和高跟鞋进入车间，操作机床时不准戴手套。

② 进入车间后，未经同意不得私自乱动机器设备。

③ 开动机床前必须检查手柄位置是否正确，用手操作移动各运动部件，检查旋转部分有无碰撞或不正常现象，并对机床加油润滑。

④ 工件、刀具和夹具必须装夹牢固及正确。

⑤ 加工过程中思想要集中，不得任意改变切削用量，不能离开机床，不做与实习无关的事。

⑥ 机床开动时，不能测量正在加工的工件或用手去摸工件，不能用手直接去清除切屑，应该用钩子或刷子进行清除。

⑦ 在机床变速、装卸工件、紧固螺钉、测量工件时，必须先停车。

⑧ 发现机床运转有不正常现象，应立即停车，关闭开关，报告指导老师。

⑨ 工作结束后，应清理机床并在导轨面上加润滑油，认真擦拭工具、量具和其他辅具，清扫工作地面，关闭电源。

⑩ 两人共同用一台机床实习时，一定要注意配合，一次仅允许一人操作，严禁两人同时操作，以防发生意外。

⑪ 发生事故后，立即停车切断电源，保护好现场，及时向有关人员汇报，以便分析原因，总结经验教训。

复习思考题

1. 什么是切削用量三要素？试用简图表示车外圆和钻孔的切削用量三要素。

2. 机械加工的主运动和进给运动指的是什么？在平面磨床的多个运动中如何判断哪个是主运动？

3. 常用什么参数来评定表面粗糙度？它的含义是什么？

4. 形状公差和位置公差分别包括哪些项目？如何标注？如何检测？

5. 刀具材料应具备哪些性能？硬质合金的耐热性远高于高速钢，为什么不能完全取而代之？

6. 加工低碳钢和 HT200 铸铁时，各选用哪种牌号的车刀？

7. 你在实习中所用的刀具材料是什么？性能如何？

8. 常用的量具有哪几种？试选择测量下列尺寸的量具：锻件外圆 $\phi50\text{mm}$，车削后 $\phi(55\pm0.2)\text{mm}$ 外圆，磨削后 $\phi(60+0.01)\text{mm}$ 外圆。

9. 游标卡尺和千分尺的测量精度各是多少？怎样正确使用？千分尺能否测量铸件毛坯？

10. 试说明测量精度为 0.02mm 的游标卡尺的读数方法，使用游标卡尺应注意什么问题？

第6章 车削加工

6.1 车削加工概述

6.1.1 车削加工在机械加工中的地位和作用

车削加工是指利用工件的旋转和刀具相对于工件的移动来加工工件的一种切削加工方法，用以改变毛坯尺寸和形状等，使之成为合格零件。切削加工时工件的旋转运动为主运动，车刀相对工件的移动为进给运动。车削是切削加工方法中应用最为广泛的一种，车削得到加工面表面粗糙度的范围最广，粗糙度 Ra 值从 $25\sim0.8\mu m$ 都可实现。车床在机械制造业中应用广泛，需求量很大。无论是在大批大量生产中，还是在单件小批生产中，抑或在机械维护修理方面，车削加工都占有重要地位。车床占机床总数的一半左右，故在机械加工中具有重要的地位和作用，在金属材料制造业中被称为"金工之王"。

6.1.2 车床加工范围及种类

车床加工范围很广，主要用来加工各种回转表面，如内外圆柱面、内外圆锥面、端面、内外沟槽、内外螺纹、内外成形表面、丝杠、各种孔等，如图6-1所示。机器中带有回转表

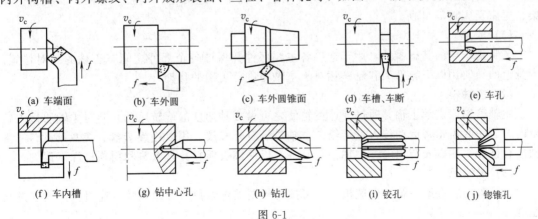

（a）车端面　　（b）车外圆　　（c）车外圆锥面　　（d）车槽、车断　　（e）车孔

（f）车内槽　　（g）钻中心孔　　（h）钻孔　　（i）铰孔　　（j）镗锥孔

图 6-1

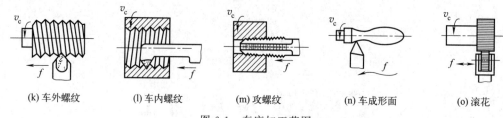

(k) 车外螺纹　　(l) 车内螺纹　　(m) 攻螺纹　　(n) 车成形面　　(o) 滚花

图 6-1　车床加工范围

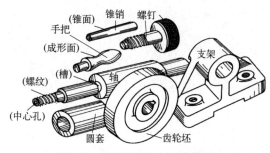

图 6-2　适宜车床加工零件举例

面的零件很多，适宜在车床上加工的零件示例如图 6-2 所示。车床的种类很多，常见的有卧式车床、转塔车床、立式车床、自动及半自动车床、数控车床等，其中卧式车床应用最广。

6.1.3　车削加工的特点

车削加工具有加工范围广泛，适应性强，能够对不同材料、不同精度要求的工件加工，生产效率较高，工艺性强，操作难度大，危险系数高等特点。

6.2　车床组成及操作

6.2.1　车床的型号

车床 C6136 中：C——表示机床类别代号（车床类），为"车"字汉语拼音的第一个字母；第 1 个数字 6——表示机床组别代号（普通车床组）；第 2 个数字 1——表示机床系列代号（普通机床型）；前 2 个数字 61——表示卧式车床；后 2 个数字 36——表示床身上最大工件回转直径数值（单位 mm）的 1/10，即最大工件回转直径为 360mm。

6.2.2　车床的组成

图 6-3 为 C6136 卧式车床，主要由床身、主轴箱、进给箱、光杠、丝杠、溜板箱、刀架、尾座及床腿等组成。

（1）床身

床身是车床的基础零件，用于连接各主要部件并保证各个部件之间有正确的相对位置。床身上的导轨用以引导刀架和尾座相对于主轴箱进行正确的移动。

（2）主轴箱

主轴箱用以支承主轴并通过变速齿轮使之可做多种速度的旋转运动，同时主轴通过主轴箱内的另一些齿轮将运动传入进给箱。主轴右端有外螺纹，用以连接卡盘、拨盘等附件；主轴内有锥孔，用以安装顶尖。主轴为空心件，以便细长棒料穿入上料和用顶杆卸下顶尖。

（3）进给箱

进给箱内装进给系统的变速机构，可按所需的进给量或螺距调整变速机构以改变进给速度。

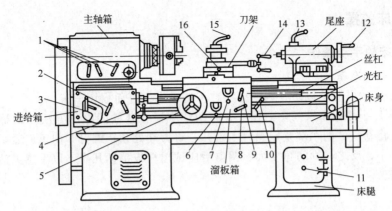

图6-3 C6136车床

1—主轴变速手柄；2—倍增手柄；3—诺顿手柄；4—离合手柄；5—纵向手动手轮；6—纵向自动手柄；
7—横向自动手柄；8—自动进给换向手柄；9—对开螺母手柄；10—主轴启闭和变向手柄；11—总电源开关；
12—尾座手轮；13—尾座套筒锁紧手柄；14—小滑板手柄；15—方刀架锁紧手柄；16—横向手动手柄

（4）光杠、丝杠

光杠、丝杠将进给箱的运动传给溜板箱。光杠用于自动走刀时车削除螺纹以外的表面，丝杠只用于车削螺纹。

（5）溜板箱

溜板箱是车床进给运动的操纵箱。它可将光杠传来的旋转运动变为车刀的纵向或横向的直线移动，也可通过对开螺母将丝杠的旋转运动直接转变为刀架的纵向移动以车削螺纹。

（6）刀架

刀架是用来夹持车刀并使其做纵、横向或斜向进给的装置，如图6-4所示。刀架为多层结构，它包括以下几部分。

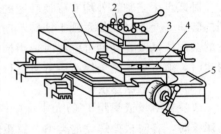

图6-4 刀架的组成
1—中滑板；2—刀台；3—小滑板；
4—转盘；5—大拖板

① 大拖板。大拖板（又称纵滑板）与溜板箱连接，可沿床身做纵向移动，它上面装有中滑板。

② 中滑板。中滑板（又称横滑板）由一对燕尾导轨副组成，其中静导轨连接大拖板，动导轨做横向移动。

③ 转盘。它的底座用螺钉与中滑板台面连接，松开螺钉便可在水平面内调整转盘角度。

④ 小滑板。它可利用其燕尾导轨副相对转盘做短距离移动。将转盘偏转若干角度后，小滑板可做斜向进给，以车削短圆锥面。

⑤ 刀台。它固定在小滑板3上，可装4把车刀，松开手柄，转动方刀架，可把所需要的车刀转到工作位置。加工时，必须把手柄扳紧，这样就可用4把车刀依次对工件进行加工。

（7）尾座

尾座安装在车床导轨上并可沿导轨移动，在尾座的套筒内可安装顶尖，以支承工件，也可安装钻头、铰刀等刀具，在工件上进行孔加工。

（8）床腿

床腿用来支承床身并与地基连接，其内部分别装有电动机和切削液循环系统。

6.2.3 车床的操作

6.2.3.1 车床的手动操作

(1) 操作前的准备

① 切断车床的电源，以防止因动作不熟练造成失误进而损坏车床。

② 调整中、小滑板塞铁间隙。图 6-5 为调整小滑板塞铁间隙的方法。调整时，如塞铁间隙过大，可将塞铁 2 的小端紧定螺钉 1 松开，将大端处紧定螺钉 3 向里旋紧，使塞铁大端向里，间隙变小，反之，则间隙变大。调整后应试摇滑板手柄几次，以手感灵活、轻便、无明显间隙为宜。

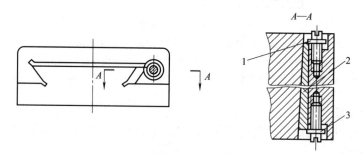

图 6-5 小滑板塞铁间隙的调整
1,3—紧定螺钉；2—塞铁

(2) 变换主轴转速

卧式车床主轴箱外均有变换转速的操纵手柄，根据转速标牌，改变手柄位置即可得到不同的转速。变速时，如发现手柄转不动或不到位，可手拨卡盘使主轴稍转动一下，待轴上齿轮的圆周位置改变到啮合位置时，手柄即能扳动。车床在启动后，禁止变换主轴转速，需要变速时，须待车床完全停止后方可进行停车变速。

(3) 变换进给速度

改变进给量或螺距 P 的大小，应根据进给量标牌的指示，变换进给箱外手柄位置。车削螺纹时，有时根据螺纹的类型及螺距的大小，还须同时变换挂轮箱内的交换齿轮。如发现手柄转不动或不到位，可用手转动卡盘，扳转卡盘时，为转动轻便，主轴速度应调整在高速位。

(4) 溜板箱外各操作手柄的用途及工作位置

它们一般都用标牌标明。变换各手柄位置，可使刀架做纵向或横向运动。车螺纹时，应将对开螺母手柄向下按到"合"位置；手动或机动进给时，将对开螺母置于"开"位置。

(5) 纵、横向进给和进、退刀动作

① 纵、横向手动进给。摇动大拖板手轮，可使大拖板纵向移动，手轮上的刻度盘表示大拖板移动的距离。通常刻度每转过一小格，大拖板移动 1mm（0.5mm），其刻度的零位线可通过紧定螺钉调整。大拖板向主轴箱方向移动为纵向正进给。

摇动中滑板手柄，可使中滑板横向进给，中滑板刻度盘上的刻度表示中滑板沿垂直于主轴轴线方向移动的距离，滑板手柄带着刻度盘转动一周时，丝杠也转一周，这时螺母带着中滑板移动一个螺距。中滑板移动的距离可根据刻度盘上的格数来计算：

$$刻度盘每转一格中滑板移动的距离 = \frac{丝杠螺距}{刻度盘格数}（mm）$$

例如，C6136卧式车床中滑板丝杠螺距为4mm，中滑板的刻度盘等分200格，故每转一格中滑板移动的距离为4/200＝0.02（mm）。车刀是在旋转的工件上切削的，当中滑板刻度盘每进一格时，工件直径的切削量是背吃刀量（切深）的两倍，即0.04mm。回转表面的加工余量都是对直径而言的，测量工件的尺寸也是看其直径的变化，所以用中滑板刻度盘进刀切削时，通常要将每格读作0.04mm。加工外表面时，车刀向工件中心移动为进刀，远离中心为退刀，加工内表面时，则相反。

由于丝杠与螺母之间有间隙，进刻度时必须慢慢地将刻度盘转到所需要的格数，如图6-6（a）所示。如果发现刻度盘手柄摇过了头而需将车刀退回时，绝不能直接退回所需刻度，如图6-6（b）所示，而必须向相反方向摇动半周左右，消除丝杠螺母间隙，再摇到所需要的格数，如图6-6（c）所示。

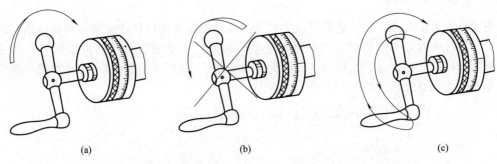

| (a) | (b) | (c) |

图6-6　中滑板手轮进刻度的方法

② 小滑板手动进给。摇动小滑板手柄，可使小滑板沿着其导轨做前后移动，移动距离由刻度盘上刻线表示，通常每格表示移动0.05mm。小滑板导轨下有转盘，松开其紧定螺钉，可在水平面内转动角度。

③ 引刀（纵、横向进、退刀）操作。操作方法是左手摇大拖板手柄，右手摇中滑板手柄，双手同时做均匀动作。进、退刀动作必须十分熟练，否则，车削过程中一旦失误，会造成工件报废或事故。

④ 尾座的移动与锁紧。车床尾座如图6-7所示。尾座通过底压板与床身导轨锁紧，松开锁紧螺母5或松开尾座套筒锁紧手柄3就可使尾座沿导轨移动。摇动手轮4可使套筒前后移动，扳紧尾座套筒锁紧手柄2即可锁紧套筒。尾座套筒不宜伸出过长，以防止套筒内啮合的丝杠螺母脱开。

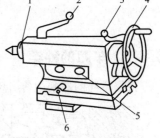

图6-7　车床尾座
1—尾座套筒；2—尾座套筒锁紧手柄；3—尾座锁紧手柄；4—尾座手轮；5—尾座锁紧螺母；6—尾座横向调整螺钉

6.2.3.2 车床的机动操作

① 操作前的准备。将主轴转速调整到100r/min左右，调整进给箱手柄位置，使进给量 f 为0.2mm/r左右，摇动大拖板到床身的中间位置。用手扳动卡盘旋转一周，检查机床有无碰撞之处，并检查各手柄是否在正常位置。

② 车床的启动、停止方法。接通电源，使车床电源开关置于"合"的位置，按启动按钮，启动电动机。此时，由于操纵杆在中间的空挡位置，所以主轴尚未转动。向上提起操纵杆，主轴做正转，置操纵杆于中间位置，主轴停止转动，此时电动机仍在转动；操纵杆向下，主轴做倒转，除车螺纹外，一般主轴不使用倒转。在车削过程中，因测量工件需做短暂停止时应利用操纵杆停车，不要按停止按钮，因为电动机若频繁

启动，容易损坏。这时为防止停车时操纵杆失灵导致主轴转动，可将主轴变速手柄置于空挡位置。变换主轴转速时，一定要先停车后变速。

③ 纵向机动进给方法。将大拖板摇到床身中间位置后，启动机床，将机动进给手柄调整至"纵向"位置，操纵进给手柄向主轴箱方向自动进给，如需方向相反，要停车后变换换向手柄。注意进给过程中的极限位置，确保大拖板不与卡盘相碰。

④ 横向机动进给方法。摇动中滑板手柄，使刀架靠近车床主轴内侧的平面，离卡盘中心约100mm，启动机床。将进给手柄调到"横向"位置，操纵机动进给手柄，使中滑板向卡盘中心方向进给。注意：中滑板向前正向进给时，刀架前侧平面不能超过主轴中心线，以防止滑板丝杠与螺母脱开；向后反向进给时，刀架不能与刻度盘等凸台相碰。

6.2.4 车床的传动

电动机输出的动力，经传送带传给主轴箱，经主轴箱变速机构使主轴得到各种不同的转速。主轴通过卡盘等夹具带动工件做旋转运动。同时，主轴的旋转运动由挂轮箱，经进给箱，通过光杠或丝杠传递给溜板箱，使溜板带动安装于刀架上的刀具做进给运动或车螺纹运动。车床的传动系统框图如图6-8所示。

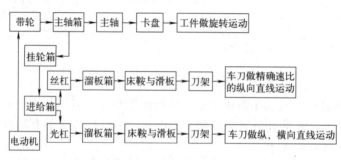

图6-8 车床的传动系统

6.3 车 刀

6.3.1 车刀的种类

根据不同的车削内容，需要有不同种类的车刀。常用车刀及其应用情况如图6-9所示。下面简单介绍一些常用的车刀。

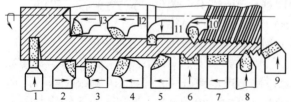

图6-9 常用车刀及应用情况

1—切断刀；2—90°左偏刀；3—90°右偏刀；4—弯头车刀；5—尖头车刀；6—成形车刀；7—宽刃槽车刀；8—外螺纹车刀；9—端面车刀；10—内螺纹车刀；11—内切槽刀；12—通孔车刀；13—盲孔车刀

（1）外圆车刀

常用的外圆车刀有45°弯头车刀、75°偏刀和90°偏刀，如图6-10所示。45°弯头车刀用于车外圆、端面和倒角；75°偏刀用于粗车外圆；90°偏刀用于车台阶外圆与细长轴等。

（2）端面车刀

端面车刀专门用来加工工件端面。车端面时，用中滑板横向走刀，走刀次

数根据加工余量而定，可采用自外向中心走刀，也可采用自中心向外走刀的方法。常用端面车刀车削时的几种情况如图 6-11 所示。

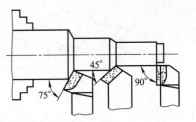

图 6-10 外圆车刀及应用情况

(3) 切断刀

切断刀是专门用来切断工件的，其车削条件比外圆车刀或端面车刀更为苛刻。为了能完全切断工件，切断刀的刀头要制造得长而窄，这就导致其刚性差，工作时切屑也不易排出。

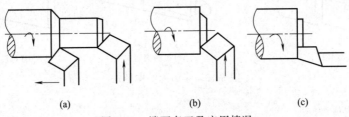

| (a) | (b) | (c) |

图 6-11 端面车刀及应用情况

(4) 成形车刀

成形车刀是用刀刃形状直接加工出回转体、成形表面的专用刀具，是通过前刀面的刃形促成工件形状的。采用成形车刀加工工件时，加工质量可不受操作者水平的限制，刀刃刃形及其质量决定工件轮廓形状，所以可获得稳定的质量。其加工精度一般可达 IT9～IT10，表面粗糙度 Ra 可达 $3.2～6.3\mu m$。

(5) 其他车刀

圆头车刀可用于加工工件上的成形面；内孔车刀可车削工件内孔；螺纹车刀则用于车削螺纹。硬质合金可转位（不重磨）车刀是近年来国内外大力发展和广泛应用的先进刀具之一，刀片用机械夹固方式装夹在刀柄上，当一个刀刃磨钝后，只需将刀片转过一个角度，即可继续车削，从而可以大大缩短换刀和磨刀的时间，提高刀柄的利用率。

6.3.2 车刀的结构

车刀由刀头和刀柄两部分组成。刀头是车刀的车削部分，刀柄用于安装车刀，是车刀的夹持部分，如图 6-12 所示。

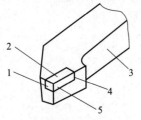

图 6-12 车刀的组成
1—副后刀面；2—前刀面；3—刀柄；4—刀头；5—主后刀面

车刀在结构上可分为 4 种形式，如图 6-13 所示。

① 整体式车刀。刃口可磨得较锋利，用整体高速钢制造。

② 焊接式车刀。可焊接硬质合金或高速钢刀片，使用灵活，结构紧凑。

③ 机械夹固式车刀。避免焊接产生的裂纹、应力等缺陷，刀柄利用率高，使用灵活方便。

④ 可转位式车刀。避免焊接车刀的缺点，刀片可快速转位，断屑稳定，生产效率高。

6.3.3 车刀切削时建立的基准坐标平面

为了测量车刀的角度，判定刀口的锋利程度及其三面两刃在空间的位置，需要建立三个参考平面：基面 P_r、切削平面 P_s 和正交平面 P_o。如图 6-14 所示。

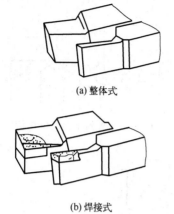

(a) 整体式

(b) 焊接式

(c) 机械夹固式

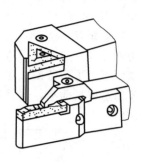

(d) 可转位式

图 6-13　车刀的结构形式

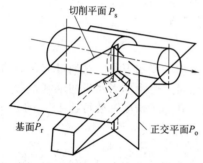

图 6-14　车刀的三个参考平面

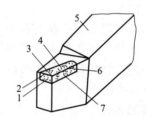

图 6-15　车刀切削部分的几何要素

1—副后刀面；2—副切削刃；3—刀尖；4—前刀面；
5—刀杆；6—主切削刃；7—主后刀面

① 基面 P_r：通过切削刃上任选一点，与切削速度垂直的平面。基面是刀具制造、刃磨的基准面。

② 切削平面 P_s：只通过切削刃上选定点，与切削刃相切，且垂直于基面的平面。

③ 正交平面 P_o：通过切削刃上选定点，且垂直于基面和切削平面的平面。

由此可见这 3 个坐标平面相互垂直，构成一个空间直角坐标系。

6.3.4　车刀切削部分的几何要素

刀头一般由三面、两刃和一尖组成，如图 6-15 所示。

① 前刀面 A_γ：切屑流出经过的表面，又称为前面。

② 主后刀面 A_α：与工件切削表面相对的表面。

③ 副后刀面 A_r'：与工件已加工表面相对的表面。

④ 主切削刃 S：前刀面与主后刀面的交线，担负主要的切削工作。

⑤ 副切削刃 S'：前刀面与副后刀面的交线，担负少量的切削工作，起一定的修光作用。

⑥ 刀尖：主切削刃与副切削刃的相交部分，一般为一小段过渡圆弧。

6.3.5　车刀的主要角度及其作用

车刀的主要角度是指前角（γ_o）、后角（α_o）、主偏角（κ_r）、副偏角（κ_r'）以及刃倾角

(λ_s)，各角度的标注及测量如图 6-16 所示。

(1) 前角 γ_o。

前角是前刀面与基面之间的夹角，一般在正交平面中测量。前角的作用是使刀刃锋利，便于车削。但前角不能太大，否则会削弱刀刃的强度，容易磨损甚至崩刃。前角的表示及其测量如图 6-16 所示。前角选择的原则是前角的大小选择要兼顾刀头的坚固性与锋利性。因此首先要根据加工材料的硬度来选择前角。被加工材料的硬度高，前角取小值，反之取大值；其次要根据加工性质来考虑前角的大小，粗加工时前角要取小值，精加工时前角应取大值。硬质合金车刀车削钢件时，取 5°～20° 的前角。

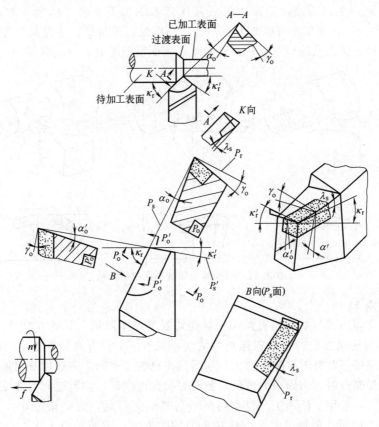

图 6-16　车刀的主要角度

(2) 后角 α_o。

后角是主后刀面与切削平面之间的夹角。后角的作用是减小车削时主后刀面与工件的摩擦，一般在 6°～12° 之间选取。在一般情况下，后角变化不大，但必须有一个合理的数值，以利于提高刀具的耐用度。后角的表示及其测量如图 6-16 所示。后角选择的原则是：首先考虑加工性质，粗加工时后角取小值，精加工时后角取大值；其次考虑加工材料的硬度，加工材料硬度低，后角取大值，以增强刀刃的锋利程度，但也会削弱刀头的强度，反之，后角应取小值。

(3) 主偏角 κ_r

主偏角是主切削刃在基面的投影与进给方向的夹角，一般在基面中测量。车刀常用的主偏角有 45°、60°、75°、90° 等几种，其中 90° 居多。主偏角的表示及其测量如图 6-16 所示。主偏角可改变主切削刃参加切削的长度，影响刀具寿命和径向切削力的大小。主偏角的选择原则是：首先考虑车床、夹具和刀具组成的工艺系统的刚性，工艺系统刚性好，主偏角应取小值，这样有利于改善散热条件，提高车刀使用寿命和降低表面粗糙度，但在加工细长轴等刚度不足的工件时，小主偏角会增大刀具作用在工件上的径向力，易产生弯曲和振动，因此主偏角应选大些；其次要考虑加工工件的几何形状，当加工台阶时，主偏角应取 90°。

（4）副偏角 κ_r'

副偏角在基面中测量，是副切削刃在基面上的投影与进给反方向的夹角。其主要作用是减小副切削刃与已加工表面之间的摩擦，以改善已加工表面的粗糙度。副偏角的表示及其测量如图 6-16 所示。副偏角的选择原则是：首先考虑车刀、工件和夹具是否有足够的刚性，是才能取小的副偏角，否则，应取大值；其次，考虑加工性质，粗加工时，副偏角可取 $10°\sim15°$，精加工时，副偏角可取 $5°$左右。在切削深度、进给量、主偏角相等的条件下，减小副偏角，可减小切削后的残留面积，从而减小表面粗糙度值，一般取 $5°\sim15°$。

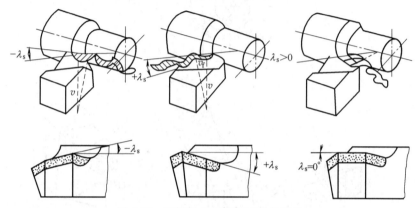

图 6-17　刃倾角在切削平面中的测量

（5）刃倾角 λ_s

刃倾角是主切削刃与基面的夹角，一般在切削平面中测量。如图 6-17 所示，其作用主要是控制切屑的流动方向。车刀刃倾角一般为 $-5°\sim+5°$。当刀尖处于主切削刃的最低点时，刃倾角为正值，此时刀尖强度增大，切屑流向已加工表面，一般用于粗加工；当刀尖处于主切削刃的最高点时，刃倾角为负值，此时刀尖强度削弱，切屑流向待加工表面，提高已加工表面精度，一般用于精加工。当主切削刃与基面平行时，刃倾角为 $0°$。刃倾角的选择主要是考虑加工性质：粗加工时，工件对车刀冲击力大，刃倾角应大于 $0°$；精加工时，工件对车刀冲击力小，刃倾角可小于 $0°$。一般刃倾角等于 $0°$。

6.3.6　车刀的选择、安装、刃磨

（1）车刀的选择

车刀选择包括车刀种类、刀片材料、几何参数、刀杆及刀槽的选择等几个方面。车刀种类主要根据被加工工件形状、加工性质、生产批量及所使用机床类型等条件进行选择；刀片材料应根据被加工工件的材料、加工要求等条件选择与之适应的材料；几何参数也应与加工条件以及选好的刀片材料相适应。刀片的长度一般为切削宽度的 1.5~2 倍，切槽刀刃宽不应大于工件槽宽。车刀刀杆有方形和矩形，一般选择矩形刀杆，孔加工刀具则可选择圆形刀杆；刀槽的形式则根据车刀形式和选好的刀片来选择。

（2）车刀的安装

车刀必须正确牢固地安装在刀架上，如图 6-18 所示。安装车刀应注意以下几点：

① 刀尖应与车床主轴中心线等高。车刀装得太高，后角减小，后刀面与工件摩擦加剧；装得太低，前角减小，切削不顺利，会使刀尖崩碎。刀尖的高低可根据尾架顶尖来调整。

② 刀头不宜伸出太长，否则切削时容易产生振动，影响工件加工精度和表面粗糙度。一般刀头伸出长度不超过刀杆厚度的两倍，能看见刀尖切削即可。

③ 车刀底面的垫片要平整，并尽可能用厚垫片，以减少垫片数量。调整好刀尖高低后，至少要用两个螺钉交替将车刀拧紧。

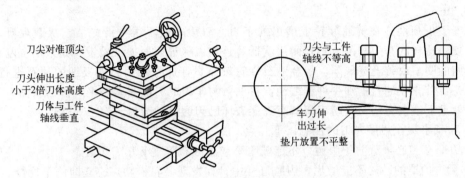

图 6-18　车刀的安装

(3) 车刀的刃磨

正确刃磨车刀是车工必须掌握的基本功之一。刃磨车刀必须选择合适的砂轮，掌握刃磨的步骤与方法。

① 砂轮的选择：刃磨高速钢车刀或碳素工具钢刀具应选择白色或紫黑色的氧化铝砂轮；刃磨硬质合金车刀应选择绿色的碳化硅砂轮。粗磨时应取小粒度且较软的砂轮；精磨时应取大粒度且较硬的砂轮。刃磨车刀前，如砂轮不平或砂轮有跳动，必须用砂轮修整器修整。

② 车刀的刃磨方法与步骤：车刀虽然有各种类型，但刃磨方法大体相同，其中以 90°硬质合金焊接式车刀最为典型，其刃磨步骤与要领如下。

a. 粗磨主后刀面时，如图 6-19（a）所示，双手握住刀柄，使主切削刃与砂轮外圆平行，并使刀柄底部向砂轮稍稍倾斜，倾斜角度应等于后角，慢慢地使车刀与砂轮接触，然后在砂轮上左右移动。刃磨时，应注意控制主偏角及后角。刃磨后，如刀刃不直、刀面不平、角度不准，则应重新修磨，直至达到要求。

b. 粗磨副后刀面，要控制副偏角和副后角两个角度，车刀握法如图 6-19（b）所示，刃磨方法同上。

c. 粗磨前刀面，要控制前角及刃倾角，通常刀坯上的前角已制出，稍加修整即可，车刀的握法如图 6-20 所示。

d. 精磨前刀面、后刀面与副后刀面，一般要选用粒度细的绿色碳化硅砂轮，对于带托架的砂轮机，应调整砂轮托架，使其倾斜角度为 6°～8°。精磨的步骤为：精磨前刀面，如不

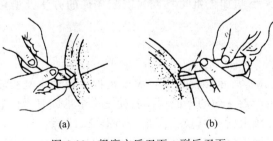

(a)　　　　　　(b)

图 6-19　粗磨主后刀面、副后刀面

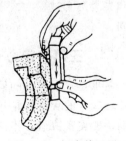

图 6-20　粗磨前刀面

需磨出断屑槽，只需轻轻修磨前刀面即可，保证前角与刃倾角；如要磨出断屑槽，则应根据不同的切削条件，利用砂轮外圆一角刃磨出各种形式的断屑槽。精磨主后刀面与副后刀面，只要在粗磨好的刀面上按照角度大小的要求，在刃口处磨去1～2mm即可。车刀各刃是否磨出，可根据磨痕来判断。

e. 刃磨刀尖，刀尖有直线与圆弧等形式，应根据切削条件与要求选用。刃磨时，应使主切削刃与砂轮成一定的角度，使车刀轻轻移向砂轮，按要求磨出刀尖。通常刀尖为0.2～0.5mm。

f. 车刀的研磨，在普通砂轮上磨出的车刀，刀刃一般不很平滑光洁，从微观看，尤其明显。使用这样的车刀车削，不仅耐用度低，且难以保证表面加工质量。如采用金刚石砂轮研磨，则能明显改善上述缺陷。但金刚石砂轮较昂贵，通常采用粒度极细的油石进行研磨。其方法是：首先在油石上加少许润滑油，将油石与车刀的刀面紧紧贴平，然后将油石沿贴平的刀面做上下或左右均匀移动，研磨时不能破坏已刃磨好的刃口。

③ 注意事项：刃磨车刀时注意以下几点。

a. 刃磨车刀必须戴防护眼镜，不能戴手套或用纱布等裹着车刀刃磨。

b. 无防护罩的砂轮不能使用。刃磨过程中，如发现砂轮松动，应立即停车检修。

c. 应根据刀具材料正确选用砂轮。

d. 启动砂轮机前，应用手转动砂轮，检查是否有异常或砂轮是否松动。

e. 应经常调整砂轮机托架，使间隙在2～3mm。

f. 一片砂轮不可两人同时使用，应避免在砂轮侧面刃磨。

g. 刃磨高速钢车刀，要用水及时冷却，防止烧焦。刃磨硬质合金车刀，为避免因水骤冷而使刀片产生裂纹，可将刀柄部分入水冷却。

h. 刃磨时，双手握刀用力适当且均匀，并在砂轮上左右移动，不能用力过猛，不能停留在砂轮表面不动，使砂轮出现凹槽。

i. 砂轮表面应经常修整。

j. 刃磨结束时应及时关闭电源。

6.4　车床附件和工件安装

在普通车床上常用的附件有三爪自定心卡盘、四爪单动卡盘、顶尖、跟刀架、中心架、心轴、花盘等。这些附件一般由专业厂家生产作为车床附件配套供应。安装零件时应使被加工表面的回转中心和车床主轴的轴线重合，以保证零件在加工之前占有一个正确的位置，即定位。零件定位后还要夹紧，以承受切削力、重力等。所以零件在机床上的安装一般经过定位和夹紧两个过程。按零件的形状、大小和加工批量不同，安装零件的方法及所用附件也不同。

6.4.1　三爪自定心卡盘

三爪自定心卡盘的构造如图6-21（b）所示。使用时，用卡盘扳手转动小锥齿轮，可使与其相啮合的大锥齿轮随之转动，大锥齿轮背面的平面螺纹就使三个卡爪同时做向心或离心移动，以夹紧或松开零件。当零件直径较大时，可换上反爪进行装夹。虽然定心精度不高，一般为0.05～0.15mm，而且夹紧力较小，仅适于夹持表面光滑的圆柱形或六角形等零件，而不适于单独安装重量大或形状复杂的零件，但由于三个卡爪是同时移动的，装夹零件时能自动定心、可省去许多校正零件的时间。因此，三爪自定心卡盘仍然是车床最常用的通用夹具。图 6-21 （a）所示是用三爪自定心卡盘的正爪安装小直径工件，安装时先轻轻拧紧卡爪，低速开车，观察工件端面是否摆动，然后牢牢地夹紧工件，安装过程中需注意应在满足加工要求的情况下，尽量减小伸出量。图 6-21 （c）所示是用三爪自定心卡盘的反爪安装直径较大的工件，安装过程中需用小锤轻敲工件，使其贴紧卡爪的台阶面。

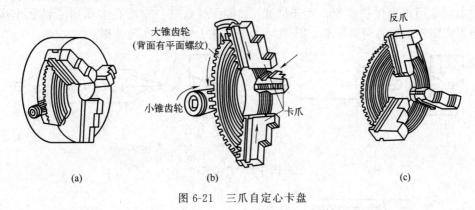

图 6-21 三爪自定心卡盘

6.4.2 四爪单动卡盘

四爪单动卡盘也是常见的通用夹具，如图 6-22 （a）所示。它的四个卡爪的径向位移由四个螺杆单独调整，不能自动定心，因此在安装零件时找正时间较长，要求技术水平高。用四爪单动卡盘安装零件时卡紧力大，既适于装夹圆形零件，还可装夹方形、长方形、椭圆形、内外圆偏心零件或其他形状不规则的零件。四爪单动卡盘只适用于单件、小批量生产。四爪单动卡盘安装零件时，当要求定位精度达到 0.02～0.05mm 时，一般用划线盘按零件外圆或内孔进行找正，也可按事先划出的加工界线用划线盘进行划线找正，如图 6-22 （b）所示。当要求定位精度达到 0.01mm 时，还可用百分表找正，如图 6-22 （c）所示。四爪单动卡盘的卡爪可独立移动，且夹紧力大，适用于装夹形状不规则的工件以及较大的圆盘形工件，四爪单动卡盘也可装成正爪和反爪，反爪用于装夹较大的工件。

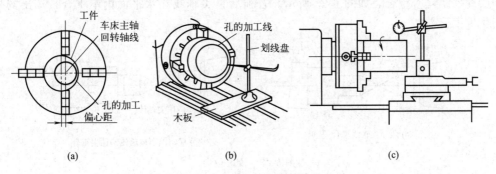

图 6-22 四爪单动卡盘及其找正

6.4.3 顶尖

常用的顶尖有死顶尖和活顶尖两种，前顶尖采用死顶尖，后顶尖易磨损，在高速切削时常采用活顶尖。较长或加工工序较多的轴类零件，常采用两顶尖安装，零件装夹在前、后顶

 2

 2

 2

 2

 2

 2

 2

 2

 2

 2

 2

 2

 2

 2

 2

 2

 2

 2

 2

 2

 2

 2

 2

 2

 2

 2

 2

 2

 2

 2

 2

 2

 2

 2

 2

 2

 2

 2

 2

 2

 2

 2

 2

 2

 2

 2

 2

 2

 2

 2

 2

 2

 2

 2

 2

 2

 2

 2

 2

 2

 2

 2

 2

 2

 2

 2

 2

 2

 2

 2

 2

 2

 2

 2

 2

 2

 2

 2

 2

 2

 2

 2

 2

 2

 2

 2

 2

 2

 2

 2

 2

 2

 2

 2

 2

 2

 2

 2

 2

 2

 2

 2

 2

 2

 2

 2

 2

 2

 2

 2

 2

 2

 2

 2

 2

 2

 2

 2

 2

 2

 2

 2

 2

 2

 2

 2

 2

 2

 2

 2

 2

 2

 2

 2

 2

 2

 2

 2

 2

 2

 2

 2

 2

 2

 2

 2

 2

 2

 2

 2

 2

 2

 2

 2

 2

 2

 2

 2

 2

 2

 2

 2

 2

 2

 2

 2

 2

 2

 2

 2

 2

 2

 2

 2

 2

 2

 2

 2

 2

 2

 2

 2

 2

 2

 2

 2

尖之间，由拨盘带动机芯夹头（卡箍），机芯夹头带动零件旋转。前顶尖装在主轴上，和主轴一起旋转；后顶尖装在尾座上固定不转。当不需要掉头安装即可在车床上保证零件的加工精度时，也可用三爪自定心卡盘代替拨盘。用双顶尖安装零件的步骤如下。

（1）在轴的两端钻中心孔

常用中心孔有普通中心孔和双锥面中心孔，如图 6-23 所示。中心孔的 60°锥面和顶尖的锥面相配合，前面的小圆柱孔是为了保证顶尖与锥面紧密接触，同时储存润滑油。双锥面中心孔的 120°锥面称为保护锥面，用于防止 60°锥面被碰坏。中心孔多用中心钻在车床上钻出，加工前要先把轴的端面车平。图 6-24 为在车床上钻中心孔的情形。

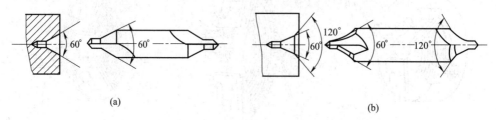

图 6-23　中心孔

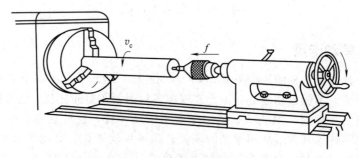

图 6-24　在车床上钻中心孔

（2）安装并校正顶尖

顶尖是依靠其尾部锥柄与主轴或尾座套筒的锥孔的配合而定位的。安装时要先擦净锥孔和顶尖锥柄，然后对正撞紧，否则影响定位的准确度。校正时将尾座移向主轴箱，检查前后两顶尖的轴线是否重合，如图 6-25 所示。若前后顶尖轴线在水平面内不重合，车出的外圆将产生锥度误差。

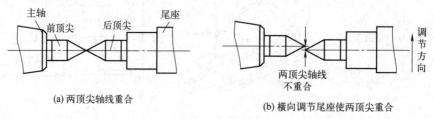

(a) 两顶尖轴线重合　　(b) 横向调节尾座使两顶尖重合

图 6-25　校正顶尖

（3）安装工件

首先在轴的一端安装卡箍，安装方法如图 6-26 所示。若夹在已精加工过的表面上，则应垫上开缝的套筒或薄铜皮以免夹伤工件。然后在轴的另一端中心孔里加黄油，若用活顶尖则不必涂黄油。最后将卡箍的尾部插入拨盘的槽中。在双顶尖上安装轴类工件的方法如图 6-27 所示。用顶尖安装轴类工件时，由于两端都是锥面定位，故定位的准确度比较高。即使多次装卸与调头，工件的轴线始终是两端锥孔中心的连线，即保持了工件的轴线位置不变。因此，能保证轴类工件在多次安装中所加工出的各个圆柱面有较高的同轴度，各个轴肩端面对轴线有较高的垂直度。

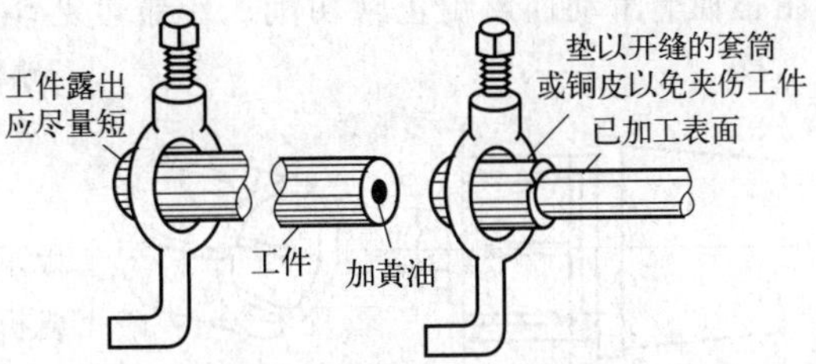

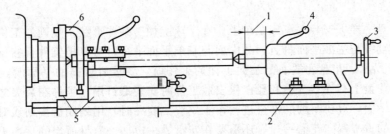

图 6-26 在轴类零件上安装卡箍

6.4.4 心轴

形状复杂或同轴度要求较高的盘套类零件，常用心轴安装加工，以保证零件外圆与内孔的同轴度及端面与内孔轴线的垂直度等要求。用心轴安装零件，应先对零件的孔进行精加工（达 IT8～IT7），然后以孔定位。心轴常用双顶尖安装在车床上，以加工端面和外圆。安装时，根据零件的形状、尺寸、精度要求和加工数量的不同，采用不同结构的心轴。以下介绍 4 种心轴，此外还有弹簧心轴和离心力夹紧心轴等。

图 6-27 在双顶尖上安装轴类零件

1—调整套筒伸出长度；2—将尾座固定；3—调节工件与顶尖松紧程度；4—锁紧套筒；
5—刀架移至拨盘处，用手转动拨盘，检查是否碰撞；6—拧紧卡箍

(1) 圆柱心轴

当零件长径比小于 1 时，应使用带螺母压紧的圆柱心轴，如图 6-28 所示，零件左端靠紧心轴的台阶，由螺母及垫圈将零件压紧在心轴上。为保证内外圆同心，孔与心轴之间的配合间隙应尽可能小些，否则其定心精度将随之降低。一般情况下，当零件孔与心轴采用 H7/h6 配合时，同轴度误差不超过 0.02～0.03mm。

(2) 小锥度心轴

当零件长径比大于 1 时，可采用带有小锥度（1/5000～1/1000）的心轴，如图 6-29 所示。零件孔与心轴配合时，靠接触面产生弹性变形来夹紧零件，故切削力不能太大，以防零

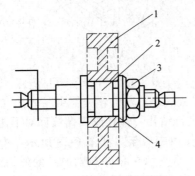

图 6-28 圆柱心轴安装零件

1—零件；2—心轴；3—螺母；4—垫片

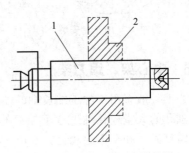

图 6-29 小锥度心轴安装零件

1—心轴；2—零件

件在心轴上滑动而影响正常切削。小锥度心轴定心精度较高，可达 0.005～0.01mm，多用于磨削或精车，但没有确定的轴向定位。

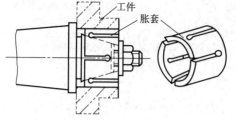

图 6-30　胀力心轴

（3）**胀力心轴**

胀力心轴是通过调整锥形螺杆使心轴一端做微量的径向扩张，以将零件孔胀紧的一种可快速装拆的心轴，适用于安装中小型零件，如图 6-30 所示。

（4）**螺纹伞形心轴**

螺纹伞形心轴适于安装以毛坯孔为基准车削外圆的带有锥孔或阶梯孔的零件。其特点是：装拆迅速，装夹牢固，能装夹一定尺寸范围内不同孔径的零件。

6.4.5　花盘、弯板

（1）**花盘**

花盘与卡盘一样可安装在车床主轴上。在车床上加工某些形状不规则的工件时，为保证其外圆、孔的轴线与基准平面垂直，或端面与基准平面平行，可以把工件直接压在花盘上加工，如图 6-31 所示。花盘的端面是装夹工件的工作面，要求有较高的平面度，并垂直于车床主轴轴线。花盘上有许多沟槽和孔，供安装工件时安装螺钉用。工件在装夹之前，一般要先加工出基准平面，对要车削的部分进行钳工划线。装夹时，用划线盘按划线对工件进行找正。如果工件的重心偏向花盘一边，还需要在花盘另一边加一质量适当的平衡重。

（2）**花盘-弯板**

有些复杂的零件，当要求外圆、孔的轴线与基准平面平行或端面与基准平面垂直时，可用花盘-弯板安装工件，如图 6-32 所示，在花盘上再装一个角度为 90°的弯板。弯板的工作平面要求与车床主轴轴线平行，在使用之前，要用百分表仔细找正。如果不平行，可在弯板与花盘之间垫铜皮或纸片来调整。弯板两个平面上有许多槽和孔，供安装螺钉、连接花盘和安装工件用。

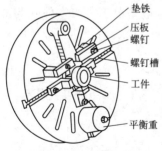

图 6-31　用花盘安装工件

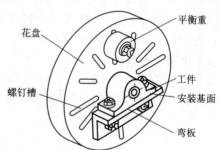

图 6-32　用花盘-弯板安装工件

6.4.6　中心架、跟刀架

中心架一般多用于加工细长轴的端面及在端面上进行钻孔、镗孔或攻螺纹。对不能通过机床主轴孔的大直径长轴进行车端面的情况，也经常使用中心架。如图 6-33 所示，中心架由压板螺钉紧固在车床导轨上，互成 120°角的三个支承爪支承在零件预先加工的外圆面上，以增加零件的刚性。加工细长轴时，如图 6-34 所示，需先加工一端，然后调头安装，再加工另一端。车削时要在支承爪与工件的接触面上添加润滑油，转速也不宜过高。

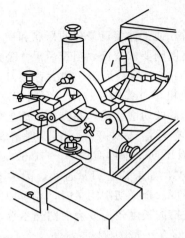

图 6-33　在端面上钻孔、镗孔、攻螺纹

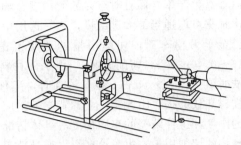

图 6-34　加工细长轴

跟刀架主要用于精车或半精车细长光轴类零件，如丝杠和光杠等。如图 6-35 所示，跟刀架被固定在车床大拖板上，与刀架一起移动。使用时，先在零件上靠后顶尖的一端车出一小段外圆，根据它调节跟刀架的两支承，然后车出全轴长。使用跟刀架可以抵消径向切削力，从而提高加工精度和表面质量。切削时要在支承爪与工件的接触面上添加润滑油，转速不宜过高。

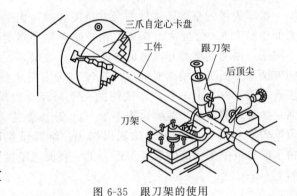

图 6-35　跟刀架的使用

6.5　车削的基本知识

6.5.1　车削步骤

在车床上安装工件和车刀以后即可开始车削加工。在加工中必须按照如下步骤进行车削。

① 开车对刀，使刀尖与零件表面轻微接触，确定刀具与零件的接触点，作为进切深的起点，然后向右纵向退刀，记下中滑板刻度盘上的数值。注意对刀时必须开车，因为这样可以找到刀具与零件最高处的接触点，也不容易损坏车刀。

② 沿进给反方向移出车刀。

③ 确定背吃刀量，并按此量横向进刀，走刀切削。

④ 零件加工完后要进行测量检验，以确保零件的质量。

6.5.2　粗车和精车

车削一个零件，往往需要经过多次走刀才能完成。为了提高生产效率，保证加工质量，生产中常把车削加工分为粗车和精车（零件精度要求高时还需要磨削）。

(1) 粗车

粗车的目的是尽快地从工件上切去大部分加工余量，使工件接近最后的形状和尺寸。粗车要给精车留有合适的加工余量，而对精度和表面粗糙度则要求较低，粗车后尺寸公差等级一般为 IT14～IT11，表面粗糙度 Ra 值一般为 12.5～50μm。实践证明，加大背吃刀量不仅可以提高生产率，而且对车刀的耐用度影响不大。因此粗车时首先应选用较大的背吃刀量，其次根据可能适当加大进给量，最后选用中等或中等偏低的切削速度。在卧式车床上使用硬质合金车刀粗车时，切削用量的选用范围如下：背吃刀量选取 2～4mm，进给量选取 0.15～0.40mm/r，切削速度 v_c 因工件材料不同而略有不同，车钢时取 50～70m/min，车铸铁时取 40～60m/min。粗车铸件时，工件表面有硬皮，如果背吃刀量过小，刀尖容易被硬皮碰坏或磨损，因此第一刀的背吃刀量应大于硬皮厚度。选择切削用量时，要看加工时工件的刚度和工件装夹的牢固程度等具体情况。若工件夹持的长度较短或表面凹凸不平，应选用较小的切削用量。粗车给精车（或半精车）留的加工余量一般为 0.5～2mm。

(2) 精车

精车的目的是保证零件的尺寸精度和表面粗糙度等要求，尺寸公差等级可达 IT8～IT7，表面粗糙度 Ra 值可达 1.6μm。精车时，完全靠刻度盘定背吃刀量来保证工件的尺寸精度是不够的，因为刻度盘和丝杠的螺距均有一定误差，往往不能满足精车的要求，必须采用试切的方法来保证工件精车时的尺寸精度。现以图 6-36 所示的车外圆为例，说明试切的方法与步骤。图 6-36（a）～（e）是试切的一个循环。如果尺寸合格，就以该背吃刀量车削整个表面；如果未到尺寸，就要自图 6-36（f）起重新进刀、切削、度量；如果试车尺寸小了，必须按图 6-36（c）所示的方法加以纠正，继续试切，直到试切尺寸合格才能车削整个表面。精车的另一个突出的问题是保证加工的表面粗糙度要求。减小表面粗糙度 Ra 值的主要措施如下。

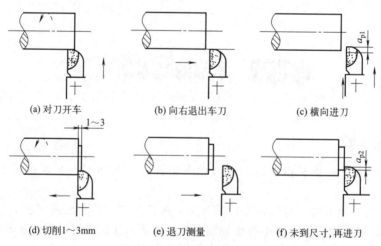

图 6-36　试切的方法与步骤

a. 选择几何形状合适的车刀。采用较小的副偏角 κ_r' 或刀尖磨有小圆弧，均能减小残留面积，使 Ra 值减小。

b. 选用较大的前角 γ_o，并用油石把车刀的前刀面和后刀面打磨得光一些，也可使 Ra 值减小。

c. 合理选择精车时的切削用量。生产实践证明，车削钢件时，较高的切削速度（$v_c \geqslant$ 100m/min）或较低的切削速度（$v_c \leqslant$ 5m/min）都可获得较小的 Ra 值。采用低速切削，生产率较低，一般只有在刀具材料为高速钢或精车小直径的工件时才采用。选用较小的背吃刀量，对减小 Ra 值较为有利；但背吃刀量过小（$a_p<0.03\sim0.05mm$），又会因工件上原来凹凸不平的表面不能完全切除而达不到要求。采用较小的进给量可使残留面积减小，因而有利于减小 Ra 值。精车的切削用量选择范围推荐如下：背吃刀量 a_p，在高速精车下取 $0.3\sim0.5mm$，在低速精车下取 $0.05\sim0.10mm$；进给量 f 取 $0.05\sim0.20mm/r$；切削速度，硬质合金车刀车钢件时取 $100\sim200m/min$，硬质合金车刀车铸铁时取 $60\sim100m/min$。

d. 合理地使用切削液也有助于降低表面粗糙度。低速精车钢件使用乳化液，低速精车铸铁件多用煤油。

6.5.3 车外圆及车台阶

(1) 车外圆

常用的外圆车刀和车外圆的方法如图 6-37 所示。尖刀主要用于车没有台阶或台阶不大的外圆，并可倒角；弯头车刀适用于车外圆、端面、倒角和有 45°斜台阶的外圆；主偏角为90°的右偏刀，车外圆时背向力（径向力）很小，常用于车细长轴和有直角台阶的外圆。精车外圆时，车刀的前刀面、后刀面均需用油石磨光。

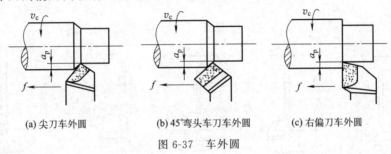

(a) 尖刀车外圆　　(b) 45°弯头车刀车外圆　　(c) 右偏刀车外圆

图 6-37　车外圆

(2) 车台阶

① 车刀的选用。台阶外圆用 90°偏刀车成，偏刀的主偏角应大于 90°，通常为 91°～93°。

② 确定台阶长度。常用的方法有以下两种。

a. 刻线痕法：以已加工端面为基准，用钢直尺量出台阶长度尺寸，用刀尖对准刻度处，开车，再用刀尖刻出线痕，如图 6-38 所示。

b. 大板刻度控制法：启动车床，移动大拖板与中滑板，使刀尖靠近工件端面；再移动小滑板，使刀尖与工件端面轻轻接触；然后，摇动中滑板，横向退出车刀，将床鞍刻度盘调整至零位，这样用床鞍上刻度在工件表面刻上线痕。车削时，根据线痕与刻度，可很方便地控制台阶长度。

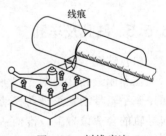

图 6-38　刻线痕法

③ 车削低台阶。对于相邻两圆柱直径差较小的低台阶，可用 90°偏刀直接车成，如图 6-39（a）所示，但最后一次进刀时，车刀在纵向进刀结束后，须摇动中滑板手柄横向匀速退出车刀，以确保台阶面与外圆表面垂直。

④ 车削高台阶。对高台阶通常采用分层切削，如图 6-39（b）所示，可先用 75°偏刀粗车，再用 90°偏刀精车，当车刀刀尖距离台阶位置 1～2mm 时，应停止机动进给，改用手动进给。当车至台阶位置时，把车刀

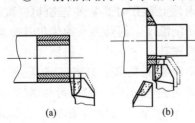

(a)　　　　(b)

图 6-39　车台阶

从横向慢慢退出，将台阶面精车一次。

⑤ 台阶的测量。台阶的长度，通常用钢直尺、游标深度尺或用游标卡尺上的深度尺来测量，也可用样板检测。根据测量结果，可用小滑板及其刻度来调整台阶尺寸。

⑥ 倒角。在台阶与外圆交角处，应倒钝锐边或根据要求倒角。

6.5.4　车端面

(1) 工件安装

对于长径比大于 5 的轴类件：若毛坯直径小于车床主轴孔径，可将毛坯插入车床空心主轴孔中，用三爪自定心卡盘夹持左端；当毛坯直径大于车床主轴孔径时，可用卡盘夹持其左端，用中心架支承其右端，然后车其右端面。

(2) 车刀安装

同 6.3.6 中（2）车刀的安装。

(3) 车削方法

适合车削端面的车刀有多种，常用刀具和车削方法如图 6-40 所示。要特别注意的是，端面的切削速度由外到中心是逐渐减小的。故车刀接近中心时应放慢进给速度，否则易损坏车刀。

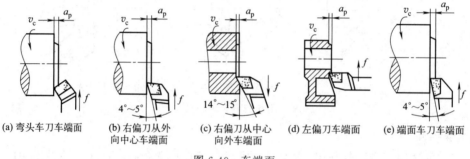

(a) 弯头车刀车端面　(b) 右偏刀从外向中心车端面　(c) 右偏刀从中心向外车端面　(d) 左偏刀车端面　(e) 端面车刀车端面

图 6-40　车端面

6.5.5　钻孔及车孔

(1) 钻孔

在车床上钻孔如图 6-41 所示，钻头装在尾座套筒内。钻削时，工件旋转（主运动），手摇尾座手轮带动钻头纵向移动（进给运动）。钻孔前应先把工件端面车平，将尾座固定在纵向导轨的合适位置上。锥柄钻头装入尾座套筒内（锥柄尺寸小的需加变号锥套）；直柄钻头用钻夹头夹持，再将钻夹头的锥柄插入车床尾座套筒内。为了防止钻头钻孔时偏斜，可先用中心钻钻出中心孔，以便钻头定心。钻较深的孔时，必须经常退出钻头以便排屑。在钢件上钻孔时通常要施加切削液，以降低切削温度，提高钻头的使用寿命。

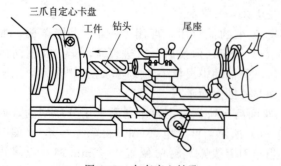

三爪自定心卡盘　工件　钻头　尾座

图 6-41　在车床上钻孔

(2) 车孔

钻出的孔或铸孔、锻孔，若需进一步加工，可进行车孔。车孔可作为孔的粗加工、半精加工或精加工，加工范围很广。车孔能较好地纠正孔原来的轴线歪斜，提高孔的位置精度。

① 车刀的选择。车通孔、盲孔所用的车刀如图 6-42 所示。为了避免由于切削力而造成的"扎刀"或"抬刀"现象，车刀伸出长度应尽可能短，以减少振动，但应不小于车孔深度。安装通孔车刀，主偏角可小于 90°，如图 6-42（a）所示；安装盲孔车刀时，主偏角须大于 90°，如图 6-42（b）所示，否则内孔底平面不能车平，在纵向进给至孔的末端时，再转为横向进给，即可车出内端面与孔壁垂直良好的衔接表面。车刀安装后，在开车前，应先检查车刀杆装得是否正确，以防止车孔时由于车刀杆装得歪斜而使车刀碰到已加工的内孔表面。由于车刀杆刚性较差，切削条件不好，因此，切削用量应比车外圆时小。

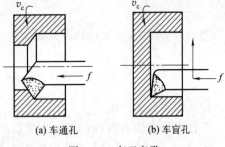

图 6-42　车刀车孔

② 粗车。应先进行试切，调整切削深度，然后自动或手动走刀。调整切深时，必须注意车刀横向进退方向与车外圆时相反。

③ 精车。背吃刀量和进给量应更小，调整背吃刀量时应利用刻度盘，并用游标卡尺检查零件孔径。当孔径接近最后尺寸时，应以很小的切深车削，以保证车孔精度。

6.5.6　车槽、车断

(1) 车槽

在车床上既可车外槽、车内槽，也可车端面槽，如图 6-43 所示。车宽度为 5mm 以下的槽，可以将主切削刃磨得和槽等宽，一次车出。车宽槽时，主切削刃的宽度可磨得小于槽宽，在横向进刀中分多次切，宽槽的深度一般用横向刻度盘控制。

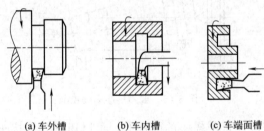

(a) 车外槽　　(b) 车内槽　　(c) 车端面槽

图 6-43　车槽

(2) 车断

车断要用车断刀。车断刀的形状与车槽刀相似。车断工作一般在卡盘上进行，避免用顶尖安装工件。车断处应尽可能靠近卡盘。在保证刀尖能车到工件中心的前提下，车断刀伸出刀架之外的长度应尽可能短些。用手动走刀时，进给要均匀，在即将车断时一定要放慢进给速度，以防刀头折断。

6.5.7　车锥面

在机器中除采用内外圆柱面作为配合表面外，还常采用内外圆锥面作为配合面。内外圆锥面配合具有配合紧密、传递扭矩大、定心准确、同轴度高、拆装方便、多次拆装仍能保持精确的定心作用等优点。

(1) 圆锥面各部分名称、代号及计算公式

图 6-44 为圆锥面的基本参数，其中 K 为锥度，α 为圆锥角（$\alpha/2$ 称为圆锥斜角），D 为大端直径，d 为小端直径，L 为圆锥的轴向长度。他们之间的关系为

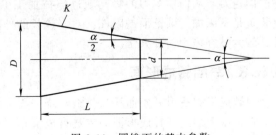

图 6-44　圆锥面的基本参数

$$K = \frac{D-d}{L} = 2\tan\frac{\alpha}{2}$$

当 $\alpha/2 < 6°$ 时，$\alpha/2$ 可用下列近似公式进行计算：

$$\frac{\alpha}{2} = 28.7° \frac{D-d}{L}$$

(2) 车锥面的方法

车锥面的方法有四种：转动小滑板法、偏移尾座法、宽刀法和靠模法。

① 转动小滑板法。车削长度较短的圆锥时，常采用转动小滑板法，如图 6-45 所示。先松开固定小滑板的螺母，使小滑板绕转盘转一个被切锥面的斜角 $\alpha/2$，然后把螺母锁紧。均匀转动小滑板手柄，车刀即沿锥面的母线移动，车出所需的锥面。此法调整方便，由于小滑板行程短，只能加工短锥面且为手动进给，故进给量不均匀、表面质量较差，但锥角大小不受限，因而应用广泛。

② 偏移尾座法。尾座由尾座体和底座两部分组成，压板底座由固定螺栓紧固在床身上，尾座体可在底座上做横向位置调节。当松开固定螺钉而拧动两个调节螺钉时，即可使尾座体在横向移动一定的距离。偏移尾座法车锥面如图 6-46 所示，工件安装在前后顶尖之间。将尾座体相对底座在横向向前或向后偏移一定距离 S，使工件回转轴线与车床主轴轴线的夹角等于工件圆锥斜角 $\alpha/2$，当刀架自动或手动纵向进给时即可车出所需的锥面。

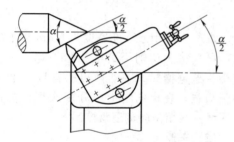

图 6-45　转动小滑板车圆锥面

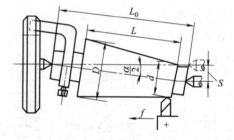

图 6-46　偏移尾座车圆锥面

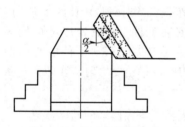

图 6-47　宽刀车削圆锥面

③ 宽刀法。在车削较短的圆锥时，可以用宽刀直接车出，如图 6-47 所示。宽刀刀的刀刃必须平直，刀刃与主轴轴线的夹角应等于工件圆锥斜角 $\alpha/2$，用宽刃刀车圆锥面时，车床必须具有很好的刚性，否则易引起振动。宽刀法只适宜车削较短的锥面，生产率高，在成批生产特别是大批大量生产中用得较多。

④ 靠模法。对于长度较长、精度要求很高的锥体，一般采用靠模法车削。靠模装置能使车刀在纵向走刀的同时，还横向走刀，从而使车刀的移动轨迹与被加工工件的圆锥体母线平行，如图 6-48 所示。靠模装置是车床加工圆锥面的附件。对于较长的外圆锥和圆锥孔，当其精度要求较高而需求批量又较大时常采用这种办法。

6.5.8　车回转成形面

回转成形面是由一条曲线（母线）绕一固定轴线回转而成的表面，如手柄、手轮、圆球等。在车床上加工回转成形面的方法有成形车刀车成形面、双手控制法车成形面、用靠模法车成形面。

（1）成形车刀车成形面

成形车刀（样板车刀），要求刀刃形状与工件表面吻合，装刀时刃口要与工件轴线等高，由于车刀和工件接触面积大，容易引起振动，因此需要采用小切削量，只做横向进给，且要有良好的润滑条件。由于受工件表面形状和尺寸的限制，故只运用在较短成形面的工件的成批生产上，如图6-49所示。

（2）双手控制法车成形面

单件加工成形面时，通常采用双手控制法车削成形面，即双手同时摇动小滑板手柄和中滑板手柄，并通过双手协调动作，使刀尖走过的轨迹与所要求的成形面曲线相仿，如图6-50所示。

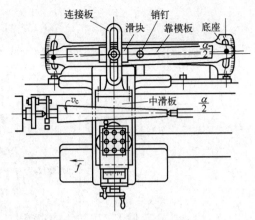

图6-48　靠模车削圆锥面

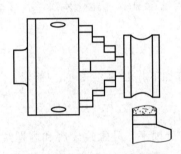

图6-49　成形车刀车削成形面

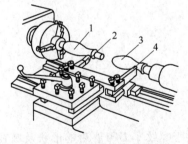

图6-51　用靠模法车成形面
1—工件；2—车刀；3—标准样件；4—靠模杆

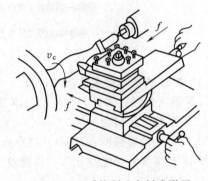

图6-50　双手控制法车削成形面

（3）用靠模法车成形面

用靠模法车成形面的原理和靠模车削圆锥面相同，加工时，只要把滑板换成滚柱，把锥度靠模板换成带有所需曲线的靠模板即可，如图6-51所示。此时把一个标准样件（即靠模）装在尾座套筒里，在刀架上装一把长刀夹，刀夹上装有车刀和靠模杆。车削时，用双手操纵中、小滑板（或使用床鞍自动进给）。

6.5.9　车螺纹

（1）螺纹的分类（见图6-52）

（2）标准螺纹的牙型代号

a. 粗牙普通螺纹 M24：粗牙普通螺纹，公称直径24mm。

b. 细牙普通螺纹 M24×2：细牙普通螺纹，公称直径24mm，螺距2mm。

c. 梯形螺纹 Tr40×6：梯形螺纹，公称直径40mm，螺距6mm。

d. 锯齿形螺纹 B70×10：锯齿形螺纹，公称直径70mm，导程和螺距为10mm。

e. 55°圆柱管螺纹 G3/4：55°圆柱管螺纹，管螺纹尺寸代号为3/4。

f. 55°圆锥管螺纹 ZG3/4：55°圆锥管螺纹，管螺纹尺寸代号为3/4。

g. 60°圆锥管螺纹 NPT3/4：60°圆锥管螺纹，管螺纹尺寸代号为3/4。

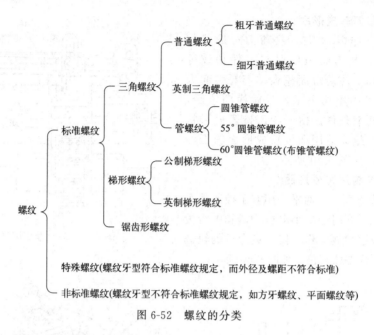

图 6-52　螺纹的分类

（3）螺纹的基本要素及尺寸计算

以普通三角螺纹为例，螺纹的基本要素及尺寸计算如下，如图 6-53（a）所示。

① 牙型角：牙型角＝60°。

② 原始三角形高度：$H=(P/2)\cot(\alpha/2)=0.866P$。

③ 削平高度：外螺纹牙顶和内螺纹牙底均在 $H/8$ 处削平，外螺纹牙底和内螺纹牙顶均在 $H/4$ 处削平。

④ 牙型高度：$h_1=H-H/8-H/4=0.5413P$。

⑤ 大径：$d=D$（公称直径）。

⑥ 中径：$d_2=D_2=d-2\times\dfrac{3}{8}H=d-0.6495P$。

⑦ 小径：$d_1=D_1=d-2\times\dfrac{5}{8}H=d-1.0825P$。

（4）螺纹车刀的刃磨和安装

螺纹车刀是一种成形刀具，螺纹截形加工精度取决于螺纹车刀刃磨后的形状及其在车床上安装位置是否正确。常用的螺纹车刀材料有高速钢与硬质合金两种，刃磨螺纹车刀时，应使切削部分的形状与螺纹牙型相符，普通螺纹车刀尖角应刃磨成 60°，并使前角等于 0°。安装时，首先使刀尖与工件中心等高即对中，装高或装低都将导致切削难以进行，车刀对中后应保证刀尖角的中心线垂直于工件轴线，否则会使螺纹的牙型半角不等，造成截形误差。对刀方法如图 6-53（b）所示。如车刀歪斜，应轻轻松开车刀紧定螺钉，转动刀杆，使刀尖对准角度样板，符合要求后将车刀紧固，一般须复查一次。

（5）螺距 P

螺距 P 是螺纹相邻两牙对应点之间的轴向距离（mm）。要获得准确的螺距，车螺纹时必须保证工件每转一周，车刀准确而均匀地沿纵向移动一个螺距 P 值，如图 6-54 所示。因此，车螺纹必须用丝杠带动刀架纵向移动，而且要求主轴与丝杠之间保持一定的速比关系，该速比由配换齿轮和进给箱中的传动齿轮保证，在车床设计时已计算确定。加工前只要根据工件的螺距值，按进给箱上标牌所指示的配换齿轮 z_1、z_2、z_3、z_4 的齿数及进给箱各手柄

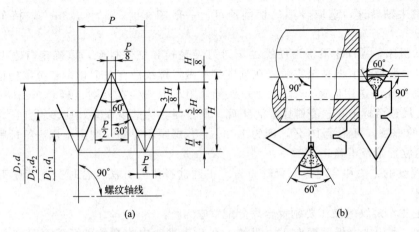

图 6-53 普通螺纹的基本要素（a）和螺纹车刀形状及对刀方法（b）

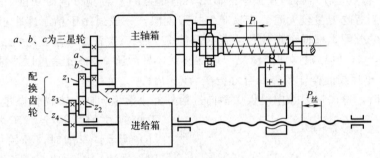

图 6-54 车螺纹传动示意图

应处的位置调整机床即可。

（6）车螺纹的操作

① 基本方法。进退刀进给动作要协调、敏捷，这是车螺纹的基本要求。操作的基本方法有对开螺母法、倒顺车法两种。

a. 对开螺母法：要求车床丝杠螺距与工件螺距成整倍数，否则会使螺纹产生乱扣。操作时，启动主轴，摇动大拖板，使刀尖离工件螺纹轴端 5～10mm，中滑板进刀后右手合上对开螺母。对开螺母一旦合上，大拖板就迅速沿纵向向前或向后移动，此时右手仍须握住对开螺母手柄，当刀尖车至退刀位置时，左手迅速退出车刀，同时右手立即提起对开螺母，使大拖板停止移动。

b. 倒顺车法：当丝杠螺距与工件螺距不成整倍数时，必须采用倒顺车进给法，操作方法为开动机床，移动大拖板，使螺纹车刀轻微接触要加工的螺纹工件表面，移动大拖板至距离工件端 5～10mm 处，记下中滑板刻度盘上的刻度值。在此基础上进刀，合上对开螺母，进给车削。当刀尖离退刀位置 2～3mm 时，作退刀准备，使操纵杆开始向下，车速逐渐减慢；当车刀进入退刀位置时，迅速退出中滑板，并向下推操纵杆，使主轴反转，车刀退向起始位置；当车刀到达起始位置时，向上提起操纵杆，使主轴停转。在做进退刀操作时，必须集中精力，眼看刀尖，动作果断，在瞬间退刀。

② 准备工作。车螺纹前的工作如下。

按螺纹规格车螺纹外圆及长度，并按要求车螺纹退刀槽；对无退刀槽的螺纹，应刻出螺纹长度终止线，螺纹外圆端面处必须倒角。

a. 按导程 L 或螺距 P，查进给标牌，调整挂轮与进给手柄位置。

b. 调整主轴转速，选取合适的切削速度。一般粗车时，$v_c \approx 0.3\text{m/s}$，精车时，$v_c < 0.1\text{m/s}$。

c. 开动机床，摇动中滑板，使螺纹车刀刀尖轻轻和工件接触，以确定背吃刀量的起始位置，再将中滑板刻度调整至零位，在刻度盘上做好螺纹总背吃刀量调整范围的记号。

d. 开动机床（选用低速），合上对开螺母，用车刀刀尖在外圆上轻轻车出一道螺旋线，然后用钢直尺或游标卡尺检查螺距是否正确。测量时，为减少误差，应多量几牙，如检查螺距 1.5mm 的螺纹，可测量 10 牙，即为 15mm。若螺距不正确，则应根据进给标牌检查挂轮及进给手柄位置是否正确。

③ 车螺纹的方法和合理分配背吃刀量。正确选择进刀方法，合理分配背吃刀量，是车螺纹的关键。

a. 直进法车螺纹的操作要领及合理分配背吃刀量。

进刀时，利用中滑板做横向垂直进给，在几次进给中将螺纹的牙槽余量切去，如图 6-55 (a) 所示。特点是：可得到较正确的截形，但车刀的左右侧刃同时切削，不便排屑，螺纹不易车光，当背吃刀量较大时，容易产生扎刀现象，一般适用于精车螺距小于 2mm 的螺纹。背吃刀量的分配是根据车螺纹总的背吃刀量 a_p，第一次背吃刀量 $a_{p1} \approx a_p/4$，第二次背吃刀量 $a_{p2} \approx a_p/5$，以后根据切屑情况，逐渐递减，最后留 0.2mm 余量以便精车。

b. 斜进法车螺纹的操作要领及合理分配背吃刀量。

进刀操作时，每次进刀除中滑板做横向进给外，小滑板向同一方向做微量进给，多次进刀将螺纹的牙槽全部车去，如图 6-55 (b) 所示。车削时，开始一两次进给可用直进法，以后用小滑板配合进刀的斜进法。斜进法特点是单刃切削，排屑方便，可采用较大的背吃刀量，适用于较大螺距螺纹的粗加工。中滑板的背吃刀量随牙槽加深逐渐递减，每次进刀小滑板的进刀量是中滑板的 1/4，以形成梯度。粗车后留 0.2mm 作精车余量。

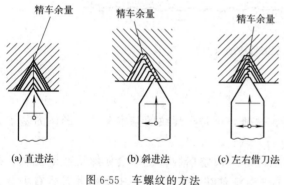

(a) 直进法　　(b) 斜进法　　(c) 左右借刀法

图 6-55　车螺纹的方法

c. 左右借刀法车螺纹的操作要领及合理分配背吃刀量。

每次进刀时，除中滑板做横向进给外，同时小滑板配合中滑板做左或右的微量进给，这样多次进刀，可将螺纹的牙槽车出，小滑板每次进刀的量不宜过大，如图 6-55 (c) 所示。左右借刀法进刀时，应注意消除小滑板左右进给的间隙，方法为：如先向左借刀，即小滑板向前进给，然后在小滑板向右借刀移动时，应使小滑板比需要的刻度多退后几格，以消除间隙部分，再向前移动小滑板至需要的刻度上；以后每次借刀，使小滑板手轮向一个方向转动，可有效消除间隙。

④ 车削过程的对刀及背吃刀量的调整。车螺纹过程中，刀具磨损或折断后，需拆下修磨或换刀重新装刀车削时，会出现刀具位置不在原螺纹牙槽中的情况，如继续车削会乱扣。这时，须将刀尖调整到原来的牙槽中方能继续车削，这一过程称为对刀。对刀方法有静态对刀法和动态对刀法。

a. 静态对刀法：主轴慢转，并合上对开螺母，转动中滑板手柄，待车刀接近螺纹表面时慢慢停车，主轴不可反转。待机床停稳后，移动中、小滑板，目测将车刀刀尖移至牙槽中间，然后记下中、小滑板刻度后退出。

　　b. 动态对刀法：主轴慢转，合上开合螺母，在开车过程中移动中、小滑板，将车刀刀尖对准螺纹牙槽中间。也可根据需要，将车刀的一侧刃与需要切削的牙槽一侧轻轻接触，待有微量切屑时即刻记取中、小滑板刻度，最后退出车刀。为避免对刀误差，可在对刀的刻度上进行 1～2 次试切削，确保车刀对准。此法要求反应快，动作迅速，对刀精确度高。

　　c. 背吃刀量的重新调整：重新装刀后，车刀的原先位置发生了变化，对刀前应首先调好车刀背吃刀量的起始位置。

　　⑤ 精车方法。粗车螺纹，可通过调整背吃刀量或测量螺纹牙顶宽度值控制尺寸，并保证精车余量，精车的步骤如下。

　　a. 对刀，使螺纹车刀对准牙槽中间，当刀尖与牙槽底接触后，记下中、小滑板刻度，并退出车刀。

　　b. 分一次或两次进给，运用直进法车准牙槽底径，并记取中滑板的最后进刀刻度。

　　c. 车螺纹牙槽一侧，在中滑板牙槽底径刻度上采用小滑板借刀法车削，观察并控制切屑形状，每次借偏量为 0.02～0.05mm，为避免升槽底宽扩大，最后一两次进给时，中滑板可做适量进给。

　　d. 用同样的方法精车另一侧面，注意螺纹尺寸，当牙顶宽/接近 $P/8$ 时，可用螺纹量规检查螺纹尺寸。

　　e. 精车时，应加切削液，并尽量将精车余量留给第二侧面，即第一侧面精车时，光出即可。

　　f. 螺纹车削完后，牙顶上应用细齿锉修去毛刺。

6.5.10　滚花

　　对某些工具和机器零件的握持部分，如车床刻度盘以及螺纹量规等，为了便于手握和增加美观，常在表面上加工出各种不同的花纹。滚花是在车床上利用滚花刀挤压工件，使其表面产生塑性变形而形成花纹的一种工艺方法。图 6-56 所示是用网纹滚花刀滚制的网状花纹。滚花的径向挤压力很大，因此加工时工件的转速要低，并应保证充足的切削液。

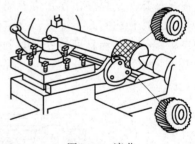

图 6-56　滚花

6.6　其他类型的车床

　　为了满足各种零件加工的需要，提高切削加工的生产率，除卧式车床外，尚有落地车床、转塔车床、立式车床、多刀车床、自动和半自动车床等。尽管各种车床有不同的外形和结构，但其基本原理还是相同的。下面介绍一些车床的主要特点。

6.6.1　落地车床

　　在车床上经常要加工大而短的盘套类零件，这种零件在卧式车床加工时受回转直径的限制，若用大型卧式车床加工往往是不经济的，可以在落地车床上进行加工。如图 6-57 所示是落地车床的外形。主轴箱 1 及刀架滑座 8 直接安装在地基或落地平板上，工件夹持在花盘

2上，刀架 3 和 6 可做纵向移动，刀架 5 和 7 可做横向移动。当转盘 4 调整至一定的角度位置时，可利用刀架 5 或 6 车削锥面。刀架 3 和 7 由单独电动机驱动，做连续进给运动，或经杠杆和棘轮机构，由主轴周期拨动，做间歇进给运动，加工特大零件的落地车床厂在花盘下方设有地坑，以便加大可加工的工件直径。

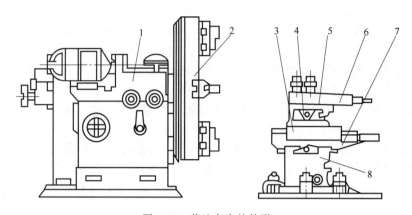

图 6-57　落地车床的外形

1—主轴箱；2—花盘；3,6—纵向刀架；4—转盘；5,7—横向刀架；8—刀架滑座

6.6.2　转塔车床

转塔车床如图 6-58 所示。它与卧式车床的区别在于它有一个可转动的六角刀架，代替了卧式车床上的尾座。在六角刀架上可同时安装钻头、铰刀、板牙以及装在特殊刀夹中的各种车刀，以便进行多刀加工，这些刀具是按零件加工顺序安装的。六角刀架每转 60°，便可更换一组刀具，而且可与方刀架上的刀具同时对工件进行加工。此外，机床上有定程装置，可控制尺寸，节省许多度量工件的时间。转塔车床适宜加工外形复杂且具有内孔的成批零件。

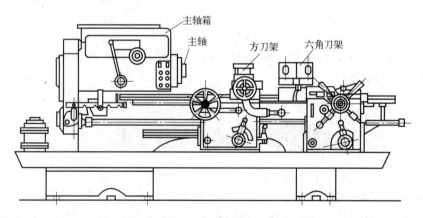

图 6-58　转塔车床

6.6.3　立式车床

立式车床如图 6-59 所示。它的主轴处于垂直位置，安装工件用的花盘或卡盘处于水平位置。即使安装了大型零件，它的运转仍十分平稳。立柱上装有横梁，可上下移动；立柱及横梁上都装有刀架，可做上下左右移动。立式车床适宜加工大型盘类零件。

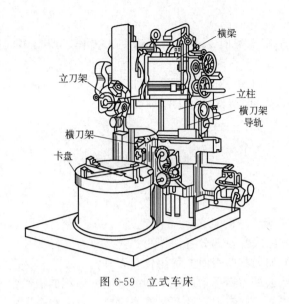

横梁

立刀架

立柱

横刀架
导轨

横刀架

卡盘

图 6-59 立式车床

6.7 文明生产与安全生产

6.7.1 文明生产

① 开车前，应检查车床各部分机构是否完好，有无防护设施，各传动手柄是否放在空挡位置，变速齿轮的手柄位置是否正确，以防开车时因突然撞击而损坏车床。

② 工作中主轴需要变速时，必须先停车；改变进给箱手柄位置要在低速时进行。

③ 为了保护丝杠的精度，除车螺纹外，不得使用丝杠进行自动进刀。

④ 不允许在卡盘、床身导轨上敲击或校直工件；床面上不允许放工具或工件。

⑤ 车削铸件、气割下料的工件时，导轨上的润滑油应擦去，工件上的型砂杂质要去除，以免磨坏床面导轨。

⑥ 下班前，应将床鞍摇至床尾一端，各传动手柄放在空挡位置，关闭电源。

6.7.2 安全生产

① 工作时应穿工作服，不准戴手套。长发者应戴工作帽，头发或辫子应塞入帽子内。

② 工作时，头不应靠得工件太近，以防切屑溅入眼内。如果切屑呈崩碎状，必须戴上防护眼镜。

③ 工作时，必须集中精力，不允许擅自离开车床或做与车削工作无关的事。身体和手不能靠近正在旋转的工件或车床部件。

④ 工件和车刀必须装夹牢固，要及时取下卡盘扳手，以防启动时扳手飞出发生事故。

⑤ 不得用手去按住转动着的卡盘。

⑥ 车床开动时，不能测量工件，也不能用手去触碰工件的表面。

⑦ 应该用专用的钩子清除切屑，绝对不允许用手直接清除。

⑧ 纵向或横向自动进给时，严禁床鞍板或中溜板超过极限位置，以防溜板脱落或碰撞

卡盘。

⑨ 几人共用一台车床实习时，一次只允许一人操作，严禁多人同时操作，以防发生意外。

⑩ 实训结束，应关闭电源，清除铁屑，擦拭机床、工具、量具等，在机床导轨面上加注润滑油，清扫工作地面，保持良好的工作环境。

复习思考题

1. 说明 C6136 型车床代号的意义。

2. 车床由哪些部分组成？各部分有何作用？

3. 在卧式车床上能加工哪些表面？各用什么刀具？

4. 操纵车床时为什么纵、横手动进给手柄的进退方向不能摇错？

5. 在车床上安装工件、安装刀具及开车操作时应注意哪些事项？

6. 车床的主运动与进给运动各是什么？

7. C6136 型车床横向手动手柄转过 24 小格，刀具横向移动多少毫米？车外圆时，切削深度为 1.5mm，横向手动手柄应进刀多少小格？外径是 36mm，要车成 35mm，横向手动手柄应进刀多少小格？

8. 什么是切削用量？其单位是什么？车床主轴的转速是否就是切削速度？

9. 车刀按其用途和材料如何分类？

10. 前角和主后角分别表示哪些方面在空间的位置？试简述它们的作用。

11. 安装车刀时的注意事项是什么？

12. 为什么要开车对刀？

13. 试切的目的是什么？结合实际操作说明试切的步骤。

14. 在切削过程中进刻度时，若刻度盘手柄摇过了几格该怎么办？为什么？

15. 当改变车床主轴转速时，车刀的移动速度是否改变？进给量是否改变？

16. 车外圆时车床有哪些装夹方法？为什么车削轴类零件时常用双顶尖装夹？

17. 切断时，车刀易折断的原因是什么？操作过程中怎样防止车刀折断？

18. 中心架、跟刀架是如何固定在卧式车床上的？它们的用途是什么？

19. 孔径测量尺寸为 $\phi22.5$mm，要车成 $\phi23$mm，对刀后横向进给手柄应进刀多少小格？是逆时针转动还是顺时针转动？

20. 锥体的锥度和斜度有何不同？又有何关系？

21. 车锥面的方法有哪些？各适用于什么条件？

22. 试述转动小滑板法车锥面的优缺点及应用范围。

23. 已知锥度为 1:10，试求小滑板应扳转的角度。

24. 螺纹的基本三要素是什么？在车削中怎样保证三要素符合公差要求？

25. 工件螺距 $P=1.5$mm、2mm、2.5mm、3mm、3.5mm 的螺纹，在 C6136 车床上加工，哪几种采用对开螺母法车削会产生螺纹乱扣？为什么采用倒顺车法不产生螺纹乱扣？

26. 车成形面有哪几种方法？单位小批生产常用哪种方法？

27. 滚花时的切削速度为何要低些？

第7章 铣削加工

7.1 概 述

在铣床上用铣刀加工工件的过程叫作铣削。铣削是金属切削常用的方法之一。铣刀是一种回转的多刃刀具，铣削时，每个刀齿间歇进行切削，散热好，因此可选用较高的切削速度，以提高生产效率。但铣削过程不平稳，易产生冲击和振动。

7.1.1 铣床加工范围

铣床可以加工各种平面（包括水平面、垂直面、斜面）、沟槽（包括直角槽、角度槽、键槽、T形槽、燕尾槽、螺旋槽）和成形面等，还可以进行分度、钻孔和镗孔。图 7-1 为铣床加工工件的部分实例。

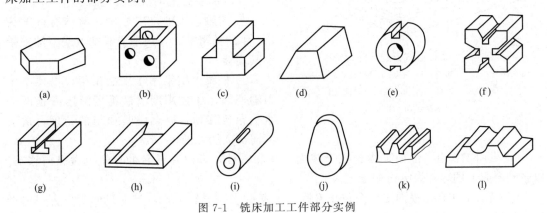

(a) (b) (c) (d) (e) (f)

(g) (h) (i) (j) (k) (l)

图 7-1　铣床加工工件部分实例

7.1.2 铣削加工特点

铣削加工是以铣刀的旋转运动为主运动的切削加工方式。铣刀是多刃刀具，在进行切削加工时多个刀刃进行切削，故铣刀的散热性较好，可进行较高速度的切削加工。由于无空行程，所以铣削加工的生产率较高。铣削属于断续切削，铣刀刀刃不断切入和切出，切削力在

119

不断变化，因此，铣削时会产生冲击和振动，对加工精度有一定的影响，主要用于粗加工和半精加工，也可以用于精加工。

7.1.3 铣削加工精度和表面粗糙度

铣削加工的尺寸精度等级一般可达 IT7～IT10 级，表面粗糙度 Ra 值可达 1.6～6.3μm。

7.2 铣 床

铣床的种类很多，常用的有卧式铣床、立式铣床、龙门铣床、工具铣床、数控铣床等。

7.2.1 卧式铣床

卧式铣床的主轴与工作台表面平行，是铣床中应用最多的一种。图 7-2 为 X6132 卧式万能升降台铣床的外形简图。在此型号中，X 表示铣床类，6 表示卧式铣床，1 表示万能升降台铣床，32 表示工作台宽度数值（单位 mm）的 1/10，即工作台宽度为 320mm。X6132 的旧编号是 X61。

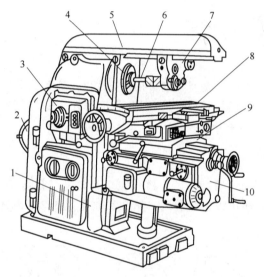

图 7-2 X6132 卧式万能升降台铣床
1—床身；2—电动机；3—主轴变速机构；4—主轴；
5—横梁；6—刀杆；7—吊架；8—纵向工作台；
9—床鞍；10—升降台

(1) 机床结构

X6132 卧式万能升降台铣床主要由床身、电动机、主轴、横梁、刀轴、吊架、纵向工作台、横向工作台（床鞍）、转台、升降台、底座等部分组成。

① 床身。床身用于固定和支承铣床各部件，其内部装有电动机和传动机构。

② 主轴。主轴是空心轴，前端有锥度为 7：24 的精密锥孔，用于安装铣刀或刀轴并带动其旋转。

③ 横梁。横梁用于安装吊架，以便支承刀轴外端，加强刚度。横梁可沿床身顶部的水平导轨移动，以调整其伸出的长度，适应不同长度的刀轴。

④ 纵向工作台。纵向工作台用于装夹夹具和零件，可以在转台的导轨上做纵向移动，以带动台面上的零件做纵向进给。

⑤ 横向工作台。横向工作台位于升降台上面的水平导轨上，可带动纵向工作台一起做横向进给。

⑥ 转台。转台可以将纵向工作台在水平面内扳转一个角度（顺时针、逆时针最大均可转过 45°）。具有转台的卧式铣床称为卧式万能铣床。

⑦ 升降台。升降台可使整个工作台沿床身的垂直导轨上下移动，用来调整工作台面到铣刀的距离，可做垂直进给。

⑧ 底座。底座是铣床的基础。

(2) 加工范围

X6132卧式升降台铣床适用于单件、小批量或成批生产，可铣削平面、台阶面、沟槽、切断等，配备附件可铣削齿条、齿轮、花键等。

7.2.2 立式铣床

(1) 机床结构

X5032为立式升降台铣床，其主轴轴线垂直于工作台面，外形如图7-3所示，主要由床身、立铣头、主轴、工作台、升降台、变速机构、底座组成。

① 床身。固定和支承铣床各部件。

② 立铣头。支承主轴，可左右倾斜一定角度。

③ 主轴。为空心轴，前端为精密锥孔，用于安装铣刀并带动铣刀旋转。

④ 工作台。承载、装夹工件，可纵向和横向移动，还可水平转动。

⑤ 升降台。通过升降丝杠支承工作台，可以使工作台垂直移动。

⑥ 变速机构。主轴变速机构在床身内，使主轴有18种转速；进给变速机构在升降台内，可提供18种进给速度。

⑦ 底座。支承床身和升降台，底部可存储切削液。

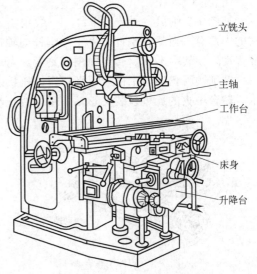

图7-3 X5032立式升降台铣床外形

(2) 加工范围

X5032立式升降台铣床适用于单件、小批量或成批生产，主要用于加工平面、台阶面、沟槽等，配备附件可铣削齿条、齿轮、花键、圆弧面、圆弧槽、螺旋槽等，还可进行钻削、镗削加工。

立式铣床的主轴与工作台表面垂直，这是它与卧式铣床的主要区别。铣削时，铣刀安装在主轴上，由主轴带动做旋转运动，工作台带动工件做纵向、横向或垂直方向直线运动。根据加工的需要，可以将主轴倾斜一定的角度。

7.3 铣床附件

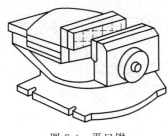

图7-4 平口钳

铣床的主要附件有平口钳、万能立铣头、回转工作台和分度头等。工件在铣床上常采用平口钳、压板螺栓和分度头等附件进行安装。

7.3.1 平口钳

平口钳（图7-4所示）是一种通用夹具，底座可以通过T形螺栓与铣床工作台稳固连接，可用于装夹体积较小、形状较规则零件。使用时，先把平口钳钳口找正并固定在工作台上，然后安装工件。用平口钳安装工件应注意如下几点。

① 工件的被加工表面要高出钳口，可以用垫板垫高工件。

② 工件的基准面要贴紧固定钳口，在夹紧之前要对照划线找正。

③ 为保护工件已加工表面，装夹工件时可在钳口处垫上薄铜板。

④ 安装框型工件时，可在其内增加支承以避免工件受力变形。

7.3.2 回转工作台

如图 7-5 所示为回转工作台，一般用于圆弧面、圆弧槽的铣削加工和零件的分度工作。它的内部有一对蜗轮蜗杆，手轮与蜗杆同轴连接，转台与蜗轮连接。转动手轮，通过蜗轮蜗杆传动，使转台转动。转台周围有刻度，可用来观察和确定转台位置。

铣削圆弧槽时，工件可用平口钳、压板螺栓或者卡盘安装在回转工作台上，如图 7-6 所示。转台中央的孔可以装夹心轴，用以找正和确定工件的回转中心。

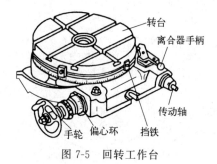

图 7-5　回转工作台

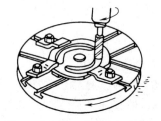

图 7-6　回转工作台上装夹工件

7.3.3 万能立铣头

万能立铣头安装在卧式铣床上，使卧式铣床可以完成立式铣床的工作，扩大了卧式铣床的铣削加工范围，其主轴与铣床主轴的传动比为 1∶1。万能立铣头外形如图 7-7 所示。万能立铣头的壳体可根据加工要求绕铣床主轴偏转任意角度，使卧式铣床的加工范围更大。虽然加装立铣头的卧式铣床可以完成立式铣床的工作，但由于立铣头与卧式铣床的连接刚度不高，铣削加工时切削量不能太大，所以加装后的卧式车床不能完全替代立式铣床。

7.3.4 螺栓压板

若安装形状特殊或者较大的工件，可以用螺栓压板和挡铁把工件固定在工作台上，对工件找正后进行铣削，如图 7-8 所示。

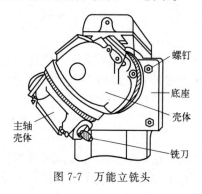

图 7-7　万能立铣头

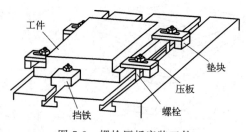

图 7-8　螺栓压板安装工件

7.3.5　分度头

分度头是重要的铣床附件，在铣削加工中，铣削六方形、齿轮齿形、花键、键槽等及刻线时，要求工件每铣过一个面或一个槽之后，转过一个角度，再铣下一个面或槽，这种工作称为分度。

(1) 分度头的结构

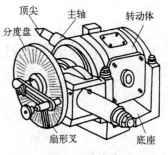

图 7-9　分度头

分度头就是一种用来分度的装置，如图 7-9 所示，它由底座、转动体、主轴和分度盘组成。其主轴前端锥孔可安装顶尖，主轴外部有螺纹，可安装卡盘来装夹工件。主轴可随转动体在垂直平面内转动一定角度，其范围在 $-10°\sim110°$ 之间，用来铣削斜面或者垂直面。侧面有分度盘，在分度盘不同直径的圆周上有不同数量的等分孔，以进行分度。

(2) 分度头工作原理

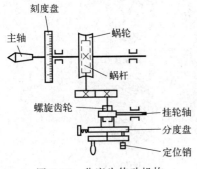

图 7-10　分度头传动机构

分度头的手柄与单头蜗杆相连，主轴上装有 40 齿的蜗轮，蜗杆和蜗轮组成蜗轮蜗杆机构（见图 7-10），其传动比为 1：40，即手柄转动一圈，主轴转动 1/40 圈。如要将工件在圆周上分 Z 等份，则工件上每一等份为 $1/Z$ 圈，设主轴转动 $1/Z$ 圈时，手柄应转动 n 圈，则依照传动比关系式有

$$1：40=(1/Z)：n$$

即

$$n=40/Z$$

(3) 分度方法

使用分度头进行分度的方法有简单分度、直接分度、角度分度、差动分度和近似分度等，本书只介绍最常用的简单分度方法，这种方法只适用于分度数 $Z\leqslant60$ 的情况。

例如，铣削齿数 $Z=26$ 的齿轮，每次分度时手柄应转动的圈数为

$$n=\frac{40}{Z}=\frac{40}{26}=1\frac{14}{26}=1\frac{7}{13}$$

即手柄应转动 1 整圈加 7/13 圈，7/13 圈的准确圈数由分度盘（见图 7-11）来确定。

实训中我们使用 FW250 型分度头，其备有两块分度盘，上面的孔圈数如下：

第一块正面：24、25、28、30、34、37；
第一块反面：38、39、41、42、43；
第二块正面：46、47、49、52、53、54；
第二块反面：57、58、59、62、66。

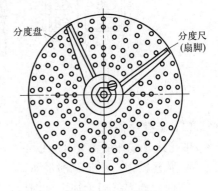

图 7-11　分度盘

分度时，先将分度盘固定，然后选择 13 的倍数的孔圈，假如选定 39 的孔圈，则 7/13 圈等于 21/39 圈，将手柄上的定位销调整到 39 的孔圈上，先将手柄转动 1 圈，再按 39 的孔圈转 21 个孔距即可。

7.4 铣 刀

7.4.1 铣刀种类及用途

铣刀是一种多刃刀具，其几何形状复杂，种类较多。常用的铣刀刀齿材料有高速钢和硬质合金两种。根据安装方法的不同，可以把铣刀分为两类：带孔铣刀和带柄铣刀。

通过铣刀的孔来安装的铣刀称为带孔铣刀，一般用于卧式铣床。

通过刀柄来安装的铣刀称为带柄铣刀，带柄铣刀又分为直柄铣刀和锥柄铣刀。带柄铣刀多用于立式铣床。

常见的各种铣刀如图 7-12 所示。

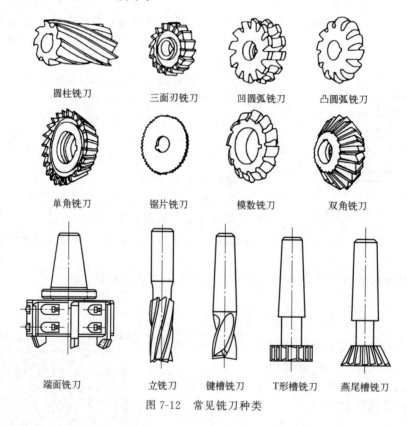

圆柱铣刀　　三面刃铣刀　　凹圆弧铣刀　　凸圆弧铣刀

单角铣刀　　锯片铣刀　　模数铣刀　　双角铣刀

端面铣刀　　立铣刀　　键槽铣刀　　T形槽铣刀　　燕尾槽铣刀

图 7-12　常见铣刀种类

(1) 带孔铣刀

带孔铣刀按外形主要分为以下几种：

① 圆柱铣刀：用于铣削平面；

② 圆盘铣刀：用于加工直沟槽，锯片铣刀用于加工窄槽或切断；

③ 角度铣刀：用于加工各种角度的沟槽；

④ 成型铣刀：用于加工成形面，如齿轮轮齿。

(2) 带柄铣刀

① 立铣刀：用于加工沟槽、小平面和曲面；

② 键槽铣刀：只有两条刀刃，用于铣削键槽；

③ T形槽铣刀：用于铣削 T 形槽；

④ 燕尾槽铣刀：用于铣削燕尾槽；

⑤ 端面铣刀：用于铣削较大平面。

7.4.2 铣刀安装

(1) 带孔铣刀的安装

在卧式铣床上一般使用拉杆安装铣刀，如图 7-13 所示。刀杆一段安装在卧式铣床的刀杆支架（吊架）上，刀杆穿过铣刀孔，通过套筒将铣刀定位，然后将刀杆的锥体装入机床主轴锥孔，用拉杆将刀杆在主轴上拉紧。安装时应注意以下方面：

① 铣刀尽量靠近主轴或吊架，使刀轴和铣刀有足够的刚度。

② 套筒的端面与铣刀的端面要擦净。

③ 拧紧刀轴压紧螺母之前，必须先装好吊架，以防刀轴弯曲变形。

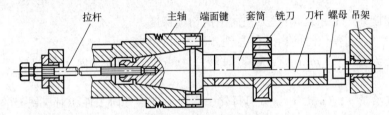

图 7-13　带孔铣刀的安装

(2) 带柄铣刀的安装

带柄铣刀有直柄铣刀和锥柄铣刀两种。直柄铣刀直径较小，可用弹簧夹头进行安装。常用铣床的主轴通常采用锥度为 7∶24 的内锥孔。锥柄铣刀有两种规格，一种锥柄锥度为 7∶24，另一种锥柄锥度采用莫氏锥度。锥柄铣刀的锥柄上有螺纹孔，可通过拉杆杆将铣刀拉紧，安装在主轴上。锥度为 7∶24 的锥柄铣刀可直接通过锥套安装在主轴上；另一种采用莫氏锥度的锥柄铣刀，由于与主轴锥度规格不同，安装时要根据铣刀锥柄尺寸选择合适的过渡锥套，过渡锥套的外锥锥度为 7∶24，与主轴锥孔一致，其内锥孔为莫氏锥度，与铣刀锥柄相配。带柄铣刀的安装如图 7-14 所示。

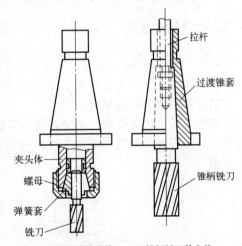

(a) 直柄铣刀的安装　　(b) 锥柄铣刀的安装

图 7-14　带柄铣刀的安装

7.5　铣　削　操　作

7.5.1　铣削用量

铣削加工时，铣刀的旋转运动为切削的主运动，工件在水平和垂直方向的运动为进给运动。

铣削用量由铣削速度、铣削宽度、进给量组成，如图 7-15 所示。在铣削加工中应根据工件的材料特性、铣刀的类型等多种因素来选择适当的切削用量，以获得最佳加工效率。

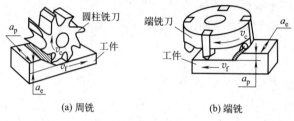

(a) 周铣　　　　　　　　　　(b) 端铣

图 7-15　铣削用量

① 铣削速度 v_c：铣刀在最大直径处的线速度，铣刀直径为 D（mm），转速为 n（r/min）时，铣削速度为

$$v_c = \frac{\pi D n}{1000} (\text{m/min})$$

② 铣削宽度 a_e（mm）：沿铣刀径向上的切削深度。

③ 进给量 f：在单位时间内工件与铣刀的相对位移量。

a. 每齿进给量 f_z（mm/z）：铣刀每转一个齿，沿进给方向工件相对于铣刀的移动距离；

b. 每转进给量 f_r（mm/r）：铣刀每转一圈，沿进给方向工件相对于铣刀的移动距离；

c. 每分钟进给量 v_f（mm/min）：沿进给方向工件相对于铣刀每分钟移动的距离。

④ 切削深度 a_p（mm）：沿铣刀轴向上的切削深度。

7.5.2　铣削方法

7.5.2.1　铣削平面

卧式和立式铣床均可铣削平面。铣削平面时一般采用圆柱铣刀或端铣刀。

（1）圆柱铣刀铣削平面

用铣刀周边的刀齿进行切削，称为周铣法。当刀齿的旋转方向与工件的进给方向相同时为顺铣；当刀齿的旋转方向与工件的进给方向相反时为逆铣。图 7-16 是顺铣与逆铣的工作示意图。

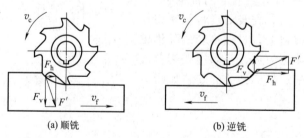

(a) 顺铣　　　　　　　　　　(b) 逆铣

图 7-16　顺铣与逆铣

顺铣时，刀齿的切削量由大变小，使刀齿易于切入工件，刀齿的磨损较小，可以提高刀具寿命，铣刀在切削时对工件有一个垂直分力 F_v，将工件压在工作台上，可以减少工件的振动，提高加工表面质量。由于工作台进给丝杠与螺母之间存在间隙，顺铣时铣刀对工件的水平分力 F_h 与工件进给方向一致，容易使进给丝杠与螺母之间的工作面发生脱离，工作台产生窜动，进给量发生突变，造成啃刀现象，严重时造成刀具或机床损坏。当铣削加工余量

较小，对工件表面加工质量要求高，机床具有进给丝杠与螺母消隙机构时，可采用顺铣加工。

逆铣时，刀齿的切削量由小变大，刀齿切入工件有一段滑行挤压过程，使刀齿的磨损较大，同时也使已加工表面的粗糙度增大。铣刀在切削时对工件的垂直分力 F_v 是向上的，使工件产生上抬趋势，造成周期性振动，影响表面加工质量。逆铣时铣刀对工件的水平分力 F_h 与工件进给方向相反，使进给丝杠与螺母相互压紧，工作台不会发生窜动现象。当铣削加工余量较大，对工件表面加工质量要求不高时，一般都采用逆铣加工。

(2) 端铣刀铣削平面

用铣刀端面的刀齿进行切削，为端铣法。端铣刀刚性好，同时参加切削的刀齿较多，铣削平稳，振动小，表面的加工质量好，可以采用较大的切削量进行铣削加工，铣削效率较高，加工较大平面时应优先采用。

铣削平面的步骤及操作要点如下。

① 选择铣刀：根据工件的形状及加工要求选择铣刀，加工较大平面应选择端铣刀，加工较小的平面一般选择铣削平稳的圆柱铣刀。铣刀的宽度应尽量大于待加工表面的宽度，减少走刀次数。

② 安装铣刀。

③ 选择夹具及装夹工件：根据工件的形状、尺寸及加工要求选择平口钳、回转工作台、分度头或螺栓压板等。

④ 选择铣削用量：根据工件材料特性、刀具材料特性、加工余量、加工要求等选定合理的加工顺序和切削用量。

⑤ 调整机床：检查铣床各部件及手柄位置，调整主轴转速及进给速度。

⑥ 铣削操作：

a. 开车，使铣刀旋转，升高工作台，让铣刀与工件轻微接触；

b. 沿水平方向退出工件，停车，将垂直进给丝杠刻度盘对准零线；

c. 根据刻度盘刻度将工作台升高到预定的切削深度，紧固升降台和横向进给手柄；

d. 开车，使铣刀旋转，先手动纵向进给，当工件被轻微切削后改用自动进给；

e. 铣削一遍后，停止自动进给，停车，下降工作台；

f. 测量工件尺寸，观察加工表面质量，重复对工件的铣削加工至达到合格的尺寸。

7.5.2.2　铣削斜面

铣削斜面常采用以下三种方法。

① 将工件的斜面装夹成水平面进行铣削，装夹方法有：

a. 将斜面垫铁垫在工件基面下，使被加工斜面成水平面，如图 7-17 所示；

b. 将工件装夹在分度头上，利用分度头将工件的斜面转为水平面，如图 7-18 所示。

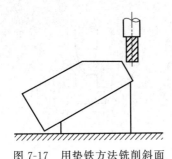

图 7-17　用垫铁方法铣削斜面

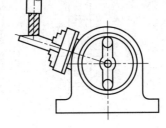

图 7-18　用分度头方法铣削斜面

② 利用具有一定角度的角度铣刀铣削相应角度的斜面，如图 7-19 所示。

③ 利用立铣头铣削斜面，将立铣头的主轴旋转一定角度可铣削相应角度的斜面，如图 7-20 所示。

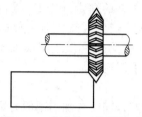

图 7-19 角度铣刀铣削斜面

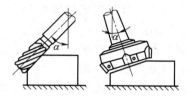

图 7-20 立铣头旋转一定角度铣削斜面

7.5.2.3 铣削沟槽

(1) 铣削键槽

① 选择铣刀：根据键槽的形状及加工要求选择铣刀，如铣削月牙形键槽应采用月牙槽铣刀，铣削封闭式键槽选择键槽铣刀。

② 安装铣刀。

③ 选择夹具及装夹工件：根据工件的形状、尺寸及加工要求选择装夹方法：单件生产使用平口钳装夹工件，使用平口钳时必须使用划针或百分表校正平口钳的固定钳口，使之与工作台纵向进给方向平行；还可采用分度头和顶尖或 V 形槽装夹等方式铣削键槽；批量生产时使用抱钳装夹工件。铣削键槽时工件的常用装夹方法如图 7-21 所示。

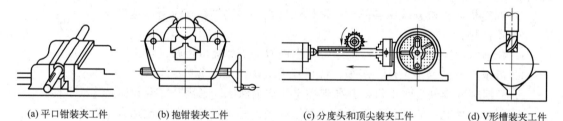

(a) 平口钳装夹工件　　　　(b) 抱钳装夹工件　　　　(c) 分度头和顶尖装夹工件　　　　(d) V形槽装夹工件

图 7-21 铣削键槽时工件装夹方法

④ 对刀，使铣刀的中心面与工件的轴线重合。常用对刀方法有切痕对刀法和划线对刀法。

⑤ 选择合理的铣削用量。

⑥ 调整机床，开车，先试切检验，再铣削加工出键槽。

(2) 铣削 T 形槽

① 在立式铣床上用立铣刀或在卧式铣床上用三面刃盘铣刀铣出直角槽，如图 7-22（a）、（b）所示；

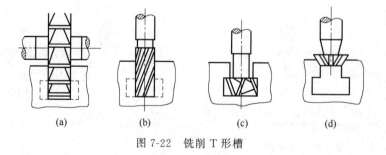

(a)　　　　(b)　　　　(c)　　　　(d)

图 7-22 铣削 T 形槽

② 在立式铣床上用 T 形槽铣刀铣出 T 形底槽,如图 7-22 (c) 所示;

③ 用倒角铣刀对槽口进行倒角,如图 7-22 (d) 所示。

由于 T 形槽铣刀的颈部较细,强度较差,铣 T 形槽时铣削条件差,因此应选择较小的铣削用量,并应在铣削过程中充分冷却和及时排除切屑。

7.6 插齿和滚齿加工

齿轮齿形的加工方法分为成形法和展成法(又称范成法)两类。展成法是利用齿轮刀具和被切齿轮的相互啮合运动,在专用齿轮加工机床上切出齿形的方法,如插齿、滚齿等。插齿和滚齿加工精度和生产效率都比成形法高,应用比较广泛。

7.6.1 插齿加工

插齿是用插齿刀加工内外齿轮或齿条的方法,在插齿机上进行。

插齿原理如图 7-23 所示。插齿刀形状与齿轮类似,只是在每一个轮齿上磨出前角、后角,使其具有锋利的切削刃。插齿时,插齿刀在做上下往复运动的同时,与被切齿轮坯强制地保持成对齿轮的啮合关系。这样插齿刀就能把齿轮坯上齿间的金属切去而形成渐开线齿形。插齿所能达到的精度为 IT7～IT8 级,表面粗糙度 Ra 可达 $1.6\mu m$。插齿机如图 7-24 所示。

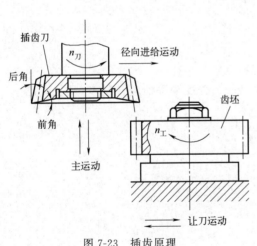

图 7-23 插齿原理

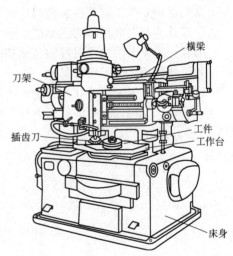

图 7-24 插齿机

7.6.2 滚齿加工

滚齿是用齿轮滚刀加工齿轮、蜗轮等的齿形的方法,在滚齿机上进行。滚齿机和滚齿原理分别如图 7-25、图 7-26 所示。齿轮滚刀的形状与蜗杆相似,在垂直于螺旋线的方向有若干个槽,以形成刀齿并磨出切削刃。滚齿时,滚刀与被切齿轮之间应具有严格的强制啮合关系,再加上滚刀的齿沿齿宽方向的垂直进给运动,即可在齿轮坯上切出所需的齿形。滚齿的工作原理相当于齿条与齿轮啮合的原理。滚齿所能达到的精度为 IT7～IT8 级,表面粗糙度 Ra 可达 $1.6～3.2\mu m$。

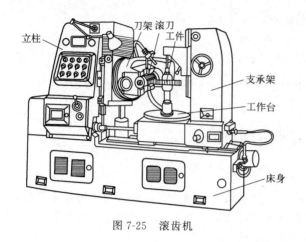

图 7-25　滚齿机

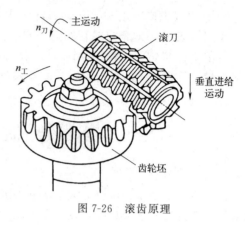

图 7-26　滚齿原理

复习思考题

1. 什么是铣削？铣削有哪些特点？

2. 铣削加工精度一般可以达到几级？表面粗糙度 Ra 值是多少？

3. X6132 卧式万能升降台铣床主要由哪几部分组成？各部分的主要作用是什么？

4. 铣削时，主运动是什么？进给运动是什么？

5. 铣削的加工范围有哪些？各用什么刀具？

6. 卧式铣床和立式铣床的主要区别是什么？

7. 请叙述铣床上的主要附件的名称和用途。

8. 如何用展成法铣齿轮齿形？

9. 铣削斜面可以采用哪几种方法？各自有何特点？

10. 要铣一个齿数为 38 的直齿圆柱齿轮，每铣一齿分度头手柄应转过多少圈？（已知分度盘的各圈孔数为 37、38、39、41、42、43。）

第8章 磨削加工

8.1 概　述

磨削加工是在磨床上用砂轮对工件进行切削加工的一种机械加工方法。经过磨削加工的工件，可以获得较高的精度和较低的表面粗糙度。磨削是精密的金属切削加工方法之一。

(1) 磨削原理

磨削用的砂轮是由细小而坚硬的磨粒用结合剂黏结而成的。放大砂轮表面，可以看到其上杂乱地分布着很多尖棱多角的颗粒——磨粒，它们就像无数的微小刀刃一样，在砂轮的高速旋转下，切入工件表面。所以说，磨削的实质是一种多刀多刃的超高速铣削过程，如图 8-1 所示。

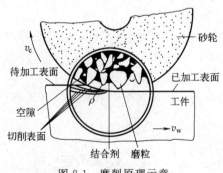

图 8-1　磨削原理示意

(2) 磨削加工特点

① 加工余量少、尺寸精度高、表面粗糙度值低，一般磨削精度可以达到 IT6～IT5，表面粗糙度可达到 $Ra0.8～0.1\mu m$。

② 加工材料广泛，磨削不仅能够加工一般的金属材料如碳钢、铸铁等，还可以加工一般金属刀具很难甚至根本不能加工的高硬度材料，如淬火钢及各种刀具材料等。

③ 磨削主要用于零件的内外圆柱面、内外圆锥面、平面、成形表面加工及刃磨刀具等，如图 8-2 所示。

④ 砂轮有一定的自锐性。这样会不断有新的棱角出现，可以保持砂轮锋利。

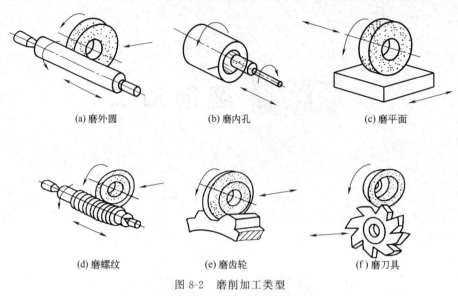

(a) 磨外圆　　　　　　(b) 磨内孔　　　　　　(c) 磨平面

(d) 磨螺纹　　　　　　(e) 磨齿轮　　　　　　(f) 磨刀具

图 8-2　磨削加工类型

8.2　磨削加工基础知识

8.2.1　常用磨床的分类与组成

常用磨床的种类很多，主要有外圆磨床、内圆磨床、平面磨床等。下面主要以外圆磨床及平面磨床为例介绍磨床的组成。

(1) 外圆磨床（以 M131W 为例）

外圆磨床主要用来磨削圆柱面、外圆锥面及台阶轴端面等。如图 8-3 所示，它主要由以下几个部分组成：

① 床身。磨床的基础部件，用来支承和安装各部件。

② 工作台。由上下两层构成，在其上面安装有头架和尾座。上工作台可以回转一定的

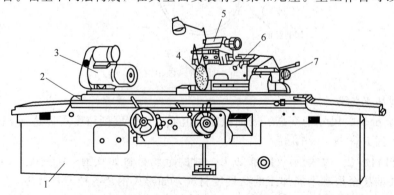

图 8-3　M131W 万能外圆磨床

1—床身；2—工作台；3—头架；4—砂轮；5—内圆磨具；6—砂轮架；7—尾座

角度，以便磨削圆锥面。下工作台由液压传动，可沿床身的纵向导轨做纵向进给运动。

③ 头架。磨床装夹工件的部分，它能完成工件的成形运动。

④ 尾座。工件用两顶尖装夹时，用以实现工件两中心孔的定位支承作用。

⑤ 砂轮架。砂轮架上装有砂轮并使砂轮完成磨削运动。

⑥ 内圆磨具。主要磨削内圆表面，其主轴上可安装内圆磨削砂轮，以磨削工件的内圆柱和内圆锥。

(2) 平面磨床（以 M7130 为例）（如图 8-4 所示）

① 床身。机床基础部件，其上装有工作台，用于支承和安装机床上其他各部件。

② 工作台。用于安装工件或夹具，带动工件做往复直线运动，其上装有电磁吸盘，主要靠磁力实现定位。

③ 立柱。其上有两条导轨，用以实现砂轮架的垂直进给。

④ 砂轮箱。砂轮箱上装有砂轮并使砂轮完成磨削运动。

⑤ 拖板（滑座）。可沿立柱导轨做垂直方向运动，实现砂轮径向进给运动。

(3) 其他磨床

内圆磨床主要用来磨削工件的圆柱孔、圆锥孔或工件的端面。

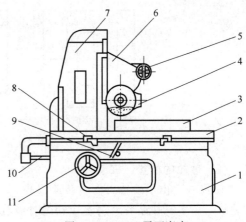

图 8-4　M7130 平面磨床
1—床身；2—工作台；3—电磁吸盘；4—砂轮箱；
5—砂轮箱横向移动手轮；6—滑座；7—立柱；
8—工作台换向撞块；9—工作台往复运动
换向手柄；10—活塞杆；11—砂轮箱
垂直移动手轮

8.2.2　砂轮

(1) 砂轮的种类和特征

砂轮是由磨粒和结合剂按一定的比例构成的多孔物体（图 8-5），它的特性取决于磨料、粒度、硬度、组织、结合剂形态和尺寸等因素。

① 磨料。磨料起切削作用，应具有很高的硬度、耐热性以及一定的韧性，还须具有锋利的切削刃口，以便切除金属等。常用的磨料有刚玉（$\alpha\text{-Al}_2\text{O}_3$）和碳化硅（SiC）两大类。刚玉砂轮用于磨削韧性材料，如碳钢及一般刀具。碳化硅砂轮用于磨削脆性材料，如铸铁、青铜及硬质合金刀具。

② 粒度。粒度是指磨粒的粗细。粗磨或磨软金属时，用粗磨料（粒度号小）；精磨或磨硬金属时用细磨料（粒度号大）。

③ 硬度。硬度是指砂轮表面上的磨粒在外力作用下脱落的难易程度，它与磨粒本身的硬度是两个完全不同的概念。磨粒黏结愈牢，砂轮的硬度愈高，同一种磨粒可以做成多种不同硬度的砂轮。

④ 组织。组织是指砂轮的磨粒、结合剂、空隙三者所占体积的比例，即砂轮的疏密程度。粗磨时用组织疏松的砂轮，精磨时用组织致密的砂轮。

⑤ 结合剂。磨粒用结合剂黏结成各种形状和尺寸的砂轮，以适应磨削不同形状和尺寸的表面。常用的结合剂有陶瓷、树脂和橡胶等，其中以陶瓷结合剂最为常用。常见砂轮的形状如图 8-5 所示。

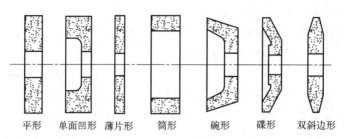

平形　单面凹形　薄片形　筒形　碗形　碟形　双斜边形

图 8-5　常见砂轮的形状

(2) 砂轮的检查、安装

① 检查。由于砂轮工作时转速很高，安装前必须经过检查，首先要仔细检查砂轮是否有裂纹。用手托住砂轮，用木棒轻敲时，若发出清脆声音则为合格，声音嘶哑的砂轮则应绝对禁止使用，否则会引起砂轮破裂飞出，发生工伤事故。

② 安装。安装砂轮时，要求砂轮不松不紧地套在轴上。在砂轮和法盘之间应加橡胶弹性垫板，以便压力均匀分布，螺母的拧紧力不能过大，否则会导致砂轮破裂。砂轮的安装如图 8-6 所示。为了使砂轮平稳地工作，一般直径大于 125mm 的砂轮都要进行静平衡，如图 8-7 所示。砂轮工作一段时间后，磨粒逐渐变钝，砂轮表面的空隙被堵塞，这时必须进行修整，切去砂轮表面上的一层变钝的磨粒，使砂轮重现新的锋利的磨粒，以恢复砂轮的切削能力和形状精度。砂轮常用金刚石进行修整，如图 8-8 所示。

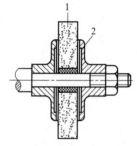

图 8-6　砂轮的安装
1—砂轮；2—弹性垫板

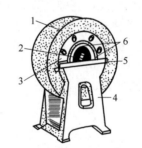

图 8-7　砂轮静平衡
1—砂轮；2—心轴；3—平衡套筒；
4—平衡架；5—平衡轨道；
6—平衡铁

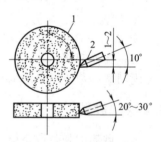

图 8-8　砂轮的修整
1—砂轮；2—金刚石

8.3　磨削工艺

8.3.1　外圆磨削

(1) 工件的安装

外圆磨床上安装工件的方法常用的有顶尖安装、卡盘安装和心轴安装等。

① 顶尖安装。轴类工件常用顶尖安装。安装时，工件支承在两顶尖之间，如图 8-9 所示。其安装方法与车削中所使用的方法基本相同。但磨床头架和尾座所使用的顶尖均是不随工件一同转动的死顶尖，这样可以提高精度，避免由于顶尖转动带来的径向跳动误差。尾座

顶尖是靠弹簧推力顶紧工件的，这样可以自动控制松紧程度，避免工件因受热伸长而带来的弯曲变形。

② 卡盘安装。可用三爪自定心卡盘或四爪单动卡盘安装，其方法与车床基本相同。无中心孔的短圆柱工件大多采用三爪卡盘安装，不对称工件采用四爪卡盘安装。

③ 心轴安装。盘套类空心工件常以内孔定位磨削外圆，一般采用与车床类似的心轴安装工件，只是心轴的加工精度要求

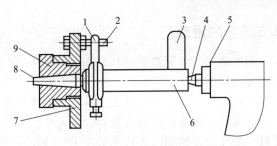

图 8-9　顶尖安装

1—机芯夹头；2—拨杆；3—砂轮；4—后顶尖；5—尾座套筒；6—工件；7—拨盘；8—前顶尖；9—头架主轴

更高些。心轴在磨床上的安装和车床一样，也是通过顶尖安装的。

(2) 磨床运动

在外圆磨床上磨削外圆，有以下几种运动：主运动——砂轮的高速旋转运动；圆周进给运动——工件以本身轴线定位进行旋转的运动；纵向进给运动——工件沿着本身轴线进行的往复运动；横向进给运动——砂轮沿径向切入工件的运动。在磨削的往复过程中一般是不进给的，而是在行程终了时周期性地进给。

(3) 磨削方法

磨削外圆常用的方法有纵磨法、横磨法和综合磨法三种。

① 纵磨法。如图 8-10 (a) 所示，此法用于磨削长度与直径之比较大的工件。磨削时，砂轮高速旋转，工件低速旋转并随工作台做纵向往复进给运动。工件改变移动方向时，砂轮做间歇性径向进给，每次磨削深度很小。当工件加工到接近最终尺寸时（留 0.005～0.01mm），无横向进给地往复光磨几次，直至火花消失，以提高零件的加工精度。纵向磨削的特点是适应性广，一个砂轮可磨削长度不同、直径不等的各种零件，且加工质量好，但磨削效率低。

② 横磨法。如图 8-10 (b) 所示，横磨削时，采用砂轮的宽度大于零件表面的宽度，零件无纵向进给运动，而砂轮以很慢的速度连续地或断续地向零件做径向进给运动，直至余量被全部磨掉。横向磨削的特点是生产效率高，但精度及表面质量较低。该法适于磨削长度较短、刚性较好的零件。当零件磨削至尺寸后，如需要靠磨台肩端面，则将砂轮退出 0.005～0.01mm，手摇工作台纵向移动手轮，使零件的台端面贴靠砂轮，磨平即可。

③ 综合磨法。如图 8-10 (c) 所示，先用横磨法分段粗磨，相邻两段间有 5～15mm 的重叠量。留下 0.01～0.03mm 余量，再用纵磨法加工完毕。当工件的长度为砂轮宽度的 2～3 倍及以上时，可采用综合磨法。综合磨法集纵磨法、横磨法的优点于一身，既能提高生产效率，又能提高磨削质量。

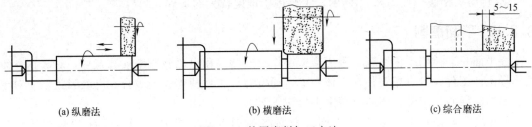

(a) 纵磨法　　　　　　　　　(b) 横磨法　　　　　　　　　(c) 综合磨法

图 8-10　外圆磨削加工方法

8.3.2 内圆磨削

内圆磨削与外圆磨削相似，只是砂轮的旋转方向与磨削外圆时相反，如图 8-11 所示。操作方法以纵磨法应用最广。由于砂轮的直径受到工件孔径的限制，一般较小，砂轮轴伸出长度较长，刚性差，砂轮线速度低，冷却排屑条件不好，使得工件表面质量不易提高。但由于磨孔具有万能性，不需要成套刀具，故在单件、小批量生产中应用较多，特别是对于淬火零件，磨孔仍是精加工孔的主要方法。砂轮在零件孔中的接触位置有两种：一种是与零件孔的后面接触，如图 8-12（a）所示，这时冷却液和磨屑向下飞溅，不影响操作人员的视线和安全；另一种是与零件孔的前面接触，如图 8-12（b）所示，情况与上述相反。通常在内圆磨床上采用后面接触。而在万能圆磨床上磨孔，应采用前面接触方式，这样可采用自动横向进给。若采用后面接触方式，则只能手动横向进给。

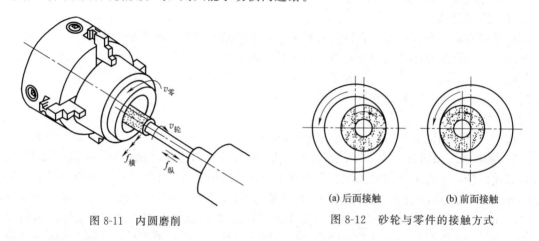

图 8-11 内圆磨削　　　　图 8-12 砂轮与零件的接触方式

8.3.3 圆锥面的磨削

圆锥面的磨削通常用下列两种方法：
① 转动工作台法。如图 8-13 所示，此种方法大多用于锥度较小、锥面较长的工件。

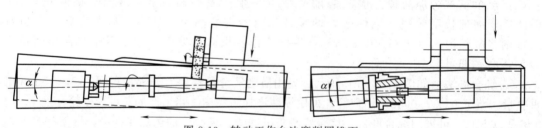

图 8-13 转动工作台法磨削圆锥面

② 转动头架法。如图 8-14 所示，主要用于锥度较大的工件。

8.3.4 平面磨削

磨平面一般使用平面磨床。平面磨床工作台通常采用电磁吸盘来安装工件，对碳钢、铸铁等导磁性工件，可直接安装在工作台上，通电后，工件便牢固地吸合在电磁吸盘上。对于铜、铝等非导磁性工件，要通过精密平口钳等装夹。

根据磨削时砂轮工作表面的不同，平面磨削的方式有两种，即周磨法和端磨法，如图 8-15 所示。

① 周磨法。周磨法的特点是利用砂轮的圆周面进行磨削，工件与砂轮的接触面积小，磨削热少，排屑容易，冷却与散热条件好，砂轮磨损均匀，磨削精度和表面加工质量高，但生产效率低。多用于单件小批生产，也可用于精磨。

② 端磨法。端磨法的特点是利用砂轮的端面进行磨削，砂轮轴立式安装刚性好，可采用较大的磨削用量，且砂轮的接触面积大，因而磨削效率高。但磨削热多，冷却与散热条件差，工件变形大，精度比周磨低，多用于磨削要求不太高的工件的大批量生产，或作为精磨的前工序——粗磨。

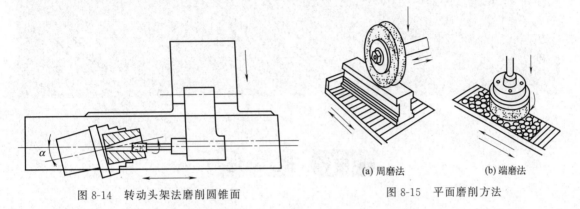

图 8-14　转动头架法磨削圆锥面　　　　　图 8-15　平面磨削方法

（a）周磨法　　　　（b）端磨法

8.4　磨削安全操作规程

① 操作者必须穿工作服，戴安全帽，长发须压入帽内，不能戴手套操作，以防发生人身事故。

② 禁止多人同时操作一台机床。

③ 开车前，检查各手柄的位置是否到位，确认正常后才准许开车。

④ 砂轮是在高速旋转下工作的，禁止面对砂轮站立。

⑤ 启动后，砂轮必须慢慢引向工件，严禁突然接触工件。背吃刀量不能过大，以防切削力过大将工件顶飞发生事故。

⑥ 砂轮未停稳时不能卸工件。

⑦ 发生事故时，立即关闭机床电源。

⑧ 工作结束后，关闭电源，清除切屑，认真擦净机床，加油润滑，以保持良好的工作环境。

复习思考题

1. 磨削加工的特点是什么？
2. 外圆磨床由哪几部分组成？各有何作用？
3. 平面磨床由哪几部分组成？各有何作用？
4. 磨削外圆时，工件和砂轮须做哪些运动？
5. 平面磨削常用的方法有哪几种？各有何特点？

第9章 钳 工

9.1 概 述

钳工是以手持工具对工件进行加工的方法。钳工的主要工作有划线、錾削、锯削、锉削、攻螺纹、套螺纹、孔加工（钻孔、扩孔、铰孔）、刮削、研磨、机器的装配和修理。

9.1.1 钳工特点

① 加工灵活：在不适于机械加工的场合，尤其是在机械设备的维修工作中，钳工加工可获得满意的效果。

② 可加工形状复杂和高精度的零件：技术熟练的钳工可加工出比现代化机床加工的零件还要精密和光洁的零件，可以加工出连现代化机床也无法加工的形状非常复杂的零件，如高精度量具、样板、开头复杂的模具等。

③ 投资小：钳工加工所用工具和设备价格低廉，携带方便。

④ 加工质量不稳定：加工质量的高低受工人技术熟练程度的影响。

⑤ 生产效率低，劳动强度大。

9.1.2 钳工的基本操作

① 辅助性操作：划线，它是根据图样在毛坯或半成品工件上划出加工界线的操作。

② 切削性操作：有錾削、锯削、锉削、攻螺纹、套螺纹、钻孔（扩孔、铰孔）、刮削和研磨等多种操作。

③ 装配性操作：装配，即将零件或部件按图样技术要求组装成机器的工艺过程。

④ 维修性操作：维修，即对在役机械、设备进行维修、检查、修理的操作。

9.1.3 钳工工作的范围及在机械制造与维修中的作用

(1) 普通钳工工作范围

① 加工前的准备工作，如清理毛坯、毛坯或半成品工件上的划线等。

② 单件零件的修配性加工。

③ 零件装配时的钻孔、铰孔、攻螺纹和套螺纹等。

④ 加工精密零件，如机器、量具和工具的配合面的刮削或研磨，夹具与模具的精加工等。

⑤ 零件装配时的配合修整。

⑥ 机器的组装、试车、调整和维修等。

(2) 钳工在机械制造和维修中的作用

钳工是一种比较复杂、细微，工艺要求较高的工作。目前虽然有各种先进的加工方法，但钳工所用工具简单，加工多样灵活、操作方便，适应面广等，故有很多工作仍需要由钳工来完成。因此钳工在机械制造及维修中有着特殊的、不可取代的作用。

9.1.4　钳工常用设备

钳工常用的设备有钳桌、台虎钳、砂轮机、台式钻床、手持式电钻以及一些测量工具等。

(1) 钳桌

钳桌又称钳工工作台，一般由低碳钢制成，亦可用硬木料加工而成，其高度为800～900mm，长度和宽度可随工作需要而定。钳桌用来安装台虎钳和放置工具、量具、工件和图样等。面对操作者，在钳桌的边缘装有防护网，以防工作时发生意外，如图9-1所示。

(2) 台虎钳

台虎钳由紧固螺栓固定在钳桌上，用来夹持工件。其规格以钳口的宽度表示，常用的有100mm、125mm、150mm等，如图9-2所示。台虎钳有固定式 [图9-2 (a)] 和回转式 [图9-2 (b)] 两种。后者使用较方便，应用较广，由活动钳身、固定钳身、丝杠、螺母、夹紧盘和转盘座等组成。操作者顺时针转动长手柄时，可使丝杠在螺母中旋转，并带动活动钳身向内移动，将工件夹紧；当逆时针旋转长手柄时，可使活动钳身向外移动，将工件松开。若要使台虎钳转动一定角度，可先逆时针方向转动短手柄，双手扳动钳身使之旋转所需角度，然后顺时针转动短手柄，将台虎钳整体锁紧在底座上。

图 9-1　钳工工作台

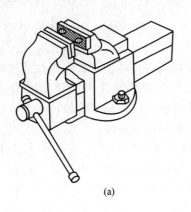

(a)

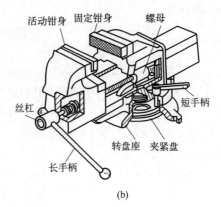

(b)

图 9-2　台虎钳

(3) 使用台虎钳注意事项

使用台虎钳时应注意以下几点：

① 在台虎钳上夹持工件时，只允许依靠手臂的力量来扳动手柄，绝不允许用锤子敲击手柄或用管子等其他工具随意接长手柄夹紧，以防螺母或其他部件因过载而损坏。

② 在台虎钳上进行强力作业时，应使强的作用力朝向固定钳身，否则将额外增加丝杠和螺母的载荷，容易造成螺纹及钳身损坏。

③ 不要在活动钳身的工作面上进行敲击作业，以免损坏或降低它与固定钳身的配合性能。

④ 丝杠、螺母和其他配合表面都要保持清洁，并加油润滑，以使操作省力，防止生锈。

⑤ 在夹持已加工过的表面时，应垫上软钳口，以免损坏已加工的表面。

9.2 划 线

9.2.1 划线的作用和种类

划线工作可以在毛坯上进行，也可以在已加工面上进行，一般分为平面划线和立体划线。两种划线的作用如下。

① 确定工件的加工余量，明确尺寸的加工界线。

② 在板料上按划线下料，可以正确排料，合理使用材料。

③ 复杂工件在机床上装夹加工时，可按划线位置找正、定位和夹紧。

④ 通过划线能及时地发现和处理不合格的毛坯，避免无效加工造成损失。

⑤ 采用借料划线可以使误差不大的毛坯得到补救，加工后零件仍能达到要求。

9.2.2 划线工具及划线涂料

划线的精度不高，一般可达到的尺寸精度为 0.25～0.5mm，因此，不能依据划线的位置来确定加工后的尺寸精度，必须在加工过程中，通过测量来保证尺寸的加工精度。

(1) 划线工具

常用的划线工具有划线平台、千斤顶、V 形铁、划针、90°角尺、划线方箱、划线盘、划规及划卡、样冲等。

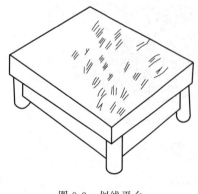

图 9-3 划线平台

① 划线平台。用于检验或划线的平面基准器具，平面度好，表面粗糙度低。如图 9-3 所示，划线平台表面经过精刨、刮削等精密加工，可用作划线时的基准平面，用于放置工件和划线工具。使用时避免撞击、磕碰，以免降低精度；使用完后要擦拭干净，并涂上机油以防生锈；不要锤击其表面。

② 千斤顶。用于在平台上支承较大及不规则的工件，其高度可以调整，以便找正工件。通常用三个千斤顶来支承工件，如图 9-4 所示。

③ V 形铁。用于支承圆柱形工件，使工件轴线与平板平面平行，如图 9-5 所示。

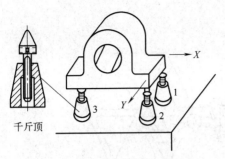

图 9-4　千斤顶（1～3）及其用途

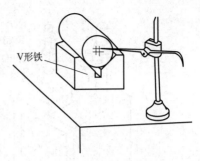

图 9-5　V 形铁及其用途

④ 划针。由碳素工具钢、弹簧钢丝或硬质合金焊接在钢材头部制成。钢质划针经热处理硬化、磨制而成。其直径为 3～6mm，长为 200～300mm，尖端磨成 15°～20°，如图 9-6 所示。划针配合钢尺、角尺、样板等导向工具一起使用，尽量做到一次划成，不要连续几次重复地划同一线条，否则线条变粗或不重合，反而模糊不清。划针的使用方法如图 9-7 所示。

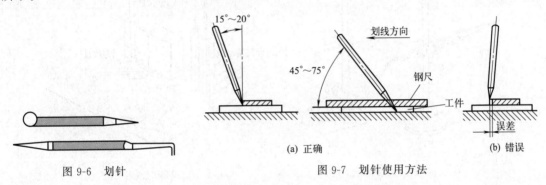

图 9-6　划针

图 9-7　划针使用方法

⑤ 90°角尺（直角尺）。用于检验工件的垂直度，可划出垂直线条。90°角尺两边之间成直角。90°角尺有两种类型：图 9-8（a）为扁 90°角尺在平面划线中划垂直线的方法；图 9-8（b）为宽 90°角尺在立体划线中划垂直线或找正垂直面的方法。

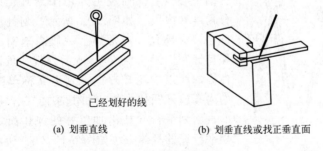

图 9-8　90°角尺划线

⑥ 划线方箱。划线方箱是一个空心的箱体，相邻平面互相垂直，相对平面互相平行。依靠夹紧装置把较小工件固定在方箱上，在划线平台上翻转方箱，利用划线盘或高度游标尺则可划出各边的水平线或平行线，如图 9-9 所示。

⑦ 划线盘。有普通划线盘和可调划线盘两种形式，可作为立体划线和找正工件位置的工具。如图 9-10 所示，调节划针高度，在平台上移动划线盘，即可在工件上划出与平台平行的线来。

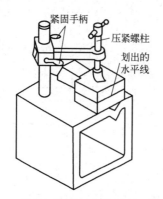

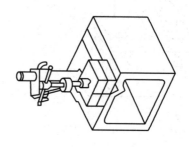

(a) 将工件压紧在方箱上划水平线　　　　(b) 方箱翻转90°划垂直线

图 9-9　方箱上划线

普通　　　　可调

(a) 普通划线盘和可调划线盘

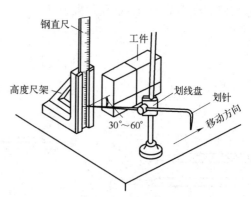

(b) 用划线盘划平行线

图 9-10　划线盘及应用

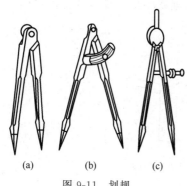

(a)　　(b)　　(c)

图 9-11　划规

⑧ 划规和划卡。划规用来画圆；划卡用来确定轴及孔的中心位置。划规主要用来划圆、弧，截取尺寸，等分角度和线段，如图 9-11 所示。划规由工具钢制作，尖部经淬火硬化，通常焊上一段高速钢，以提高其硬度和保持锋利。图 9-11 （a）所示划规，虽调整不方便，但刚性好，所以应用较普遍。划卡又称单脚规，用于划工件的内孔或外圆找中心，如图 9-12 （a）所示，可沿加工好的直面划平行线或沿加工好的圆弧面划同心圆线。划卡划平行线的具体方法如图 9-12 （b）所示，用钢直尺和划针划一条基准线，靠近基准线两端各取一点，分别以这两点为圆心，以平行线间的距离为半径，向基准线同一侧划圆弧，用钢直尺和划针作两圆弧得公切线，即为所求。

⑨ 样冲。在工件上打出样冲眼的工具。划好的线打上样冲眼可防止线被擦掉；钻孔的位置打上样冲眼便于钻头定位。它常用工具钢或高速钢制成，长 50～120mm，尖端磨成60°（或 30°、45°）的锥角后淬火。如图 9-13 所示，打样冲眼时，应做到以下几点：样冲先外倾，冲尖对准线正中，然后直立打样冲眼，样冲眼位置要准确，不得偏离线条交点；曲线上样冲眼距离要近，圆周上最少有四个冲眼；在交叉线条转折处要有样冲眼；直线上样冲眼距

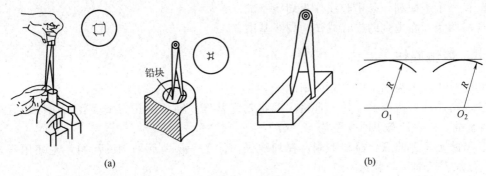

(a)　　　　　　　　　　　　　(b)

图 9-12　划卡

离可大些，但短直线上至少要有三个样冲眼；
薄壁表面样冲眼要浅，如精加工表面，最好
不打样冲眼，以免损伤已加工表面；粗糙面
上样冲眼可深。

(2) 划线涂料

为了使零件表面划出的线条清晰，划线
前在零件的表面上应涂一层薄而均匀的涂料，
常用的涂料有以下几种。

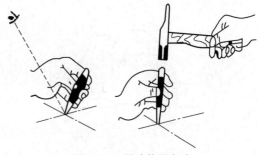

图 9-13　样冲使用方法

① 白灰水。白灰水是用大白粉、桃胶或
猪皮胶混合而成，也有用石灰水代替的，一般用在铸锻件毛坯表面。

② 晶紫。用紫颜料（2%～4%）加漆片（3%～5%）和乙醇（91%～95%）混合而成，
一般用于已加工表面。

9.2.3　划线基准

9.2.3.1　平面划线和立体划线

平面划线一般要划两个方向的线条，而立体划线一般要划三个方向的线条。每划一个方
向的线条就必须有一个划线基准，故平面划线要选两个划线基准，立体划线要选三个划线
基准。

9.2.3.2　划线基准的选择

划线前要认真细致地研究图纸，正确选择划线基准，这样才能保证划线的准确、迅速。
划线时，需要选择工件上某个点、线或面作为依据，以确定工件上其他各部分的尺寸、几何
形状和相对位置，所选的点、线或面称为划线基准。划线基准一般与设计基准一致。选择划
线基准时，须将工件、设计要求、加工工艺及划线工具等综合起来分析，找出其划线时的尺
寸基准和放置基准。

(1) 选择划线基准的原则

① 以零件图上标注尺寸的基准（设计基准）作为划线基准。

② 如果毛坯上有孔或凸起部分，应以孔或凸起部分中心为划线基准。

③ 如果工件上已有一个已加工表面，则应以此面作为划线基准；如果都是未加工表面，
则应以较平整的大平面作为划线基准。

(2) 常用划线基准选择示例

① 以两个互相垂直的线（或面）作为划线基准。

② 以一个平面和一条中心线作为划线基准。

③ 以两条互相垂直的中心线作为划线基准。

9.2.4 划线操作

如图 9-14 所示为轴承座的立体划线。

① 分析图样，检查毛坯是否合格，确定划线基准。轴承座孔为重要孔，应以该孔中心为划线基准，以保证加工时孔壁均匀。

② 清除毛坯上的氧化层和毛刺。在划线表面涂上一层薄而均匀的涂料，毛坯用石灰水涂料，已加工表面用晶紫涂料。

③ 支承、找正工件。用三个千斤顶支承工件底面，并依孔中心及上平面调节千斤顶，使工件水平。

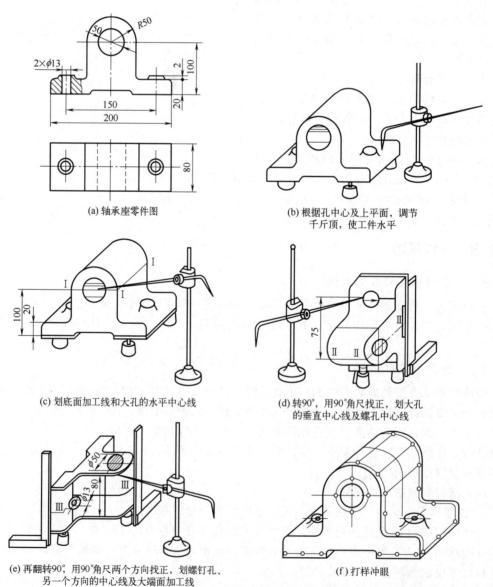

(a) 轴承座零件图

(b) 根据孔中心及上平面，调节千斤顶，使工件水平

(c) 划底面加工线和大孔的水平中心线

(d) 转90°，用90°角尺找正，划大孔的垂直中心线及螺孔中心线

(e) 再翻转90°，用90°角尺两个方向找正，划螺钉孔、另一个方向的中心线及大端面加工线

(f) 打样冲眼

图 9-14 轴承座的立体划线

④ 划出各水平线，划出基准线及轴承座底面四周的加工线。

⑤ 将工件翻转 90°，并用 90°角尺找正后划线。

⑥ 再将工件翻转 90°，并用角尺在两个方向上找正后，划螺钉孔及两大端面加工线。

⑦ 检查划线正确后，打样冲眼。划线时同一面上的线条应在一次支承中划全，避免补划时因再次调节支承而产生误差。

划线时会产生误差，划出的线仅仅是加工时的参考线，工件的尺寸精度仍需量具测量。

9.3 錾 削

9.3.1 錾削工具及其用途

(1) 錾子

常用錾子有扁錾、狭錾（尖錾）和油槽錾，如图 9-15 所示。扁錾用于錾切平面、铸件毛边，分割细或薄的材料，錾削较硬材料时 $\beta=60°\sim70°$，錾削中等硬度材料时 $\beta=50°\sim60°$，錾削较软材料时 $\beta=30°\sim50°$；狭錾（尖錾）用以錾槽和分割曲线形板料；油槽錾用来錾削润滑油槽。握錾子应放松，主要用中指夹紧。錾头伸出 20～25mm，如图 9-16 所示。

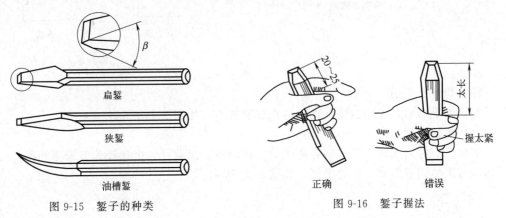

图 9-15 錾子的种类

图 9-16 錾子握法

(2) 手锤

手锤（榔头）是钳工的常用工具，錾削和装拆零件都必须用手锤来敲击。手锤由锤头和木柄两部分组成，用锤头的质量大小表示手锤的规格，有 0.5 磅、1 磅和 1.5 磅等几种（公制用 0.25kg、0.5kg 和 1kg 等表示）。锤头用 T7 钢制成，并经淬硬处理。木柄选用比较坚固的木材做成，常用的 1.5 磅（约为 0.68kg）手锤的柄长为 350mm 左右。握锤子主要是靠拇指和食指，其余各指仅在锤击下时才握紧，柄端只能伸出 15～30mm，如图 9-17 所示。

9.3.2 錾削操作

(1) 錾削姿势

錾削时的姿势应便于用力，不易疲倦，如图 9-18 所示。同时，挥锤要自然，眼睛应注视錾刃，而不是錾头。

(2) 錾切平面

用扁錾每次要切掉 0.5～2mm 材料厚度。起錾可在工件中部或两端进行，如图 9-19 所示，起錾后要把切削角度调整到能顺利地錾掉厚度均匀的材料，并在錾切中尽力保持这个切削角度，以得到光滑平整的表面，每次錾切快到尽头时，应从另一头錾掉余下部分，以免材料被撕裂，如图 9-20 所示。

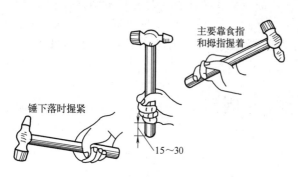

图 9-17　锤子及其握法

图 9-18　錾削时的姿势

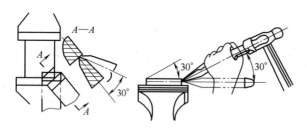

图 9-19　起錾方法

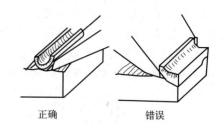

图 9-20　錾到尽头时的方法

（3）錾切大平面

錾切大平面时，先用尖錾开槽，再用扁錾錾平，如图 9-21 所示。

（4）錾切键槽

应按已划好的线錾切。两端带圆弧的键槽，可在两端钻两个孔径等于槽宽的孔，用狭錾錾切，每次錾切量要小，用力要轻，如图 9-22 所示。

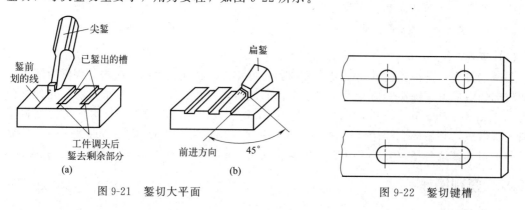

图 9-21　錾切大平面　　　　　图 9-22　錾切键槽

（5）錾切油槽

可选用宽度等于油槽宽度的油槽錾錾切。如果是在曲面上錾切油槽，錾子的倾斜角度要随曲面的变化而变化，以使在不同的錾切点保持相同的切削角度，从而保证油槽尺寸、深浅和光洁度的要求，如图 9-23 所示。

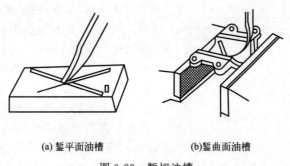

(a) 錾平面油槽　　　(b)錾曲面油槽

图 9-23　錾切油槽

9.4 锯 削

9.4.1 锯削工具及其用途

手锯包括锯弓和锯条。

① 锯弓。用来夹持和张紧锯条，分固定式和可调式两种，如图 9-24 所示。

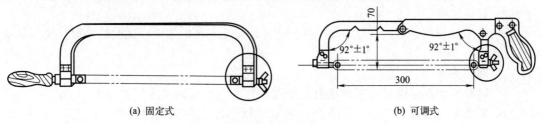

(a) 固定式　　　　　　　　　　(b) 可调式

图 9-24　锯弓的构造

② 锯条。分类如图 9-25。

锯条用碳素工具钢制成，如 T10A 钢，并经淬火处理。常用的锯条长度有 200mm、250mm、300mm 三种，宽 12mm、厚 0.8mm。锯条上的齿按一定的形状左右错开，称为锯路。锯路的作用是使锯缝宽度大于锯条背部厚度，以防止锯削时锯条卡在锯缝中，减少锯条与锯缝的摩擦阻力，并使排屑顺利、锯削省力，提高工作效率。如图 9-26 所示为不同锯路。锯条的齿近似于前后排列的许多錾子，楔角为 β_{o}，在工作时形成前角 γ_{o} 和后角 α_{o}，$\alpha_{o}+\beta_{o}+\gamma_{o}=90°$，如图 9-27 所示。

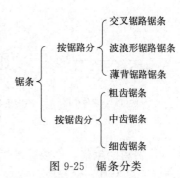

图 9-25　锯条分类

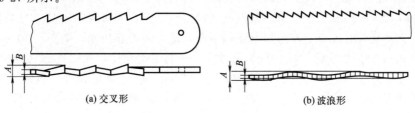

(a)交叉形　　　　　　　　　(b)波浪形

图 9-26　锯路

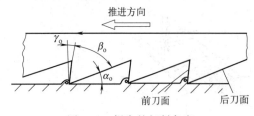

图 9-27 锯齿的切削角度

锯条以 25mm 长度所含齿数（14、18、24、32 等）多少分为粗齿、中齿、细齿三种。锯软材料或厚工件时，因锯屑较多，要求有较大的容屑空间，应选用粗齿锯条。锯削硬材料及薄工件时，因材料硬，锯齿不易切入，锯屑量少，不需要大的容屑空间，另外，薄工件在锯削中锯齿易被工件勾住而崩裂，一般至少要有三个齿同时接触工件，使锯齿承受的力量减小，所以应选用细齿锯条。

应根据材料的硬度、厚薄来选择锯条。锯条粗、中、细的划分及用途见表 9-1。

表 9-1 锯条粗细的划分及用途

锯齿粗细	每 25mm 齿数	用　　途
粗齿	14～18	锯软钢、铝、纯铜、胶质材料
中齿	22～44	锯中碳钢、铸铁、厚壁管子
细齿	32	锯板材、薄壁管子
从细齿变中齿	32～20	一般工厂中用，易起锯

9.4.2 锯削操作

(1) 装夹锯条

将锯齿朝前装在锯弓上，弓架要平，用两手指的力量拧紧螺母，使锯条松紧合适。

(2) 装夹工件

锯削的部位要靠近钳口，以增加工件的刚性，避免锯削时振动；锯削的平面（线）尽量与钳口垂直。

(3) 锯削方法

锯削时要掌握好起锯、锯削的压力、速度和长度。起锯的角度宜在 $10° \sim 15°$，压力轻，行程短，锯条要与所锯的线平行或重合，如图 9-28 所示。锯削压力适中，速度不能快，频率 $30 \sim 50$ 次/min，锯条工作的长度至少要占锯条全长的 2/3。快锯断时用力要轻，以免碰伤手或折断锯条。

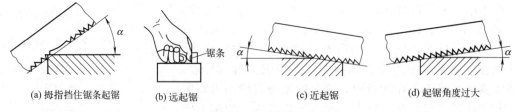

(a) 拇指挡住锯条起锯　　(b) 远起锯　　(c) 近起锯　　(d) 起锯角度过大

图 9-28 起锯

① 棒料的锯削。如果要求锯削的断面比较平整，应从开始连续锯削到结束。若锯削出的断面要求不高，锯削时可改变几次方向，使棒料转过一定角度再锯削，这样，由于锯削面变小而容易锯入，可提高工作效率。锯削毛坯材料时，断面质量要求不高，为了节省锯削时间，可分几个方向锯削，每个方向都不锯到中心，最后将毛坯折断，如图 9-29（a）所示。

② 管子的锯削。锯削管子时，首先要做好管子的正确夹持，如图 9-29（b）所示。薄壁管子和精加工过的管件，应夹在有 V 形槽的木垫之间，以防夹扁和夹坏表面，锯削时不要只在一个方向上锯，要多转几个方向，每个方向只锯到管子的内壁处，直至锯断，如图 9-30 所示。

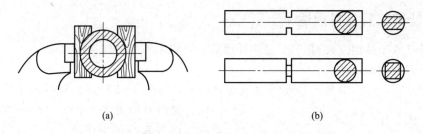

图 9-29 锯削棒料（a）和管子的夹持方法（b）

③ 薄板料的锯削。锯制薄板料时，尽可能从宽的面上锯下去，这样，锯齿不易产生钩住现象。当一定要在板料的窄面锯下去时，应该把薄板料夹在两块木块之间，连同木块一起锯下。这样才可避免锯齿钩住，同时也增加了板料的刚度，锯削时不会颤动，如图 9-31 所示。

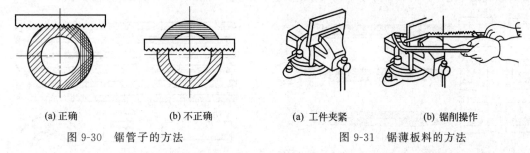

(a) 正确　　　(b) 不正确
图 9-30　锯管子的方法

(a) 工件夹紧　　　(b) 锯削操作
图 9-31　锯薄板料的方法

④ 深缝的锯削。当锯缝的深度超过锯弓的高度时，可把锯条转过 90°安装后再锯，装夹时，锯割部位应处于钳口附近，如图 9-32 所示，以免因工件颤动而影响锯削质量和损坏锯条。

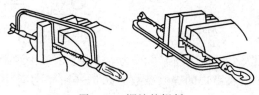

图 9-32　深缝的锯削

9.5 锉 削

9.5.1　锉削的作用

锉削是用锉刀对工件进行切削加工的方法。它常用于加工平面、曲面、孔、内外角和沟槽等各种复杂的形体表面，还可以配键、制作样板、整修特殊要求的几何形体以及应用于不便机械加工的场合。锉削精度最高可达 IT7～IT8 级，表面粗糙度最小可达 $Ra0.4\mu m$。锉削是钳工最基本的操作，应用范围广泛，尤其是复杂曲线样板工作面的整形修理、异形模具型腔孔的精加工、零件的锉配等都离不开锉削加工。

9.5.2 锉削工具及其用途

锉刀是碳素工具钢 T12 或 T13 经热处理后，再将工作部分淬火制成的。

(1) 锉刀的构造

锉刀由锉身（工作部分）和锉刀柄两部分组成，如图 9-33 所示。锉身的上下两面为锉刀面，是锉刀的主要工作面，在该面上经铣齿或剁齿后形成许多小楔形刀头，称为锉齿，锉齿经热处理淬硬后，硬度可达 62～65HRC，能锉削硬度较高的钢材。

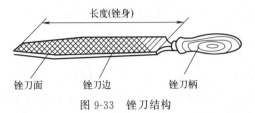

图 9-33 锉刀结构

(2) 锉刀的种类

锉刀按用途不同可分为钳工锉（普通锉）刀（图 9-34）、整形锉刀（图 9-35）。普通锉刀按其断面形状不同，又可分为扁锉（平锉）、三角锉、半圆锉、方锉和圆锉等几种。

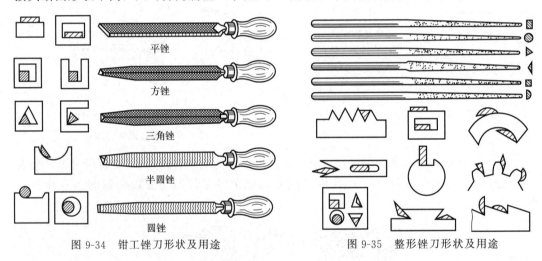

平锉

方锉

三角锉

半圆锉

圆锉

图 9-34 钳工锉刀形状及用途

图 9-35 整形锉刀形状及用途

按锉齿的粗细（齿距大小）不同锉刀可分为 5 个号：1 号锉纹最粗，齿距最大，一般称为粗齿锉刀（每 10mm 轴向长度内的锉纹条数为 5.5～8）；2 号为中粗锉刀（每 10mm 轴向长度内有 8～12 条锉纹）；3 号为细齿锉刀（每 10mm 轴向长度内有 13～20 条锉纹）；4 号为双细锉刀（每 10mm 轴向长度内有 20～30 条锉纹）；5 号为油光锉刀（每 10mm 轴向长度内有 31～56 条锉纹）。

锉刀粗细的选择取决于被锉削材料的性质、加工余量、加工精度和表面粗糙度要求。粗齿锉刀用于粗加工或锉有色金属；中粗锉刀用于粗加工后的加工；细齿锉刀用于锉削加工余量小、表面粗糙度小的工件；油光锉刀只用于对工件进行最后表面修光。

9.5.3 锉削操作

(1) 平面的锉法

推进锉刀时，两手加在锉刀上的压力，应保证锉刀平稳而不上下摆动，这样，才能锉出平整的平面，如图 9-36 所示。锉平面可用顺向锉、交叉锉和推锉等几种方法，如图 9-37 所示。

(2) 曲面的锉法

常见的外圆弧面锉削方法有顺锉法和滚锉法，如图 9-38 所示。顺锉法切削效率高，适用于粗加工阶段，滚锉法锉出的圆弧面不会出现有棱角的现象，一般用于圆弧面的精加工阶段。

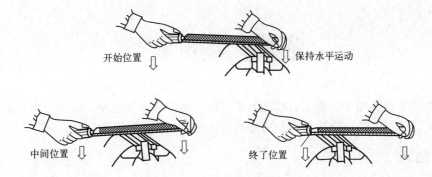

图 9-36 锉平面时的施力方法

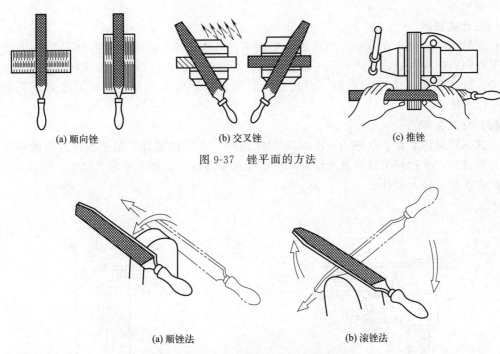

(a) 顺向锉   (b) 交叉锉   (c) 推锉

图 9-37 锉平面的方法

(a) 顺锉法   (b) 滚锉法

图 9-38 外圆弧面的锉削方法

(3) 检验工具及其使用

锉削时，工件的尺寸可用刀口形直尺、90°角尺等检验工件的直线度、平面度及垂直度。用刀口形直尺检验工件平面度的方法如图 9-39 所示；用 90°角尺检验工件表面垂直度的方法如图 9-40 所示。

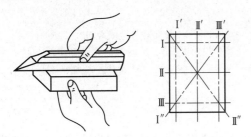

图 9-39 用刀口形直尺检验平面度

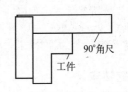

图 9-40 用 90°角尺检验垂直度

9.6　孔加工

各种零件上的孔加工，除了一部分由车、镗、铣等机床完成外，很大一部分是由钳工利用钻床和工具来完成的。钳工加工孔的方法有钻孔、扩孔、铰孔和锪孔。

9.6.1　钻床

用钻头在工件上加工孔的机床为钻床。钻床的种类很多，常用的有台式钻床、立式钻床和摇臂钻床等。

(1) 台式钻床

台式钻床是一种放在台桌上使用的小型钻床，简称台钻。台式钻床的外形如图 9-41 所示。钻孔时，电动机通过带轮带动主轴和钻头旋转实现主运动，钻头沿轴线向下移动实现进给运动，此进给运动为手动进给。台式钻床结构简单、操作方便，主要用来加工孔径在 12mm 以下的孔。

(2) 立式钻床

立式钻床简称立钻。立钻的外形如图 9-42 所示。电动机通过主轴变速箱使主轴获得所需的各种转速，进给箱可以控制进给量，以实现自动进给。立钻主要用于加工孔径在 50mm 以下的中小型工件上的孔。

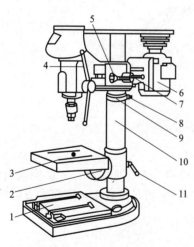

图 9-41　台式钻床
1—底座；2—锁紧螺钉；3—工作台；4—手柄；
5—主轴架；6—电动机；7,11—锁紧手柄；
8—锁紧螺钉；9—定位环；10—立柱

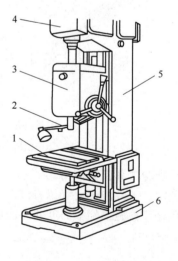

图 9-42　立式钻床
1—工作台；2—主轴；3—进给箱；
4—变速箱；5—立柱；6—底座

(3) 摇臂钻床

摇臂钻床有一个能绕立柱旋转的摇臂，摇臂带着主轴箱可沿立柱垂直移动，同时主轴箱还能在摇臂上横向移动，主轴可沿自身轴线在垂直方向移动或者进给。摇臂钻床的外形如

图 9-43 所示。它操作时能很方便地调整钻头的位置，使钻头对准待加工孔的中心，而不需要移动工件。所以，它适宜加工大型工件及多孔工件上的孔，广泛应用于单件和大批量生产。

9.6.2　钻头

麻花钻是钳工钻孔最常用的刀具，它的结构如图 9-44（a）所示，由柄部、导向部分和切削部分组成，因其外形像麻花而得名。

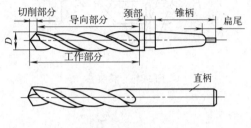

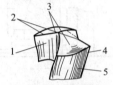

(a) 麻花钻的组成

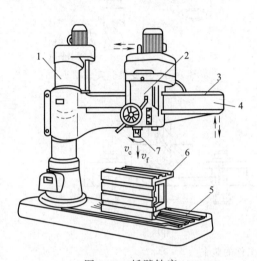

图 9-43　摇臂钻床
1—立柱；2—主轴箱；3—水平导轨；4—摇臂；
5—底座；6—工作台；7—主轴

(b) 麻花钻的切削部分

图 9-44　麻花钻
1—前刀面；2—主切削刃；3—后刀面；
4—副切削刃；5—副后刀面

① 柄部。柄部是钻头的夹持部分，按其形状不同，可分为锥柄和直柄两种。

② 导向部分。有两条刃带和螺旋槽。刃带用来引导钻头和减少与孔壁的摩擦，螺旋槽的作用是向孔外排屑和向孔内输送切削液。

③ 切削部分。如图 9-44（b）所示，有两个对称的主切削刃，两刃之间的夹角 2α 通常为 $116° \sim 120°$。在钻头的外径上，前角 $\gamma_\circ$ 为 $18° \sim 30°$，后角 $\alpha_\circ$ 为 $6° \sim 12°$。

9.6.3　钻孔

用钻头在实体材料上加工孔称为钻孔。

(1) 安装麻花钻

直柄钻头常用图 9-45 所示的钻夹头进行安装。锥柄钻头可以直接装入钻床主轴的锥孔内。当钻头的锥柄小于钻床锥孔时，则须用图 9-46 所示的变锥套安装。

(2) 安装工件

如图 9-47 所示，一般用平口钳或者压板螺栓安装工件。工件在钻孔之前，应按事先划好的线找正孔的位置。

(3) 钻削

先使麻花钻的钻尖对准孔中心的样冲眼。钻削开始时，要用较大的力向下进给，以免钻头在工件表面上来回晃动而不能深入。临近钻透时，压力要逐渐减小。若孔较深，则需经常退出钻头以排除切屑和冷却工具。

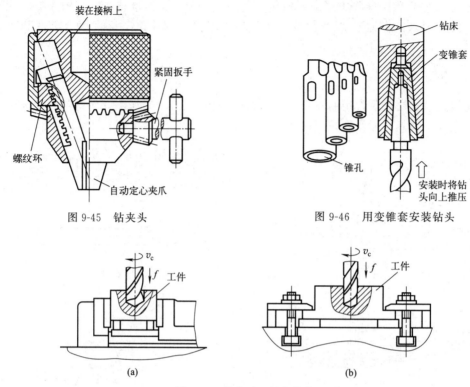

图 9-45 钻夹头

图 9-46 用变锥套安装钻头

图 9-47 钻孔时工件的装夹

9.6.4 扩孔

扩孔用于扩大工件上已有的孔,适当提高孔的加工精度,降低表面粗糙度。扩孔属于半精加工,其尺寸公差等级可达 IT9~IT10,表面粗糙度 Ra 值可达 $3.2~6.3\mu m$。

扩孔钻的外形如图 9-48 所示,它一般有 3~4 个切削刃,无横刃,钻芯粗,刚度和导向性比麻花钻好,切削平稳,因而扩孔加工质量一般比钻孔高。在钻床上扩孔的切削运动如图 9-49 所示。

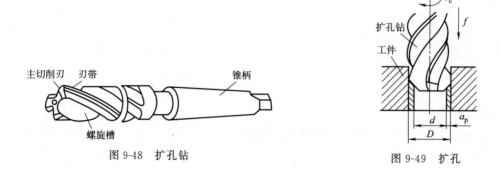

图 9-48 扩孔钻

图 9-49 扩孔

9.6.5 铰孔

铰孔是用铰刀对孔进行精加工的方法,其尺寸公差等级可达 IT6~IT8,表面粗糙度 Ra 值可达 $0.8~1.6\mu m$。

铰刀的外形如图 9-50 所示，其中图 9-50（a）为机铰刀，图 9-50（b）为手铰刀。机铰刀切削部分较短，多为锥柄，安装在钻床或车床上进行铰孔。手铰刀切削部分较长，导向性较好。手铰孔时，将铰刀沿原有孔放正，然后用手转动铰杠（如图 9-51 所示）向下进给，如图 9-52 所示。

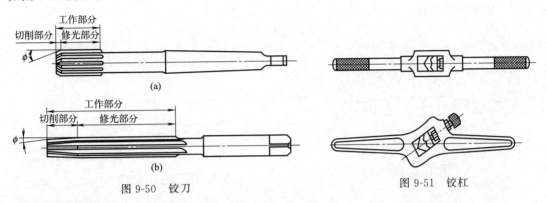

图 9-50　铰刀

图 9-51　铰杠

9.6.6　锪孔

用锪钻加工平底或锥度沉孔的方法称为锪孔。

锪孔的形式主要有以下几种。

① 圆锥形埋头孔锪钻锪锥形埋头孔。如图 9-53（a）所示，锪钻锥顶角多为 90°，有 6～12 个刀刃。

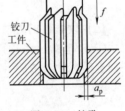

图 9-52　铰孔

② 圆柱形埋头孔锪钻锪柱形埋头孔。如图 9-53（b）所示，圆柱形埋头孔锪钻的端刃起主要切削作用，周刃为副切削刃，起修光作用。为保持原有孔与埋头孔的同轴度，锪钻前端带有导柱，与已有孔相配，起定心作用。

③ 平面锪钻锪凸台等。如图 9-53（c）所示，平面锪钻用于锪与孔垂直的孔口端面，也有导柱，起定心作用。

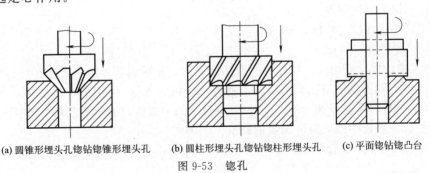

(a) 圆锥形埋头孔锪钻锪锥形埋头孔　　(b) 圆柱形埋头孔锪钻锪柱形埋头孔　　(c) 平面锪钻锪凸台

图 9-53　锪孔

9.7　攻螺纹与套螺纹

9.7.1　攻螺纹

用丝锥加工工件的内螺纹称为攻螺纹（俗称攻丝），如图 9-54 所示。

(1) 丝锥

丝锥是攻螺纹的专用刀具。M3～M20 手用丝锥多为两支一组，分别为头锥和二锥。每个丝锥的工作部分由切削部分和校准部分组成，如图9-55所示。切削部分的牙齿不完整，且逐渐升高。头锥有5～7个不完整的牙齿，二锥有1～2个不完整的牙齿。校准部分的作用是引导丝锥和校准螺纹牙型。

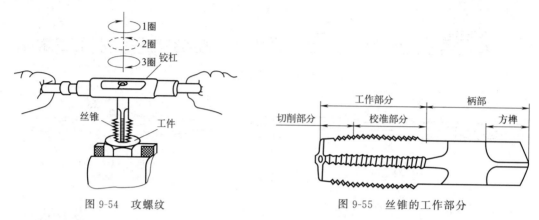

图9-54 攻螺纹　　　　　　　　图9-55 丝锥的工作部分

(2) 攻螺纹的方法

① 确定螺纹底孔的直径（即钻底孔所用钻头的直径）和深度。具体方法可以查表或用下列经验公式计算。

$$D=d-P \qquad (适用于钢材及韧性材料)$$
$$D=d-(1.05～1.1)P \qquad (适用于铸铁及脆性材料)$$

式中　D——螺纹底孔直径，mm；

　　　d——螺纹大径，mm；

　　　P——螺距，mm。

$$L=L_o+0.7d$$

式中　L——螺纹底孔深度，mm；

　　　L_o——要求螺纹的长度，mm；

　　　d——螺纹大径，mm。

② 用头锥攻螺纹开始时，将丝锥垂直插入孔内，然后用铰杠轻压旋入1～2圈，用直角尺在两个方向上检查丝锥与孔的端面是否垂直。丝锥切入3～4圈后，只转动，不加压，每转1～2圈后再反转半圈以便断屑。图9-54中第2圈为虚线，表示要反转。攻钢件螺纹时应加机油润滑，攻铸铁件螺纹时可加煤油润滑。

③ 用二锥攻螺纹时先将丝锥用手旋入孔内，当转不动时再用铰杠转动，此时不要加压。

9.7.2 套螺纹

用板牙加工工件外螺纹的方法称为套螺纹（俗称套扣），如图9-56所示。

(1) 板牙和板牙架

图9-57（a）为常用的固定式圆板牙。圆板牙螺孔的两端各有一段40°的锥度部分，是板牙的切削部分。图9-57（b）为套螺纹用的板牙架。

(2) 套螺纹的方法

① 确定套螺纹圆杆的直径。圆杆直径可用经验公式计算：

$$d_o=d-0.15P$$

式中　　$d_。$——圆杆直径，mm；

　　　　d——螺纹大径，mm；

　　　　P——螺距，mm。

图 9-56　套螺纹

图 9-57　圆板牙和板牙架

② 用板牙套螺纹。圆杆的端部必须先倒角，然后进行套螺纹。套螺纹时，板牙端面必须与圆杆保持垂直。开始转动板牙架时，适当加压，套入几圈后，只需转动而不必加压，而且要经常反转以便断屑。套螺纹时可用机油润滑。

9.8　刮　削

刮削是用刮刀从工件表面上刮去一层很薄金属的操作。刮削一般在机械加工之后进行，常用于零件上互相配合的重要滑动表面（如机床导轨、滑动轴承）。刮削后表面粗糙度较低，属于精密加工。刮削生产率低，劳动强度大，因此可用磨削等机械加工方法代替。

9.8.1　刮刀及其用法

平面刮刀如图 9-58 所示，其端部要在砂轮上刃磨出刃口，然后用油石磨光。

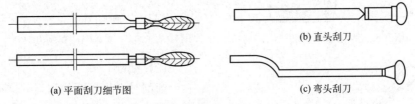

(a) 平面刮刀细节图

(b) 直头刮刀

(c) 弯头刮刀

图 9-58　平面刮刀

刮刀的握法如图 9-59 所示。右手握刀柄，推动刮刀；左手放在靠近端部的刀体上，引导刮削方向及加压。刮刀应与工件保持 25°～30° 倾角。刮削时，用力要均匀，刮刀要拿稳，以免刮刀刃口两端的棱角划伤工件。

9.8.2　刮削质量的检验

刮削后的平面可用检验平板或检验平尺进行

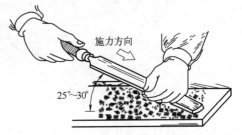

图 9-59　刮刀的握法

检验。检验平板由铸铁制成，应能保证刚度好，不变形，如图 9-60 所示。检验平板的上平面必须非常平直和光洁。用检验平板检查工件的方法如下：将工件擦净，并均匀地涂上一层很薄的红丹油（红丹粉与机油的混合剂）；然后将工件表面与擦净的检验平板稍加压力配研，如图 9-61（a）所示。配研后，工件表面上的高点（与平板的贴合点）便因磨去红丹油而显示出亮点来，如图 9-61（b）所示，这种显示高点的方法常称为研点子。刮削表面的精度是以 25mm×25mm 的面积内，均匀分布的贴合点的点数来表示的，如图 9-62 所示。例如，普通机床的导轨面为 8～10 个点，精密的为 12～15 个点。

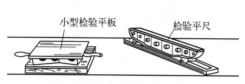

图 9-60　检验平板和检验平尺

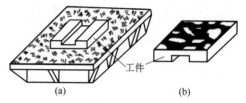

(a)　　　　　　(b)

图 9-61　研点子

9.8.3　刮削平面

(1) 粗刮

若工件表面比较粗糙，应先用刮刀将其全部粗刮一次，使表面较为平滑。粗刮的方向不应与机械加工留下的刀痕垂直，以免因刮刀颤动而将表面刮出波纹。一般刮削的方向与刀痕约成 45°，各次刮削方向应交叉进行，如图 9-63 所示。刀痕刮除后，即可进行研点子。粗刮时选用较长的刮刀，这种刮刀用力较大，刮痕长（10～15mm），刮除金属多。当工件表面上的贴合点增至每 25mm×25mm 面积内 4 个点时，便可以开始细刮。

图 9-62　刮削表面精度

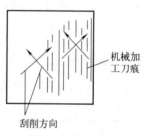

图 9-63　粗刮方向

(2) 细刮

细刮时选用较短的刮刀，这种刮刀用力小，刀痕较短（3～5mm）。经过反复刮削后，贴合点数逐渐增多，直到最后达到要求为止。

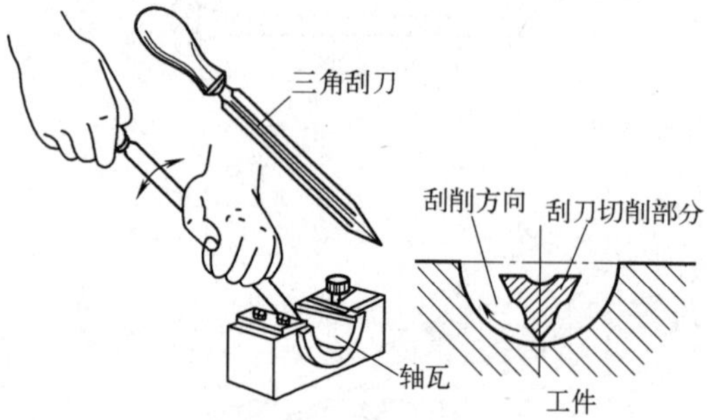

9.8.4　刮削曲面

对于某些要求较高的滑动轴承的轴瓦，也要进行刮削，以得到良好的配合。刮削轴瓦时用三角刮刀，其用法如图 9-64 所示。

图 9-64　用三角刮刀刮削轴瓦

此时研点子的方法是在轴上涂色，然后用轴与轴瓦配研。

9.9　装配与拆卸

将若干个零件按技术要求组装成完整的机器，并经过调整和试验，使之成为合格产品的工艺过程称为装配。

9.9.1　装配工艺过程

(1) 装配前的准备工作

① 了解清楚该产品的装配图，理解工艺文件和技术标准，熟悉产品的结构，了解零件的作用以及相互装配关系。

② 确定装配方案、组织生产方案和装配原则。

③ 准备好工作场地和所需设备、工具。

④ 对装配零件进行检查和技术处理。

⑤ 装配零件摆放顺序应尽可能符合装配流水线，减少重复环节，提高装配效率。

(2) 装配工作

装配工作通常分为组件装配、部件装配和总装配。

① 组件装配：将若干个零件安装在一个基础件上的工艺过程称为组件装配，例如减速箱的轴与齿轮的装配。

② 部件装配：将若干零件或组件安装在一个基础件上的工艺过程称为部件装配，例如车床的主轴箱的装配。

③ 总装配：将若干零件、组件和部件汇总安装在一个基础件上，构成一个完整的、能单独起作用或具有某种功能的机器的工艺过程称为总装配，例如车床各部件安装在床身上构成车床的装配。

装配时，无论是组件装配、部件装配还是总装配，都要先确定以一个零件或组件、部件为基准件，再将其他零件、组件或部件装到基准件上。

(3) 装配方法

为了使装配产品符合技术要求，对不同精度的零件装配，要采用不同的装配方法。

① 完全互换法。即在同类零件中，任取一件，不需要再经过其他加工，就可以装配成符合规定要求的部件或机器。这种方法的装配精度取决于零件的加工精度。其优点是操作简单，生产效率高，便于组织流水作业和实现装配过程自动化。缺点是要求零件的精度高、质量稳定，生产成本较高。

② 选配法（也称部分互换法）。即预先按零件的实际尺寸将零件分成若干组，然后将对应的各组零件进行互换装配。其优点是：零件经分组后进行装配，提高了装配精度；由于放宽了零件的制造公差，降低了零件的加工难度。缺点是：增加了零件测量和分组的工作量；当零件的实际尺寸分布不均匀时，分组后的各组零件数量不一，装配后会剩下多余的零件。此法适用于大批量生产。

③ 修配法。即在装配过程中，通过改变某个配合件的某些尺寸，使配合零件达到规定的装配精度。修配法可使零件的加工精度降低，从而降低生产成本；但装配难度增加，操作时间加长。该法适用于单件或小批量生产。

④ 调整法。即在装配时通过调整一个或几个零件的位置，或增加一个或几个零件（如

垫片）来补偿装配积累误差，以达到装配要求。其优点是可用较低精度的零件获得较高的装配精度，还可以定期调整，容易恢复配合精度，从而降低加工成本。其缺点是增加了调整工作量，零件不能互换，容易降低零部件的连接刚度。

（4）对装配工作的要求

① 装配时，应检查零件与装配有关的形状和尺寸精度是否合格，检查有无变形、损坏等。应注意零件上的各种标记，防止错装。

② 固定连接的零部件，不允许有间隙。活动的零件，能在正常的间隙下，灵活均匀地按规定方向运动。

③ 各种运动部件的接触表面，必须保证有足够的润滑，若有油路，必须畅通。

④ 各种管道和密封部件，装配后不得有渗漏现象。

⑤ 高速运动机构的外表，不得有凸出的螺钉头和销钉头等。

⑥ 试车前，应检查各部件连接的可靠性和运动的灵活性，检查各种变速和变向机构的操纵是否灵活，手柄的位置是否正确。试车时，从低速到高速逐步进行。并且应根据试车情况，进行必要的调整，使其达到运转的要求。注意：在运转中不能进行调整。

9.9.2 几种典型的装配工作

（1）螺纹连接装配

螺纹连接是机器和日常用品中常用的连接。紧固螺纹连接要求具有一定的扭紧力矩和可靠的防松装置以及连接配合精度。在进行螺纹连接装配时，要注意以下几点。

① 根据螺栓、螺母、螺纹的规格，选择与其相匹配的工具，以免损坏螺母及螺纹。

② 螺纹分为粗牙和细牙，旋紧的方向有正向和反向，在装配时要注意分清，切不可搞错，以免损坏螺纹。

③ 对有预紧力要求的螺纹连接，要用扭力扳手按照规定的扭紧力矩来拧紧，切不可用力过大，否则会扭断螺栓或使螺纹滑牙。对于无扭紧力矩要求的螺纹，连接扭紧程度要适当，不可过松或过紧。过松会使扭紧力不足，螺母容易松动或脱出；过紧时螺栓容易断裂或出现滑牙。

④ 在装配多个螺栓时，要按顺序对称对角均匀进行，并分2～3次逐渐拧紧或旋松，以免受力不均而使工件变形，如图9-65所示。

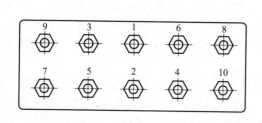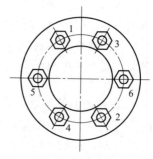

图9-65 多个螺栓拧紧顺序

⑤ 承受冲击、振动、交变载荷及高温、高压条件下工作的螺纹连接，在装配时应采用防松装置，如图9-66所示。

⑥ 零件与螺母、螺栓头的配合面应平整光洁，否则螺纹易松动。为了提高贴合质量，可以加放垫圈。

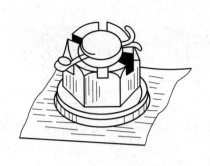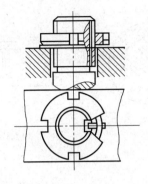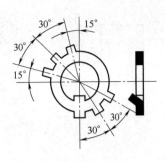

(a) 开口销与带槽螺母防松   (b) 圆螺母止动圈防松

图 9-66　常用螺纹连接防松装置

(2) 键连接装配

键连接主要用于连接轴和轴上旋转零件，以传递扭矩。常用的键有平键、半圆键、花键等，如图 9-67 所示。键连接装配时，键的侧面是传递扭矩的工作面，一般不应修锉，键与键槽的尺寸要相互适应。装配时先将轴与孔试配，将键轻轻敲入轴的键槽内，使键底与键槽相接触，键的两侧与键槽宽度微过盈，不允许松动，最后对准轮孔的键槽，将已经安装有键的轴推入轮孔中。

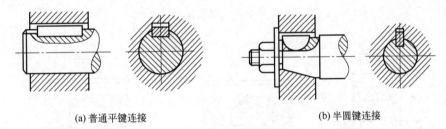

(a) 普通平键连接   (b) 半圆键连接

图 9-67　键连接装配

(3) 销连接装配

销连接主要用来连接或固定两个或两个以上零件之间的相对位置，或连接零件，以传递不大的载荷。如自行车脚踏曲柄与轴之间就是用销连接来传递力矩的。常用的销有圆柱销和圆锥销，如图 9-68 所示。销连接的孔需要铰削。圆柱销连接装配时，先在销子表面涂上机油，用铜棒轻轻打入销孔，依靠少量的过盈配合来保证连接或定位的紧固性和准确性。圆柱销不宜多次装拆。圆锥销的锥度通常为 1∶50，多用于定位以及经常拆装的场合。它定位准确，有一定的自锁性。圆锥销装配时，被连接的两个孔需要同时钻削或铰削，以达到较高的精度。锥孔铰削时宜用销子试配，以手推入 80%～85% 的锥销长度即可。

(4) 滚动轴承的装配

滚动轴承的内圈与轴的配合关系一般是微量过盈配合。滚动轴承装配时，应使用专用工具，使压力均匀分布四周，然后慢慢压入。如没有专用设备和工具，可用铜管或铜棒垫上轻轻敲打，施力点作用于内圈端面，切不可敲外圈或滚珠。装配之前在轴上涂机油润滑，以便敲入，如图 9-69 所示。

9.9.3　拆卸工作

机器使用一段时间后，要进行检查和修理，这时要对机器进行拆卸。大轴组件结构如图 9-70 所示。拆卸时要注意如下事项。

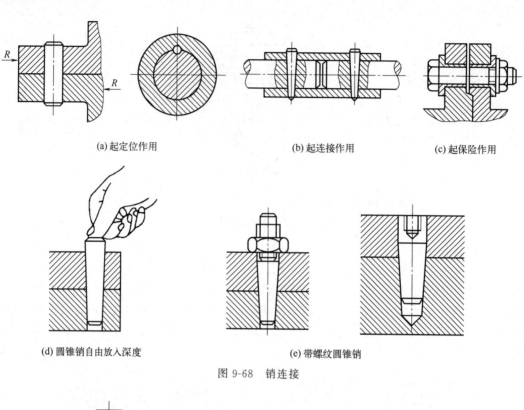

(a) 起定位作用   (b) 起连接作用   (c) 起保险作用

(d) 圆锥销自由放入深度   (e) 带螺纹圆锥销

图 9-68 销连接

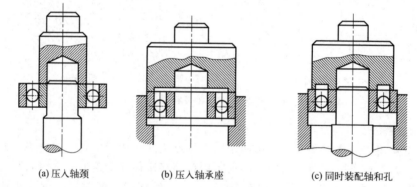

(a) 压入轴颈   (b) 压入轴承座   (c) 同时装配轴和孔

图 9-69 滚动轴承装配

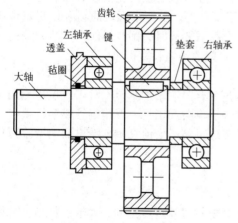

图 9-70 大轴组件结构

① 机器拆卸前，要拟订好操作程序。初次拆卸还应熟悉装配图，了解机器的结构。

② 拆卸顺序一般与装配相反，后装的先拆。

③ 拆卸时要记住每个零件原来的位置，防止以后装错。零件拆下后，要摆放整齐，严防丢失。配合件要做记号，以免搞乱。

④ 拆卸配合紧密的零部件，要用专用工具（如各种拉出器、扳手、铜锤、铜棒等），以免损伤零部件。紧固件上的防松装置，在拆卸后一般要更换，避免这些零件再次使用时因折断而造成事故。

9.9.4　装配自动化

为了提高效率，减轻劳动强度，在批量生产定型产品时，应实现装配自动化。装配自动化的主要内容一般包括给料自动化、传递自动化、装入和连接自动化、检测自动化等。装配自动化的主体是装配线和装配机。根据产品对象不同，装配线有带式装配线、板式装配线、辐道装配线、车式装配线、步伐式装配线、拨杆式装配线、推式悬链装配线和气垫装配线等。装配机有单工位装配机、回转型自动装配机、直进式自动装配机和环行式自动装配机等。自动化装配要求零部件具有良好的装配工艺性，即互换性好，易实现自动定向，便于抓取、装夹、自动传输调节和选择工艺基准等。

9.10　安 全 技 术

① 实习时要穿工作服，不准穿拖鞋，长发者应将长发压入工作帽内。

② 主要设备的布局要合理，如钳台应放在光线适宜和工作方便的位置，面对面使用的钳台要装防护网，砂轮机、钻床应安装在场地的边缘，尤其是砂轮机的方位，要考虑到一旦砂轮飞出时不致伤人的要求。

③ 在钳台上工作时，为了取用方便，右手取用的工具、量具放在右边，左手取用的工具、量具放在左边，各自应排列整齐，且不得露出钳台或堆放，以防掉下损伤工具、量具或伤人；量具不能与工具或工件混放在一起，应放在量具盒内或专用板架上。

④ 使用的机床、工具要完好，如钻床、砂轮机、手电钻要经常检查，发现损坏应及时上报，在未修复前不得使用；使用电动工具时，还要有绝缘防护和安全接地措施。

⑤ 使用砂轮时，操作者要戴好防护眼镜，并且站在砂轮侧面，不得正对砂轮，以防发生事故。

⑥ 在钳台上进行錾削时，要有防护网，尤其应注意錾削方位，以免錾屑飞出伤人；清除锯屑等切屑时要用刷子，不得直接用手清除或用嘴吹。

⑦ 工件装夹要牢固，加工通孔时要把工件垫起来或让刀具对准工作台槽。

⑧ 使用钻床时，不得戴手套，不得手拿棉纱操作或用手接触钻头和钻床主轴，谨防衣袖、头发被卷到钻头上；更换钻头等刀具时要用专用工具，勿用锤子击打钻头。

⑨ 毛坯和加工零件应放置在规定位置，排列整齐，便于取放，并避免碰伤已加工表面。

⑩ 工作场地应保持整洁，做到文明生产，工作完毕后，设备、工具均需清洁或涂油防锈并放回原来的位置；工作场地要清扫干净，切屑等污物要送往指定的堆放地点。

复习思考题

1. 划线的作用是什么？
2. 划针和划规的用途有何不同？
3. 怎样使用划针和划线盘才能使划线迅速准确？
4. 什么是划线基准？如何确定划线基准？

5. 试述零件立体划线的步骤。

6. 怎样进行大平面的錾切？

7. 锯齿为什么要按波浪形排列？

8. 如何锯削薄板料？

9. 锯齿崩落和锯条折断的原因是什么？

10. 如何选择粗、细齿锉刀？

11. 怎样进行圆面的锉削？

12. 简述锉削质量的检验方法。

13. 锉平工件时应注意什么？

14. 台钻、立钻和摇臂钻床的结构和用途有何不同？

15. 麻花钻的切削部分和导向部分的作用分别是什么？

16. 简述钻削的过程。

17. 扩孔为什么比钻孔的精度高？铰孔为什么又比扩孔的精度高？

18. 简述铰圆柱孔的方法。

19. 两支一组的丝锥，各丝锥的切削部分和校准部分有何不同？如何区分？

20. 简述攻螺纹和套螺纹的过程。

21. 用头锥攻螺纹时，为什么要轻压旋转？而丝锥攻入后，为什么可不加压，且应时常反转？

22. 怎样操作才能使攻出的螺纹孔垂直和光洁？

23. 套螺纹前如何确定圆杆直径？

24. 刮削有什么特点和用途？

25. 何谓研点子？它有何用途？

26. 刮削后表面的精度怎样检查？

27. 什么是装配？装配的过程有哪几步？

28. 装配工作应注意哪些事项？

29. 如何装配滚珠轴承？应注意哪些事项？

30. 装配成组螺钉、螺母时应注意什么？

第10章 特种加工

10.1 概 述

10.1.1 特种加工的产生与发展

特种加工是相对于传统的切削加工而言的，实质上是直接利用电能、声能、光能、化学能和电化学能等能量形式进行加工的一类方法的总称。传统的切削加工一般应具备两个基本条件，一是刀具材料的硬度必须大于工件材料的硬度，二是刀具和工件都必须具有一定的刚度和强度，以承受切削过程中的切削力。这给切削加工带来两个局限，一是不能加工接近或超过刀具硬度的工件材料，二是不能加工带有细微结构的零件。然而，随着工业生产和科学技术的发展，具有高硬度、高强度、高熔点、高脆性、高韧性等性能的新材料不断出现，具有各种细微结构与特殊工艺要求的零件越来越多，用传统的切削加工方法很难对其进行加工，因此需要使用特种加工技术来解决上述问题。特种加工是 20 世纪 40～60 年代发展起来的新工艺，目前仍在不断地革新和发展。特种加工的方法很多，常用的有电火花加工、电火花线切割加工、超声波加工和激光加工等。

10.1.2 特种加工的特点

特种加工与传统的机械加工方法相比，具有以下特点：

① 某些特种加工的工具与被加工零件基本不接触，加工时不受工件强度和硬度的限制，可加工超硬脆材料和精密微细零件，甚至加工工具材料的硬度可低于被加工工件材料的硬度。

② 加工时主要用电能、化学能、电化学能、声能、光能、热能等去除工件的多余材料，而不是主要靠机械能量切除多余材料。

③ 加工机理不同于一般金属切削加工，不产生宏观切屑，不产生强烈的弹性和塑性变形，故可获得很小的表面粗糙度，其加工后的残余应力、冷变形强化、热影响等也远比一般金属切削加工小。

④ 加工能量易于控制和转换，加工范围广，适应性强。

由于特种加工具有传统的机械加工无可比拟的优点，因此它已成为机械制造中一个新的重要领域，在现代加工技术中占有越来越重要的地位。

10.1.3 特种加工的分类

特种加工一般都按所利用的能量形式进行分类。

① 利用电能和热能进行特种加工的方法有电火花加工、电子束加工、等离子弧加工。

② 利用电能和机械能进行特种加工的方法有离子束加工。

③ 利用电能和化学能进行特种加工的方法有电解加工、电解抛光。

④ 利用电能、化学能和机械能进行特种加工的方法有电解磨削、电解珩磨、阳极机械磨削。

⑤ 利用光和热能进行特种加工的方法有激光加工。

⑥ 利用化学能进行特种加工的方法有化学加工、化学抛光。

⑦ 利用声能和机械能进行特种加工的方法有超声波加工。

⑧ 利用机械能进行特种加工的方法有磨料喷射加工、磨料流加工、液体喷射加工。

将两种以上的不同能量和加工方法结合在一起，可以取长补短，获得很好的加工效果。近年来一些新的复合加工方法不断涌现，并且其技术也日趋完善和成熟。

10.1.4 特种加工的应用

特种加工主要应用于下列场合：

① 加工各种高强度、高硬度、高韧性、高脆性等难加工材料，如耐热钢、不锈钢、钛合金、淬硬钢、硬质合金、陶瓷、宝石、聚晶金刚石、锗和硅等。

② 加工各种形状复杂的零件及细微结构，如热锻模、冲裁模、冷拔模的型腔和型孔，整体蜗轮、喷气蜗轮的叶片，喷油嘴、喷丝头的微小型孔等。

③ 加工各种有特殊要求的精密零件，如特别细长的低刚度螺杆、精度和表面质量要求特别高的陀螺仪等。

10.2 电火花加工

10.2.1 电火花加工的原理

电火花加工是利用脉冲放电对导电材料的腐蚀作用去除材料，满足一定形状和尺寸要求的一种加工方法。其加工原理如图 10-1 所示。工具电极和工件电极浸在油槽的液体介质中，液体介质多用煤油。脉冲电源不断发出一连串的脉冲电压加在工具电极和工件电极上。由于电极的微观表面是凹凸不平的，极间某凸点处的电场强度最大，因此具有一定绝缘性的液体介质最先被击穿，液体介质被电离成电子和正离子，形成放电通道。在电场力的作用下，通道内的电子高速奔向阳极，正离子则奔向阴极，形成脉冲火花放电现象。放电通道中的电子、正离子受到放电时的磁场力和周围液体介质的压缩，致使放电通道的截面积很小，通道内的电流密度很大，达到 $10^4 \sim 10^7 A/cm^2$。电子和正离子在电场力的作用下高速运动时，互相碰撞，在放电通道内产生了大量的热。同时阳极和阴极表面分别受到电子流和离子流的高速轰击，动能转变为热能，放出大量的热。这样，整个放电通道变成一个瞬时热源。通道中心的温度可达 10000℃，使电极上放电处的金属迅速熔化，甚至气化。

上述脉冲火花放电的过程极为短促，加工时可以听到"噼啪"声，爆炸力把熔化和气化了的金属微粒抛离电极表面。金属微粒被液体介质迅速冷却、凝固，继而从两极间隙中被冲走。于是，每次火花放电后，工件表面电蚀出一个小凹坑。随着工具电极在间隙自动调节器控制下不断进给，脉冲放电将不断进行。电蚀过程周而复始，无数个电蚀小凹坑将重叠在工件上，工具电极的轮廓形状就相当精确地"复印"在工件上，从而实现控制电蚀现象以满足

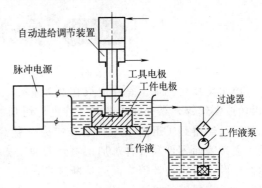

图 10-1 电火花加工原理示意图

一定形状和尺寸要求的需要。由此可见，电火花加工过程大致分为液体绝缘介质被击穿电离、脉冲火花放电、金属熔化气化、金属被抛离电极表面四个阶段。液体介质中充满了细碎的电蚀产物，流回油箱后经过滤器和油泵再输入油槽，干净的液体不断从电极间冲走细碎的电蚀产物。

10.2.2 电火花加工的工艺特点

(1) 对工件的材料适应性强
任何硬、脆、软的材料和高熔点材料，只要能导电，都可以进行电火花加工。

(2) 对工件的结构形状适应性强
一些难装、难夹、难加工的薄壁、小孔、窄槽类零件以及具有各种复杂截面的型孔和型腔零件等，都可以较方便地实现加工。

(3) 对工件的加工性质适应性强
在同一台电火花加工机床上可以连续地进行粗加工、半精加工和精加工。精加工以后表面粗糙度 Ra 值为 $0.8\sim1.6\mu m$。尺寸精度视加工方式而异，穿孔加工为 $0.01\sim0.05mm$，型腔加工为 $0.1mm$ 左右。

10.2.3 电火花加工的应用

(1) 穿孔加工
电火花穿孔加工可用于加工各种型孔（圆孔、方孔、多边孔等）、小孔（直径为 $0.1\sim1mm$）和微孔（直径小于 $0.1mm$）等，例如冲压加工用的落料模、冲孔凹模、拉丝模等。工具电极的尺寸精度对穿孔的精度影响较大，要求工具电极的尺寸精度比微型孔尺寸精度高一级，工具电极尺寸公差等级一般为 IT7，表面粗糙度 Ra 值为 $1.25\mu m$。

(2) 型腔加工
电火花型腔加工主要用于锻模、挤压模、压铸模等的加工。型腔加工比穿孔加工困难得多，关键是如何排除电蚀产物、降低工具电极的损耗和合理选择脉冲参数。

为了便于排除电蚀产物，常在工具电极上增设冲油孔，用压力油将电蚀产物强行排除，为了提高加工精度，常选用耐蚀性好的工具电极材料（如石墨、紫铜等）以减少工具电极的损耗。可采用多个电极分别对型腔进行粗加工、半精加工和精加工，以便合理选择脉冲参数。

10.3 电火花线切割加工

电火花线切割加工是在电火花加工基础上发展起来的一种新的工艺形式，是用线状电极（钼丝或铜丝等）靠火花放电对工件进行切割加工，故称为电火花线切割。电火花线切割加工技术已经得到了迅速发展，逐步成为一种高精度和高自动化的加工方法，在模具成形刀具、复杂表面零件及各种难加工材料的加工方面得到了广泛应用。近年来，由于数控技术、脉冲电源、机床设计等方面的不断进步，电火花线切割机床的加工功能及加工工艺指标均比以前有了大幅度的扩展与提高。

10.3.1 电火花线切割加工的原理

电火花线切割加工的基本原理是利用移动的细金属导线（铜丝或钼丝）作电极对工件进行脉冲火花放电、切割成形。图 10-2 为电火花线切割工艺及装置的示意图。利用细钼丝（或铜丝）4 作工具电极进行切割，储丝筒 7 使铜丝正反向交替移动，加工能源由脉冲电源 3 供给。在电极丝和工件之间浇注工作液介质，工作台在水平面两个坐标方向各自按预定的控制程序，根据火花间隙状态做伺服进给移动，从而合成各种曲线轨迹，把工件切割成形。

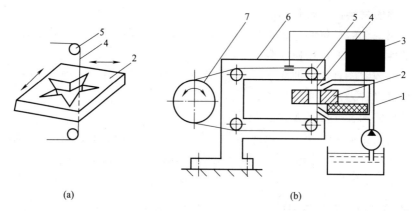

(a)　　　　　　　　(b)

图 10-2　电火花线切割工艺及装置示意图

1—绝缘地板；2—工件；3—脉冲电源；4—钼丝；5—导向轮；6—支架；7—储丝筒

10.3.2 电火花线切割加工的特点及应用

① 可用于加工一般切削方法难以加工或者无法加工的形状复杂的工件，如凸轮、样板、窄缝等，加工精度可达 $0.01\sim0.02$mm，表面粗糙度可达 $Ra1.6\mu m$ 或更小。

② 电极丝在加工中不接触工件，两者之间的作用力很小，因而对电极丝、工件及夹具的刚度要求较低。

③ 电极丝材料不必比工件材料硬，可用于加工一般切削方法难以加工或者无法加工的金属和半导体等导电材料，如硬质合金、人造金刚石等。

④ 直接利用电、热能进行加工，可通过对加工参数（如脉冲宽度、脉冲间隔、加工电流等）的调整，提高加工精度，便于实现加工过程的自动化控制。

⑤ 与一般切削加工相比，电火花线切割加工效率较低、成本较高，不适合形状简单的

大批零件的加工；加工表面有变质层，不锈钢和硬质合金的变质层不利于使用，需要处理掉。

10.3.3 电火花线切割加工机床的分类

① 按电极丝的运行速度分。可分为高速走丝电火花线切割机床、低速走丝电火花线切割机床两类。前者电极丝做高速往复运动，一般走丝速度为 8～10m/s，是我国生产和使用的主要机种；后者电极丝做低速单向运动，一般走丝速度低于 0.2m/s。

② 按控制方式分。可分为靠模仿型控制、光电跟踪控制、数字程序控制等。

③ 按加工尺寸范围分。可分为大、中、小型以及普通型与专用型等。

10.3.4 电火花线切割加工机床

(1) 电火花线切割加工机床型号及主要技术参数

我国机床型号的编制是根据 JB/T 7445.2—2012《特种加工机床　第 2 部分：型号编制方法》的规定进行的，机床型号由汉语拼音字母和阿拉伯数字组成。以 DK7732 型机床为例，其型号代号含义如下：

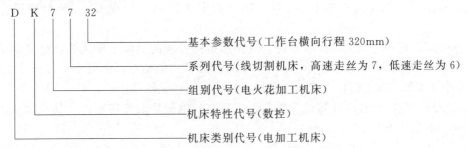

```
D  K  7  7  32
               └── 基本参数代号(工作台横向行程 320mm)
            └───── 系列代号(线切割机床，高速走丝为 7，低速走丝为 6)
         └──────── 组别代号(电火花加工机床)
      └─────────── 机床特性代号(数控)
   └────────────── 机床类别代号(电加工机床)
```

电火花线切割机床的主要技术参数包括：工作台行程（纵向行程×横向行程）、最大切割厚度、加工表面粗糙度、切割速度以及数控系统的控制方式等。DK77 系列电火花线切割加工机床的主要型号和技术参数如表 10-1 所示。

表 10-1 DK77 系列机床的主要型号和技术参数

基础型号	DK7720	DK7725	DK7732	DK7740	DK7750	DK7763
工作台行程(纵向×横向)/(mm×mm)	250×200	320×250	500×320	500×400	800×500	800×630
最大切割厚度/mm	200	140	300 (可调)	400 (可调)	300 (可调)	150 (可调)
加工表面粗糙度 Ra/μm	2.5	2.5	2.5	2.5	2.5	2.5
切割速度/(mm²·min⁻¹)	80	80	100	120	120	120
加工锥度	3°～6°					
控制方式	各种型号均由单板机(或单片机或者微机)控制					
备注	各厂家机床的切割速度有所不同					

(2) 机床基本结构

电火花线切割机床的结构示意图如图 10-3 所示，由机床本体、脉冲电源和数控装置 3 部分组成。

① 机床本体。机床本体由床身、工作台、运丝机构、工作液系统等组成。

a. 床身：用于支承和连接工作台、运丝机构、机床电器及存放工作液系统。

b. 工作台：用于安装工件并带动工件在工作台平面内做 X、Y 两个方向的移动。工作台分上、下两层，分别与 X、Y 向丝杠相连，由两个步进电机分别驱动。步进电机每接收数

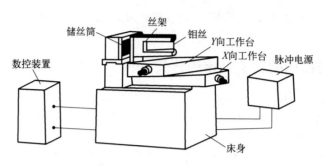

图 10-3 电火花线切割机床的组成

控装置发出的一个脉冲信号，其输出轴就旋转一个步距角，通过一对齿轮变速带动丝杠转动，从而使工作台在相应的方向上移动 0.01mm。

c. 运丝机构：电动机驱动储丝筒交替做正、反向转动，电极丝整齐地排列在储丝筒上，经过丝架做往复高速移动。

d. 工作液系统：由工作液、工作液箱、工作液泵和循环导管组成。工作液起绝缘、排屑、冷却的作用。工作液一般采用 7%～10% 的植物性皂化液或 DX-1 油酸钾乳化油水溶液。

② 脉冲电源。脉冲电源又称高频电源，其作用是把普通的交流电转化为高频率的单向脉冲电压，其特点是脉宽窄、平均电流小。脉冲电源的形式主要有晶体管矩形波脉冲电源、高频分组脉冲电源等。加工时，电极丝接脉冲电源的负极，工件接正极。

③ 数控装置。数控装置以计算机为核心，配备有其他硬件及控制软件，其控制精度为 ±0.001mm，加工精度为 ±0.01mm。

10.3.5 电火花线切割机床基本操作方法

各种电火花线切割机床的基本操作方法大致相同，其操作步骤如下：

① 开机：通电，开启微机。

② 编程：编制电火花线切割加工程序，注意起切点与工件相对位置。

③ 检查机床：检查运丝机构、工作液系统是否正常，检测电极丝的垂直度。

④ 装夹工件：通过悬臂式支承或桥式支承方式装夹工件，注意留有余度，防止拖板移动到极限位置时，工件还未割好。

⑤ 输入或传输加工代码：若是手工编程，则输入程序；若是自动编程，则可通过局域网传输调用。

⑥ 启动机床控制系统。

⑦ 读取并模拟加工程序。

⑧ 设置脉冲宽度、脉冲间隔、脉冲电压等电源参数，注意切不可在加工过程中变更脉冲电源参数。

⑨ 调整工作台位置，使电极丝处于穿丝点位置，注意不要碰断电极丝，并将工作液挡板放置到位。

⑩ 启动"加工"键，进行加工，加工完成后进行零件检测，若有微量偏差可调整间隙补偿值再加工。

⑪ 关停电源，注意关停顺序，先关高频电源、水泵，再按总停按钮，停止运丝。

⑫ 清洁维护机床。

10.4 超声波加工

10.4.1 超声波加工的原理

超声波加工是利用超声振动的工具，带动工件和工具间的磨料悬浮液，冲击和抛磨工件的被加工部位，使其局部材料破碎成粉末，以进行穿孔、切割和研磨等的加工方法。

频率超过16000Hz的振动波称为超声波。超声波的能量比声波大得多，超声波加工的原理如图10-4所示。加工时，在工件和工具之间加入液体（水或煤油）和磨料混合的工作液，并以很小的力使工具压在工件上。超声波发生器产生的超声频振荡，通过换能器转换成16000Hz以上的超声频纵向振动，并借助于振幅扩大棒把振幅放大到0.01～0.15mm。变幅杆驱动工具超声频振动，并以工具端面迫使工作液中悬浮的磨粒以很大的速度不断撞击和研磨工件表面，把工件加工区域的材料破碎成很细的微粒并打击下来。

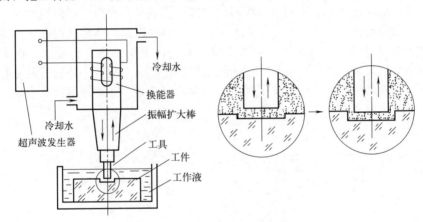

冷却水
换能器
振幅扩大棒
冷却水
超声波发生器
工具
工件
工作液

图10-4　超声波加工原理示意图

10.4.2 超声波加工的工艺特点

(1) 适合加工各种硬脆材料

超声波加工是利用局部撞击作用，因此，越是硬脆的材料，受撞击作用遭受的破坏越大，越适合超声波加工。

(2) 加工质量较好

由于超声波加工是靠极小的磨料对加工表面瞬时局部撞击去除加工材料，故对工件表面的宏观切削力很小，切削应力和切削热也很小，不会引起变形和烧伤。表面粗糙度Ra值为0.1～1.0μm，加工精度可达0.01～0.02mm，而且能加工薄壁窄缝、低刚度的零件。

(3) 操作方便

由于超声波加工使用的工具由较软的材料制成，故工具的形状可以较为复杂，从而使工件与工具之间的相对运动较简单。机床结构简单，操作维修方便。

10.4.3 超声波加工的应用

超声波加工不仅能加工硬质合金、淬火钢等金属脆硬材料，而且能加工玻璃、陶瓷、半导体锗和硅片等不导电的非金属脆硬材料。

超声波加工的生产率虽然比电火花、电解加工低，但其加工精度较高，加工后的表面粗糙度值较小。因此，常利用超声波加工进一步提高加工质量。

超声波加工目前主要用于加工脆硬材料上的圆孔、型孔、套料、细微孔等。

10.5 激光加工

激光加工是：利用能量密度极高的激光束照射工件的被加工部位，使其材料瞬间熔化或蒸发，并在冲击波的作用下，将熔融物质喷射出去，从而对工件进行穿孔、蚀刻、切割；或采用较小的能量密度，使加工区域材料熔融黏合，对工件进行加工焊接。

10.5.1 激光加工原理

激光加工就是通过一系列装置，把光的能量高度地集中在一个极小的面积上，产生几万摄氏度的高温，从而使任何金属或非金属材料立即气化蒸发，并产生很强烈的冲击波，对熔化物质呈爆炸式喷射去除，从而在工件上加工出孔、窄缝以及其他形状的表面。激光加工的工作原理如图 10-5 所示。当激光工作物质受到光泵的激发后，会有少量激发粒子自发辐射出光子。于是会感应所有其他激发粒子产生受激辐射，造成光放大，并通过谐振腔（由两反射镜组成）的反馈作用产生振荡。从谐振腔的一端输出激光，并通过透镜聚焦到工件的待加工表面上，进行各种加工。

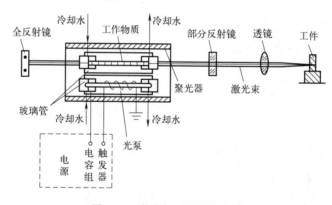

图 10-5　激光加工原理示意图

10.5.2 激光加工工艺特点

① 激光几乎对所有的金属材料和非金属材料都可以进行加工。特别是对坚硬材料、难熔材料可以进行微小孔（$\phi 0.01 \sim 1mm$）加工，最小孔径可达 0.001mm，孔的深径比可达 $50 \sim 100mm$。

② 激光加工效率很高，打一个孔只需 0.001s，因此，激光加工易于实现自动化生产和流水作业。

③ 激光加工不使用刀具，并且可以通过惰性气体或光学透明介质进行加工。激光加工无机械加工变形，热变形也很少。

10.5.3 激光加工的应用

① 激光打孔。利用激光打微型小孔，已应用于火箭发动机和柴油机的喷油嘴加工。化学纤维喷丝头打孔、钟表及仪表中宝石轴承打孔、金刚石拉丝模孔的加工等，都可应用激光加工工艺。

② 激光切割。采用激光可以对许多材料进行高效率的切割加工，切割速度一般超过机械切割。切割厚度，对金属材料可达 10 毫米以上，对非金属材料可达几十毫米。切缝宽度一般为 0.1～0.5 毫米。

③ 激光焊接。激光通常用减少激光输出功率的方法，将工件结合处（已烧熔）黏合在一起实现焊接。焊接过程极为迅速，热影响区极小，没有焊渣，甚至能透过玻璃焊接和实现金属与非金属材料之间的焊接。

复习思考题

1. 简述电火花加工的原理和应用范围。
2. 什么是电火花加工？它的基本原理和应用范围是什么？
3. 电火花加工的特点有哪些？
4. 简述超声波加工的原理和应用范围。
5. 简述激光加工的原理和应用范围。

数控车床又称为 CNC（computer numercial contral）车床，即计算机数字控制车床，是目前使用较为广泛的数控机床。数控车床由于应用了计算机数控系统，进给采用伺服电机驱动，可连续控制刀具的纵向（Z 轴）和横向（X 轴）运动，从而可以完成对各类回转体工件内外形面的自动加工。

数控车床主要用于加工各种轴类、套筒类和圆盘类零件上的回转表面，如内外圆柱面、圆锥面、成形表面、螺纹和端面等工序的切削加工，并能进行车槽、钻孔、扩孔、铰孔等。车削中心可在一次装夹中完成更多的加工工序，提高加工精度和生产效率，特别适合于复杂形状回转类零件的加工。

11.1 数控车床概述

11.1.1 数控车床的分类

由于数控车床品种繁多，规格不一，因而有多种不同的分类方法，目前，对数控车床的分类主要有以下几种方法。

（1）按数控系统的功能和机械结构的档次分类

① 经济型数控车床。经济型数控车床通常是在普通车床基础上改进设计而成，一般采用步进电动机驱动的开环控制伺服系统，其控制部分通常采用单板机或单片机，如图 11-1 所示。相对全功能型数控车床而言，经济型数控车床的特点是结构简单、价格低。随着时代的发展，对经济型数控车床有了新的界定，它与全功能型数控车床相比，除了主电机采用变频电机、伺服控制方式采用开环或半闭环控制、数控系统的档次较低、机床刚度及精度较低外，其他与全功能型数控车床已没有多大区别。

图 11-1　经济型数控车床

图 11-2　全功能型数控车床

图 11-3　车削中心

② 全功能型数控车床。全功能数控车床就是我们常说的标准数控车床。它一般为采用交、直流伺服电机驱动的闭环或半闭环控制系统，具有 CRT（阴极射线管）显示，不但有字符，而且有图形、人机对话、自诊断、刀具和各种误差补偿等功能，并带有通信或网络接口，如图 11-2 所示。全功能型数控车床一般采用斜床身后置刀架结构，配备有较完善的辅助设备，具有高刚度、高精度、高速度和高效率等优点。

③ 车削中心。车削中心是以全功能型数控车床为主体发展起来的一种复合加工机床，配有动力刀架、分度装置、刀库、铣削动力头和机械手等部件，可实现多工序集中复合加工，工件在一次装夹后，能完成回转零件上各个表面的加工，如图 11-3 所示。动力刀架具有自驱电机，可以驱动其上的 X 向或 Z 向回转类刀具（钻头和铣刀）实现回转运动。因此车削中心除可以进行一般车削加工外，Z 向回转类刀具可完成铣削端面圆弧槽、直线槽、铣（钻）在端面上分布的平行于工件轴线的孔等加工任务（如图 11-4 所示），X 向回转类刀具可完成铣削平面、螺旋槽、键槽、铣（钻）径向孔等加工任务（如图 11-5 所示）。

图 11-4　动力刀架 Z 向加工

图 11-5　动力刀架 X 向加工

（2）按主轴的配置形式分类

① 卧式数控车床。卧式数控车床其主轴轴线处于水平位置，它又可分为水平导轨卧式数控车床和倾斜导轨卧式数控车床，倾斜导轨卧式数控车床其倾斜导轨结构可以使车床具有更大的刚性，并易于排除切屑。卧式数控车床适合加工轴向尺寸较长的轴类零件和小型盘类零件。

② 立式数控车床。立式数控车床简称数控立车，其主轴轴线垂直于水平面，并有一个直径较大的圆形工作台，用以装夹工件。这类机床主要用于加工径向尺寸大、轴向尺寸相对较小的大型复杂盘类零件，如图 11-6 所示。

③ 双主轴数控车床。根据主轴的布置方式分为双主轴立式/卧式数控车床。如图 11-7 所示为双主轴、双刀架结构卧式数控车床。该机床采用三轴控制，左主轴完成加工后，右主轴可自动完成对已加工部位的夹持，满足机床对零件未加工部位的车削加工，从而实现零件的完全车削加工。

图 11-6　立式数控车床

图 11-7　双主轴、双刀架结构卧式数控车床

（3）按加工零件的基本类型分类

① 卡盘式数控车床。卡盘式数控车床没有尾座，适合车削盘类（含短轴类）零件。夹紧方式多为电动或液动控制，卡盘结构多具有可调卡爪或不淬火卡爪（即软卡爪）。

② 顶尖式数控车床。顶尖式数控车床配有普通尾座或数控尾座，适合车削较长的轴类零件及直径不太大的盘类零件。

11.1.2　数控车床基本结构及工作原理

11.1.2.1　数控车床与普通车床结构上的区别

数控车床从原理上讲与普通车床基本相同，但由于它增加了数字控制功能，加工过程中自动化程度高，因而具有更高的加工效率和加工精度。在普通的卧式车床中，主轴的运动是经过挂轮架、进给箱、溜板箱传到溜板（刀架），从而实现纵向和横向的进给运动。而数控车床中采用两个独立的伺服电机经滚珠丝杠螺母副来直接带动溜板（刀架），从而实现独立的 Z 向和 X 向进给运动。两者主要区别见表 11-1。

表 11-1　数控车床与普通车床在结构上的主要区别

机床类型	运动传递	主轴箱	进给机构	有无挂轮架、进给箱、溜板箱	机械结构
普通车床	齿轮副	多级齿轮副	挂轮架—进给箱—光（丝）杠—溜板箱—溜板（刀架）	有	复杂
数控车床	伺服进给装置	伺服或变频电机直接驱动主轴	伺服电机—滚珠丝杠—溜板（刀架）	无	简单

11.1.2.2　数控车床的组成

数控车床主要由机床本体、数控系统、伺服系统和辅助装置等组成，如图 11-8 所示。

（1）机床本体

机床本体是数控车床的机械部件，主要包括主轴箱、床身、刀架、底座、尾座、进给传动机构等。

① 主轴箱。数控车床主轴箱的主要功能是支承并使主轴带动工件按照规定的转速旋转，从而实现数控车床的主运动。

② 床身。床身是数控车床的支承件，用于安装主轴箱、拖板、刀架等部件以保证它们之间的相互位置精度要求。

③ 刀架。安装在机床的刀架滑板上，加工时可实现自动换刀，刀架的作用是装夹车刀。

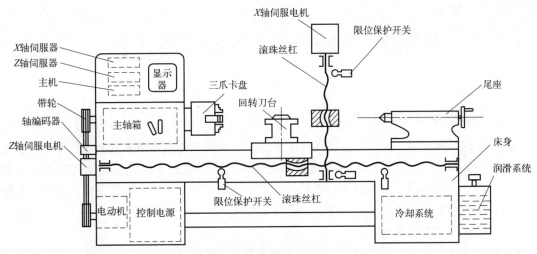

图 11-8　数控车床布局

④ 底座。车床的基础，用于支承机床的各部件，连接电气柜，支承防护罩和安装排屑装置。

⑤ 尾座。安装在机床导轨上，可沿导轨做纵向移动调整位置。尾座的作用是安装顶尖支承工件，在加工时起辅助支承作用。数控车床尾座一般有手动尾座和可编程液压尾座两种。

⑥ 进给传动机构。数控车床的进给传动系统多采用伺服电机或通过同步齿形带带动滚珠丝杠旋转。横向进给传动系统是带动刀架做横向 X 轴移动的装置，它控制工件的径向尺寸；纵向进给装置是带动刀架做轴向 Z 轴运动的装置，它控制工件轴向尺寸。

（2）数控系统

数控系统是数控车床的核心，包括 CPU（中央处理器）、存储器、CRT 等部分，用于输入数字化的零件程序，并完成输入信息的存储、数据的变换、插补运算以及实现各种控制功能。

（3）伺服系统

伺服系统是数控机床执行机构的驱动部件，包括主轴驱动单元、进给单元、主轴电机及进给电机等。它在数控装置的控制下通过电气或电液伺服系统实现主轴和进给驱动。当几个进给联动时，可以完成定位和直线、平面曲线、空间曲线的加工。

（4）辅助装置

辅助装置是数控机床的一些必要的配套部件，用以保证数控机床的运行，如冷却、排屑、润滑、照明、监测等。它包括液压和气动装置、高速动力卡盘、机内对刀仪（如图 11-9 所示）、机外对刀仪（通常有寻边器和 Z 轴设定器）、自动排屑装置（如图 11-10 所示）、工件接收器（如图 11-11 所示）、数控回转工作台和分度台，还包括刀具及监控检测装置等。

图 11-9　机内对刀仪外观　　图 11-10　自动排屑器外观图　　图 11-11　工件接收器外观图

11.2 数控车床加工对象与加工工艺

11.2.1 数控车床的主要加工对象

数控车削是数控加工中用得最多的加工方法之一。由于数控车床具有加工精度高、有直线和圆弧插补功能以及在加工过程中能自动变速等特点，因此其加工范围比普通车床大得多。凡是能在普通车床上装夹的回转体零件都能在数控车床上加工。与普通车床相比，数控车床比较适合车削具有以下要求和特点的回转体零件。

(1) 精度要求高的零件

零件的精度要求主要指尺寸、形状、位置和表面等精度要求，其中表面精度主要指表面粗糙度。由于数控车床刚性好，制造和对刀精度高，以及能方便、精确地进行人工补偿和自动补偿，所以能加工尺寸精度要求较高的零件，有些场合能达到以车代磨的效果。此外，由于数控车床的运动是通过高精度插补运算和伺服驱动来实现的，所以它能加工直线度、圆度、圆柱度等形状精度要求高的零件。由于数控车床一次装夹能完成加工的内容较多，所以它能有效提高零件的位置精度，并且加工质量稳定。数控车床具有恒线速度切削功能，所以它不仅加工出表面粗糙度小而均匀的零件，而且还适合车削各部位表面粗糙度要求不同的零件。一般数控车床的加工精度可达 0.001mm，表面粗糙度 Ra 可达 $0.16\mu m$（精密数控车床可达 $0.02\mu m$）。

(2) 表面粗糙度要求高的零件

数控车床具有恒线速切削功能，能加工出表面粗糙度值小而均匀的零件。在材质、精车余量和刀具已定的情况下，表面粗糙度取决于进给量和切削速度。切削速度变化，会导致车削后的表面粗糙度不一致。使用数控车床的恒线速切削功能，就可选用最佳线速度来切削锥面、球面和端面等，使车削后的表面粗糙度值既小又一致。

(3) 表面轮廓形状特别复杂或难以控制尺寸的回转体零件

数控车床具有直线和圆弧插补功能，可以车削由任意直线和平面曲线组成的形状复杂的回转体零件。组成零件轮廓的曲线可以是数学方程式描述的曲线，也可以是列表曲线。对于由直线或圆弧组成的轮廓，可以直接利用数控车床的直线或圆弧插补功能；对于非圆曲线组成的轮廓，可以用非圆曲线插补功能，若所选用数控车床没有非圆曲线插补功能，则应先用直线或圆弧去逼近，然后再用直线或圆弧插补功能进行插补切削。

(4) 带特殊螺纹的零件

传统车床所能切削的螺纹相当有限，它只能车等节距的直、锥面，公、英制螺纹，而且一台车床只限定加工几种节距。数控车床具有加工各类螺纹的功能，包括任何等导程的直、锥和端面螺纹，增导程、减导程以及要求等导程与变导程之间平滑过渡的螺纹。数控车床车削螺纹时主轴转向不必像传统车床那样交替变换，它可以一刀又一刀不停地循环，直到完成，所以它车削螺纹的效率很高。数控车床可以配备精密螺纹切削功能，再加上采用机夹式硬质合金螺纹车刀，以及可以使用较高的转速，所以车削出来的螺纹精度较高、表面粗糙度小。可以说，包括丝杠在内的螺纹零件很适合于在数控车床上加工。

11.2.2 数控车削加工工艺

数控车削加工工艺是采用数控车床加工零件时所运用的方法和技术手段的总和。其主要内容包括以下几个方面：

① 通过数控加工的适应性分析选择并确定零件的数控车削加工内容。

② 结合加工表面的特点和数控设备的功能对零件图纸进行数控车削加工工艺分析。

③ 工具、夹具的选择和调整设计。

④ 工序、工步的设计。

⑤ 切削用量的选择。

⑥ 加工轨迹的计算和优化。

⑦ 数控车削加工程序的编写、校验与修改。

⑧ 首件试加工与现场问题的处理。

⑨ 编制数控车削加工工艺技术文件。

工艺分析是数控车削加工的前期工艺准备工作。工艺制定得合理与否，对程序的编制、机床的加工效率和零件的加工精度都有重要影响。为了编制出一个合理的、实用的加工程序，要求编程者不仅要了解数控车床的工作原理、性能特点、结构，掌握编程语言及编程格式，还应熟练掌握工件加工工艺，确定合理的切削用量，正确地选用刀具和工件装夹方法。数控车削加工工艺是以普通车削加工工艺为基础，因此，应遵循一般的工艺原则，并结合数控车床的特点，综合运用多方面的知识解决数控车削加工过程中面临的工艺问题，主要内容有：根据图纸分析零件的加工要求及其合理性；确定工件在数控车床上的装夹方式；对各表面的加工顺序、刀具的进给路线以及刀具、夹具和切削用量的选择等。

(1) 零件图分析

零件图分析是制定数控车削工艺的首要任务。主要进行尺寸标注方法分析、轮廓几何要素分析以及精度和技术要求分析。此外还应分析零件结构和加工要求的合理性，选择工艺基准。

① 尺寸标注方法分析。零件图上的尺寸标注方法应适应数控车床的加工特点，以同一基准标注尺寸或直接给出坐标尺寸。这种标注方法既便于编程，又有利于设计基准、工艺基准、测量基准和编程原点的统一。如果零件图上各方向的尺寸没有统一的设计基准，可考虑在不影响零件精度的前提下选择统一的工艺基准，通过计算转化各尺寸，以简化编程计算。

② 轮廓几何要素分析。在手工编程时，要计算每个节点坐标。在自动编程时要对零件轮廓的所有几何元素进行定义。因此在零件图分析时，要分析几何元素的给定条件是否充分。

③ 精度和技术要求分析。对被加工零件的精度和技术要求进行分析，是零件工艺性分析的重要内容，只有在正确分析零件尺寸精度和表面粗糙度的基础上，才能正确合理地选择加工方法、装夹方式、刀具及切削用量等。其主要内容包括：分析精度及各项技术要求是否齐全、是否合理；分析本工序的数控车削加工精度能否达到图纸要求，若达不到，允许采取其他加工方式弥补时，应给后续工序留有余量；对图纸上有位置精度要求的表面，应保证在一次装夹下完成；对表面粗糙度要求较高的表面，应采用恒线速度切削。

(2) 夹具和刀具的选择

① 工件的装夹与定位。数控车削加工中尽可能做到一次装夹后能加工出全部或大部分待加工表面，尽量减少装夹次数，以提高加工效率、保证加工精度。对于轴类零件，通常以零件自身的外圆柱面作定位基准；对于套类零件，则以内孔为定位基准。

数控车床夹具除了通用的三爪自动定心卡盘、四爪卡盘、液压、电动及气动夹具外，还有多种通用性较好的专用夹具，实际操作时应合理选择。

② 刀具选择。刀具的使用寿命除与刀具材料相关外，还与刀具的直径有很大的关系。刀具直径越大，能承受的切削用量也越大，所以在零件形状允许的情况下，采用尽可能大的刀具直径是延长刀具寿命，提高生产率的有效措施。数控车削常用的刀具一般分为3类，即尖形车刀、圆弧形车刀和成形车刀。

(3) 切削用量的选择

数控车削加工中的切削用量包括背吃刀量 a_p、主轴转速 s（或切削速度 v_c）及进给速度 F（或进给量 f）。

① 切削用量的选用原则。合理地选用切削用量对提高数控车床的加工质量至关重要。数控车床切削用量的选择可通过查表或机床说明书选取，也可结合具体情况和加工经验确定。一般的选用原则为：粗车时，首先考虑在机床刚性允许的情况下选取尽可能大的背吃刀量 a_p，其次根据机床动力和刚性的限制条件，选取尽可能大的进给量 f，最后根据刀具耐用度要求，确定合适的切削速度 v_c。增大背吃刀量 a_p 可使走刀次数减少，增大进给量 f 有利于断屑。精车时，对加工精度和表面粗糙度要求较高，加工余量不大且较均匀。选择精车的切削用量时，应着重考虑如何保证加工质量，并在此基础上尽量提高生产效率。因此，精车时应选用较小（但不能太小）的背吃刀量和进给量，并选用性能高的刀具材料和合理的几何参数，以尽可能提高切削速度。

② 切削用量的选取方法。

a. 背吃刀量的选择。在刚性机床和功率允许的条件下，尽可能选取较大的背吃刀量，以减少进给次数。粗加工时，除留下精加工余量外，一次走刀尽可能切除全部余量，也可分多次走刀。精加工的加工余量一般较小，可一次切除。

b. 进给速度的确定。粗加工时，由于对工件的表面质量没有太高的要求，这时主要根据机床进给机构的强度和刚性、刀杆的强度和刚性、刀具材料、刀杆和工件尺寸以及已选定的背吃刀量等因素来选取进给速度。精加工时，则按表面粗糙度要求、刀具及工件材料等因素来选取进给速度。粗车时一般取 0.3～0.8mm/r；精车时常取 0.1～0.3mm/r；切断时常取 0.05～0.2mm/r。

c. 切削速度的确定。切削速度 v_c 可根据已经选定的背吃刀量、进给量及刀具耐用度进行选取。实际加工过程中，也可根据生产实践经验或通过查表的方法来选取。粗加工或工件材料的加工性能较差时，宜选用较低的切削速度。精加工或刀具材料、工件材料的切削性能较好时，宜选用较高的切削速度。切削速度 v_c（单位 m/min）确定后，可根据刀具或工件直径（D，单位 mm）按公式 $n = 1000v_c/(\pi D)$ 来确定主轴转速 n（单位 r/min）。

(4) 加工工序的划分

在数控车床上加工零件，常用的工序划分原则有以下两种：

① 保持精度原则。数控车床要求工序尽可能集中。粗、精加工通常在一次装夹下完成，为减少热变形和切削力变形对工件的形状、位置、尺寸精度和表面粗糙度的影响，应将粗、精加工分开进行。对轴类或盘类零件，将待加工面先粗加工，留少量余量再精加工，来保证表面质量要求。对轴上有孔、螺纹加工的工件，应先加工表面而后加工孔、螺纹。

② 提高生产效率的原则。数控加工中，为减少换刀次数、节省换刀时间，先将需用同一把刀加工的加工部位全部完成，再换另一把刀来加工其他部位。同时应尽量减少空行程，用同一把刀加工工件的多个部位时，应以最短的路线到达各加工部位。

(5) 确定加工顺序

确定加工顺序应根据零件的结构和毛坯状况，以及定位与夹紧的需要来考虑，重点是保持被加工零件的尺寸精度和表面质量。确定加工顺序一般应遵循下列原则：

① 先基准后其他。即首先加工在后续工序中作为精基准的表面，因定位基准的表面越精确，装夹误差越小。

② 先主要后次要。先对精度要求较高的主要表面进行粗加工，并以此表面定位再来加工精度要求较低的那些次要表面，即次要表面的加工安排在主要表面最终精加工前进行。

③ 先粗后精。对精度要求较高的零件，粗精加工需分开进行的，应先对各表面进行粗加工，再进行半精加工或精加工，逐步提高加工表面的加工精度及减小表面粗糙度。

④ 先面后孔。先加工端面，再进行孔加工。这有利于提高孔的位置精度，避免孔口毛刺的产生。

⑤ 先内后外，内外交叉。对内、外表面均需加工的零件，安排加工顺序时，应先进行内外表面粗加工，后进行内外表面精加工。并且在同一加工精度阶段，应先安排内表面的加工，再安排外表面的加工。

⑥ 先近后远。通常情况下，为了缩短刀具移动距离，减少空行程时间，同时也为了保持被加工零件的刚性，应先加工离对刀点（起刀点）近的表面，后加工离对刀点远的表面。

11.2.3　数控车床的坐标系

(1) 机床坐标系

数控车床是以其主轴轴线方向为 Z 轴方向，刀具远离工件的方向为 Z 轴的正方向。X 轴的方向是在工件的径向上，与 Z 轴垂直，X 轴的正方向为刀具离开工件旋转中心的方向。数控车床机床坐标系的原点（机床原点）一般定义在主轴旋转中心线与卡盘端面的交点处，如图 11-12 所示。

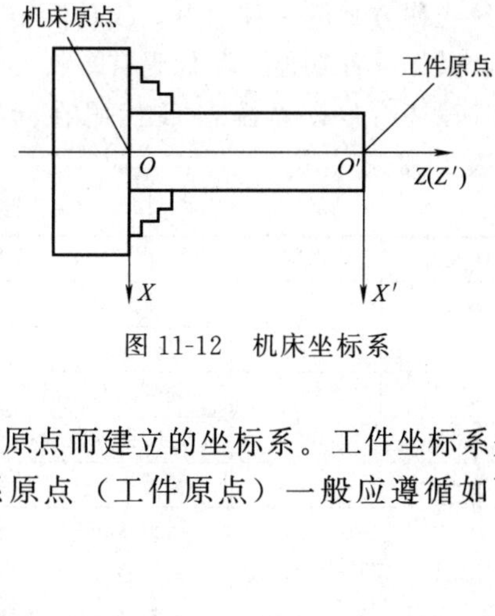

图 11-12　机床坐标系

(2) 工件坐标系

工件坐标系是编程人员在被加工的工件上、工装夹具上或机床的其他位置选定某一个已知点为坐标系的原点而建立的坐标系。工件坐标系是由编程人员自行根据加工的工件设定的。工件坐标系原点（工件原点）一般应遵循如下原则：

① 应选在零件图样的设计基准或工艺基准上。

② 应尽量选在尺寸精度高、表面粗糙度值低的加工表面上。

③ 应选在零件的对称中心上。

④ 应便于工件的测量和检验。

数控车床加工零件时，工件原点一般设在主轴回转中心上，具体位置设置在工件的右端面（左端面）的交点上，应尽量使编程基准与设计、安装基准重合。

(3) 对刀点与换刀点

① 对刀点及对刀。对刀点是指通过对刀确定刀具与工件相对位置的基准点。在使用对刀点确定工件坐标系原点时，就需要进行对刀操作，所谓对刀就是建立工件坐标系。

② 换刀点。数控加工中用于自动更换刀具的位置点。在数控车床上加工零件时，经常需要换刀，因此在编制程序时，就要设置一个合适的换刀点。设置换刀点时应遵循的原则是：

a. 确保换刀时刀具不与工件、夹具和机床发生碰撞。

b. 力求最短的换刀路线，提高加工效率。一般情况下，换刀点是根据加工零件的外形尺寸人为设定的点。

11.3 数控车床基本编程

数控编程是指从零件图纸到获得数控加工程序的全部工作过程。

11.3.1 程序的基本格式

数控车床数控编程的主要内容有：分析零件图样、确定数控加工工艺方案、数值计算、编写零件加工程序、校对程序及首件试切。

数控车床的基本功能包括准备功能（G功能）、辅助功能（M功能）、主轴功能（S功能）、刀具功能（T功能）和进给功能（F功能）。下面以 FANUC 0i 系统为例介绍其基本功能。

(1) 准备功能（G功能）

准备功能也称为 G 功能（或称为 G 代码、G 指令），它是用来指令车床工作方式或控制系统工作方式的一种命令，G 功能由地址符 G 和其后的两位数字组成（00～99），从 G00～G99 共 100 种功能。G 代码有单次 G 代码和模态 G 代码之分，单次 G 代码只限于被指令的程序段中有效，而模态 G 代码在同组 G 代码出现之前，其代码一直有效。常用 G 代码见表 11-2。

表 11-2　G代码一览表

G 指令	组别	功能	程序格式及说明
▲G00	01	快速点定位	G00 X(U)__ Z(W)__;
G01		直线插补	G01 X(U)__ Z(W)__ F__;
G02	01	顺时针圆弧插补	G02 X(U)__ Z(W)__ R__ F__;
G03		逆时针圆弧插补	G03 X(U)__ Z(W)__ I__ K__ F__;
G04	00	暂停	G04 X__;或 G04 U__;或 G04 P__;
G20	06	英制输入	G20;
G21		米制输入	G21;
G28		返回机床第1参考点	G28 X__ Z__;
G30		返回第2、3、4参考点	G30 P3 X__ Z__;或 G30 P4 X__ Z__;
G32	01	螺纹切削	G32 X__ Z__ F__;（F为导程）
G34		变螺距螺纹切削	G34 X__ Z__ F__ K__;
▲G40	07	刀尖半径补偿取消	G40 G00 X(U)__ Z(W)__;
G41		刀尖半径左补偿	G41 G01 X(U)__ Z(W)__ F__;
G42		刀尖半径右补偿	G42 G01 X(U)__ Z(W)__ F__;
G50	00	坐标系设定或主轴最大速度设定	G50 X__ Z__;或 G50 S__;
G52		局部坐标系设定	G52 X__ Z__;
G65	00	宏程序调用	G65 P__ L__ <自变量指定>;
G66	12	宏程序模态调用	G66 P__ L__ <自变量指定>;
▲G67		宏程序模态调用取消	G67;

续表

G指令	组别	功能	程序格式及说明
G70	00	精加工复合循环	G70 P__ Q__;
G71		外圆/内径粗车循环	G71 U__ R__; G71 P__ Q__ U__ W__ F__;
G72		端面粗车复合循环	G72 W__ R__; G72 P__ Q__ U__ W__ F__;
G73		多重车削循环	G73 U__ W__ R__; G73 P__ Q__ U__ W__ F__;
G74		端面深孔钻削循环	G74 R__; G74 X(U)__ Z(W)__ P__ Q__ R__ F__;
G75	00	外径/内径钻孔循环	G75 R__; G75 X(U)__ Z(W)__ P__ Q__ R__ F__;
G76		螺纹切削复合循环	G76 P__ Q__ R__; G76 X(U)__ Z(W)__ R__ P__ Q__ F__;
G90		外径/内径切削循环	G90 X(U)__ Z(W)__ F__; G90 X(U)__ Z(W)__ R__ F__;
G92	01	螺纹切削复合循环	G92 X(U)__ Z(W)__ F__; G92 X(U)__ Z(W)__ R__ F__;
G94		端面切削循环	G94 X(U)__ Z(W)__ F__; G94 X(U)__ Z(W)__ R__ F__;
G96	02	恒线速度控制	G96 S__;
▲G97		取消恒线速度控制	G97 S__;
G98	05	每分钟进给	G98 F__;
▲G99		每转进给	G99 F__;

注：1. 带▲的为开机默认指令；下画线__表示对应的参数值。
　　2. 00组G代码都是非模态指令。
　　3. 不同组的G代码能够在同一程序段中指定。如果同一程序段中指定了同组G代码，则最后指定的G代码有效。
　　4. G代码按组号显示，对于表中没有列出的功能指令，参阅有关厂家的编程说明书。

（2）辅助功能（M功能）

辅助功能主要是用来指定数控机床在加工过程中的相关辅助功能。如主轴的旋转方向、启动、停止、冷却液的开关，工件或刀具的夹紧和松开，刀具的更换等功能。辅助功能指令由地址符M和其后的两位数字组成。辅助功能也称M功能或M代码（M指令）。常用辅助功能见表11-3。

表11-3　常用辅助功能一览表

序号	指令	功能	序号	指令	功能
1	M00	程序暂停	7	M08	冷却液开
2	M01	程序选择停止	8	M09	冷却液关
3	M02	程序结束	9	M30	程序结束并返回程序头
4	M03	主轴顺时针方向旋转	10	M98	调用子程序
5	M04	主轴逆时针方向旋转	11	M99	返回主程序
6	M05	主轴停止			

（3）进给功能（F功能）

进给功能（F功能，F指令）用于指定加工中的进给速度（进给量），指令由F和其后的数字来表示。

① 每分钟进给（G98）：指令由G98和字母F及其后的数值组成。

指令格式：G98 F__;

该指令字母F后的数值为刀具每分钟进给量（单位mm/min）。G98被执行后，系统将一直保持 G98 状态，直至出现 G99 的程序段，此时 G98 便被取消，而 G99 将发生作用。

② 每转进给（G99）：指令由 G99 和字母 F 及其后的数值组成。

指令格式：G99 F ＿；

该指令字母 F 后的数值为主轴转一转时刀具的每转进给量（单位 mm/r）。数控系统上电后，初始状态为 G99 状态，要取消 G99 状态，必须重新指定 G98。

（4）刀具功能（T 功能）

刀具功能（T 功能，T 指令）是用来选择刀具的指令。数控车床在加工过程中，针对加工内容及加工工序的不同，需要调用不同的刀具，如粗车刀、精车刀、螺纹刀、切断刀等，因此加工程序中需要指定刀具及相应的补偿值。

刀具功能指令由字母 T 和其后的 4 位数字组成。

指令格式：T ＿ ＿ ＿ ＿；

其中指令字母 T 后的前两位数字表示刀具刀位号，后两位表示此刀具的补偿号。如：T0101 表示调用 1 号刀，同时调用 1 号刀具补偿值；T0100 表示取消 1 号刀具刀补。

例如：执行"T0303"；数控系统自动换 03 号刀，并调入 3 号刀具的补偿值。当执行"T0405"；数控系统自动换 04 号刀，并调入 5 号刀具的补偿值进行补偿。

11.3.2 基本编程指令

（1）快速点定位指令（G00）

G00 是刀具以快速移动方式，从当前位置运动并定位于目标点的快速定位指令。

指令格式：G00 X(U)＿ Z(W)＿；

当用绝对值编程时，X、Z 后面的数值是目标位置在工件坐标系的坐标。当用相对值编程时，U、W 后面的数值则是现在点与目标点之间的距离与方向。

（2）直线插补指令（G01）

直线插补指令 G01 是直线运动指令。它是用来指令机床刀具以一定的进给速度，在坐标中以插补联动方式做直线插补运动的指令。

指令格式：G01 X(U)α Z(W)β F＿；

其中 F 后的数值是进给速度（单位 mm/min 或 mm/r）。使用 G01 指令时可以采用绝对坐标编程，也可采用相对坐标编程。当采用绝对坐标编程时，数控系统在接收 G01 指令后，刀具将移至坐标值为 α、β 的点上；当采用相对坐标编程时，刀具移至距当前点的距离为 α、β 值的点上。

（3）圆弧插补指令（G02、G03）

圆弧插补指令 G02、G03 是圆弧运动指令。它是用来指令刀具在指定平面内按给定的进给速度做圆弧插补运动，用于加工圆弧轮廓。圆弧插补命令分为顺时针圆弧插补指令 G02 和逆时针圆弧插补指令 G03 两种。

其指令格式如下：

顺时针圆弧插补的指令格式：G02 X(U)＿ Z(W)＿ I＿ K＿ F＿；
　　　　　　　　　　　　　G02 X(U)＿ Z(W)＿ R＿ F＿；

逆时针圆弧插补的指令格式：G03 X(U)＿ Z(W)＿ I＿ K＿ F＿；
　　　　　　　　　　　　　G03 X(U)＿ Z(W)＿ R＿ F＿；

使用圆弧插补指令，可以用绝对坐标编程，也可以用相对坐标编程。绝对坐标编程时，X、Z 后的数值是圆弧终点坐标值；增量编程时，U、W 后的数值是终点相对始点的距离。圆心位置的指定可以用 R，也可以用 I、K，R 后的数值为圆弧半径值；I、K 后的数值为圆

心在 X 轴和 Z 轴上相对于圆弧起点的坐标增量；F 后的数值为沿圆弧切线方向的进给速度。

当用半径（R 后的数值）来指定圆心位置时，由于在同一半径的情况下，从圆弧的起点到终点有两种圆弧的可能性，大于等于 180°和小于等于 180°两个圆弧。为区分起见，特规定：圆心角 $\alpha \leqslant 180°$时，用"＋R"表示；$\alpha > 180°$时，用"－R"。注意：R 编程只适于非整圆的圆弧插补的情况，不适于整圆加工。

顺时针与逆时针的判别：

在使用 G02 或 G03 指令之前需要判别刀具在加工零件时，是沿什么路径在做圆弧插补运动，是顺时针还是逆时针方向路线加工。其判别方法见图 11-13，对于 XZ 平面，从 Z 轴正方向往负方向运动为逆时针方向，负方向往正方向运动为顺时针方向。前置刀架与后置刀架正好相反。

（4）暂停指令（G04）

G04 指令用于暂停进给。

指令格式：G04 P＿；或 G04 X(U)＿；

暂停时间的长短可以通过地址 X(U) 或 P 来指定。其中 P 后面的数字为整数，单位是 ms；X(U) 后面的数字为带小数点的数，单位为 s。有些机床，X(U) 后面的数字表示刀具或工件空转的圈数。

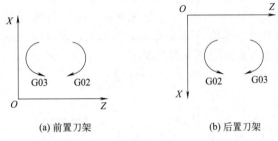

(a) 前置刀架　　　　　　(b) 后置刀架

图 11-13　圆弧插补的顺逆走向

该指令可以使刀具做短时间的无进给光整加工，在车槽、钻镗孔时使用，也可用于拐角轨迹控制。例如，在车削环槽时，若进给结束立即退刀，其环槽外形为螺旋面，用暂停指令 G04 可以使工件空转几秒，即能将环形槽外形光整圆。

（5）工件坐标系设定指令（G50）

指令格式：G50 Xα Zβ；

其中 α、β 的值是刀尖距工件坐标系原点距离。

（6）螺纹切削循环指令（G92）

指令格式：G92 X＿ Z＿ R＿ F＿；

各字母数值说明如下。

X，Z：螺纹终点的绝对坐标。

R：锥螺纹终点与始点的高度差（半径值），圆柱螺纹的 R 值为 0，可省略。

F：螺纹的导程。

（7）复合形状固定循环指令

① 外圆/内径粗车循环指令（G71）。G71 指令用于粗车圆柱棒料，以切除较多的加工余量，如图 11-14 所示。

指令格式：G71 UΔd Re；

G71 Pns Qnf UΔu WΔw Ff Ss Tt；

图 11-15 中，A 为循环起点，$A \rightarrow A' \rightarrow B$ 为精加工路线。

指令说明：

Δd 表示每次切削深度（半径值），无正负号。

e 表示退刀量（半径值），无正负号。

ns 表示精加工路线第一个程序段的顺序号。

nf 表示精加工路线最后一个程序段的顺序号。

Δu 表示 X 方向的精加工余量，直径值。

Δw 表示 Z 方向的精加工余量。

f 表示切削进给速度值。

s 表示主轴转速值。

t 表示刀具号、刀具偏置号。

使用循环指令编程，首先要确定换刀点、循环点 A、切削始点 A′和切削终点 B 的坐标位置。为节省数控机床的辅助工作时间，从换刀点至循环点 A 使用 G00 快速定位指令，循环点 A 的 X 坐标位于毛坯尺寸之外，Z 坐标值与切削始点 A′的 Z 坐标值相同。

其次，按照外圆粗加工循环的指令格式和加工工艺要求写出 G71 指令程序段，在循环指令中有两种地址符 U，一个（Δd）表示背吃刀量，另一个（Δu）表示 X 方向的精加工余量。若在程序段中有 P、Q 地址符，则地址符 U 表示 X 方向的精加工余量，若无 P、Q 则表示背吃刀量。背吃刀量无负值。A′→B 是工件的轮廓线，A→A′→B 为精加工路线，粗加工时刀具从 A 点后退 Δu/2、Δw，即自动留出精加工余量。顺序号 ns 至 nf 之间的程序段描述刀具切削加工的路线。

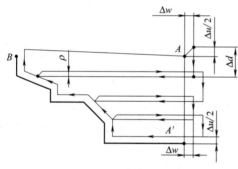

图 11-14 外圆粗加工循环

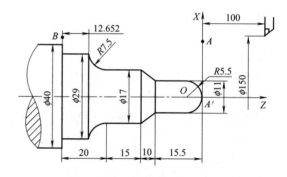

图 11-15 外圆粗加工循环应用

例 11-1： 如图 11-15 所示，运用外圆粗加工循环指令编程。

解： N010 G50 X150 Z100；

N020 G00 X41 Z0；

N030 G71 U2 R1；

N040 G71 P50 Q120 U0.5 W0.2 F100；

N050 G01 X0 Z0；

N060 G03 X11 W−5.5 R5.5；

N070 G01 W−10；

N080 X17 W−10；

N090 W−15；

N100 G02 X29 W−7.348 R7.5；

N110 G01 W−12.652；

N120 X41；

N130 G70 P50 Q120 F30；

② 端面粗车复合循环指令（G72）。

指令格式：G72 WΔd Re；

　　　　　　G72 Pns Qnf UΔu WΔw Ff Ss Tt；

指令功能：除切削是沿平行 X 轴方向进行外，该指令功能与 G71 相同，见图 11-16。

指令说明：Δd、e、ns、nf、Δu、Δw、f、s、t 的含义与 G71 相同。

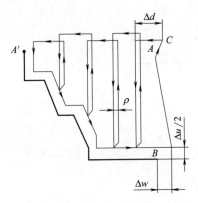

图 11-16　端面粗加工循环

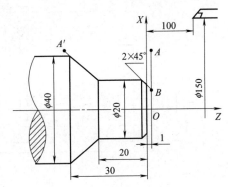

图 11-17　端面粗加工循环应用

例 11-2：如图 11-17 所示，运用端面粗加工循环指令编程。

N010 G50 X150 Z100；

N020 G00 X41 Z1；

N030 G72 W1 R1；

N040 G72 P50 Q80 U0.1 W0.2 F100；

N050 G00 X41 Z−31；

N060 G01 X20 Z−20；

N070 Z−2；

N080 X14 Z1；

N090 G70 P50 Q80 F30；

③ 精加工复合循环指令（G70）。

指令格式：G70 Pns Qnf；

指令功能：用 G71、G72、G73 指令粗加工完毕后，可用精加工循环指令，使刀具进行精加工。

指令说明：

ns 表示指定精加工路线第一个程序段的顺序号；

nf 表示指定精加工路线最后一个程序段的顺序号。

G70～G73 循环指令调用 N（ns）至 N（nf）之间程序段，其中程序段中不能调用子程序。

④ 螺纹切削复合循环指令（G76）。

指令格式：G76 P$\underline{m}$ $\underline{r}$ $\underline{\alpha}$ QΔd_{min} R$\underline{d}$；

　　　　　G76 X(U)__ Z(W)__ R$\underline{i}$ P$\underline{k}$ QΔd F$\underline{f}$；

指令功能：该螺纹切削循环的工艺性比较合理，编程效率较高，螺纹切削循环路线及进刀方法如图 11-18 所示。

指令说明：

m 表示精加工重复次数。

r 表示斜向退刀量单位数，或螺纹尾端倒角值，为 0.0f～9.9f，以 0.1f 为一单位（即为 0.1 的整数倍），用 00～99 两位数字指定。

α 表示刀尖角度。

Δd_{min} 表示最小切削深度，当切削深度 Δdn 小于 Δd_{min}，则取 Δd_{min} 作为切削深度。

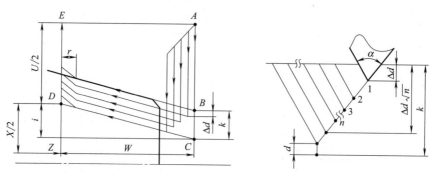

图 11-18　螺纹切削复合循环路线及进刀法

d 表示精加工余量，用半径编程指定；Δd 表示第一次粗切深度（半径值）。

X，Z 后的数值表示螺纹终点的坐标值。

U，W 后的数值表示由 A 点至 D 点的增量坐标值。

i 表示锥螺纹的半径差。

k 表示螺纹高度（X 方向半径值）。

f 表示螺纹导程。

11.4　数控车削编程方法及实例

数控编程方法可以分为两类：一类是手工编程，另一类是自动编程。

11.4.1　手工编程及实例

手工编程是指手动编制零件数控加工程序的各个步骤，即从零件图纸分析、工艺决策、确定加工路线和工艺参数、计算刀具轨迹坐标数据、编写零件的数控加工程序单直至程序的检验，均由人工来完成。

对于点位加工或几何形状不太复杂的轮廓加工，几何计算较简单，程序段不多，手工编程即可实现。如简单阶梯轴的车削加工，一般不需要复杂的坐标计算，往往可以由技术人员根据工序图纸数据，直接编写数控加工程序。但对轮廓形状不是由简单的直线、圆弧组成的复杂零件，特别是复杂空间曲面零件，数值计算则相当繁琐，工作量大，容易出错，且很难校对，采用手工编程是难以完成的。

11.4.2　自动编程及实例

自动编程是采用计算机辅助数控编程技术实现的，需要一套专门的数控编程软件，现代数控编程软件主要分为以批处理命令方式为主的各种类型的语言编程系统和交互式 CAD/CAM 集成化编程系统。

CAXA 数控车具有 CAD 软件的强大绘图功能和完善的外部数据接口，可以绘制任意复杂的图形，可通过 DXF、IGES 等数据接口与其他系统交换数据。CAXA 数控车具有功能强大、使用简单的轨迹生成及通用后置处理功能。该软件的轨迹生成手段，可按加工要求生成各种复杂图形的加工轨迹。通用的后置处理模块使 CAXA 数控车可以满足各种机床的代码格式，可输出 G 代码，并可对生成的代码进行校验及加工仿真。其基本工作流程如下：

① 对图纸进行分析，确定需要数控加工的部分。

② 用图形软件对需要数控加工的部分造型。

③ 根据加工条件，选择合适的加工参数生成加工轨迹。

④ 进行轨迹的仿真检验，如不符合要求，重新进行参数修改。

⑤ 轨迹的仿真检验符合要求后，生成数控代码。

⑥ 将生成的数控代码通过数据接口输出，传给机床进行零件加工。

11.4.2.1　CAXA 数控车软件界面

CAXA 数控车软件的用户窗口界面包括标题栏、菜单栏、绘图区、工具栏和状态栏五部分，如图 11-19 所示。

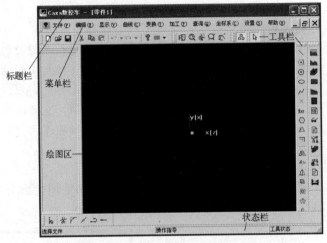

图 11-19　CAXA 数控车软件界面

（1）标题栏

标题栏位于工作界面的最上方，用来显示 CAXA 数控车的程序图标以及当前正在运行文件的名字等信息。如果是新建的文件并且未经保存，则文件名显示为无名文件；如果文件经过保存或是打开的已有文件，则以存在的文件名显示。

（2）菜单栏

主菜单由"文件""编辑""显示""曲线生成""曲线编辑""几何变换""数控车""查询""坐标系""设置""帮助"等菜单项组成，这些菜单几乎包括了 CAXA 数控车的全部功能和命令。

（3）绘图区

绘图区位于屏幕的中心，是用户进行绘图设计的工作区域。它占据了屏幕的大部分面积，用户所有的工作结果都反映在这个窗口中。

（4）工具栏

工具栏是 CAXA 数控车提供的一种调用命令的方式，它包含多个由图标表示的命令按钮，单击这些图标按钮，可以调用相应的命令。图 11-20 所示为 CAXA 数控车提供的"标准""常用工具""绘图工具""编辑工具""数控车工具""设置工具"等工具栏。

（5）状态栏

状态栏位于绘图窗口的底部，用来反映当前的绘图状态。状态栏左端是命令提示栏，提示用户当前动作；状态栏中部为操作指导栏，状态栏右端为工具状态栏，用来指出用户的不当操作和当前的工具状态。

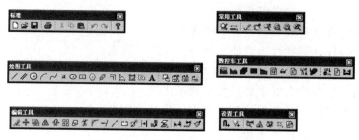

图 11-20　CAXA 数控车软件工具栏

11.4.2.2　编程实例

(1) 轮廓粗车

① 轮廓粗车的过程。轮廓粗车功能主要用于对工件外轮廓表面、内轮廓表面和端面的粗车加工，用于快速消除毛坯多余部分加工轨迹的生成、轨迹仿真以及数控代码的提取。

进行轮廓粗车的操作时，要确定被加工轮廓和毛坯轮廓。被加工轮廓就是加工结束后的工件表面轮廓，毛坯轮廓就是加工前毛坯的表面轮廓。作图时，一定要注意被加工轮廓和毛坯轮廓必须两端点相连，两轮廓共同构成一个封闭的加工区域，在此区域的材料将被加工去除。被加工轮廓和毛坯轮廓不能单独闭合或自相交。以外轮廓粗车为例，被加工表面轮廓和毛坯轮廓的拾取，如图 11-21 所示。

② 轮廓粗车操作步骤。轮廓粗车操作步骤如下。

a. 绘制图形。生成轨迹时，只需画出由被加工外轮廓和毛坯轮廓上半部分组成的封闭区域（切除部分）即可，其余线条不用画出，如图 11-22 所示。

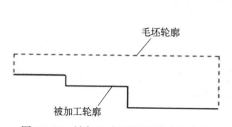

图 11-21　被加工表面轮廓和毛坯轮廓

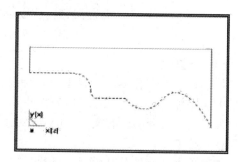

图 11-22　被加工外轮廓和毛坯轮廓上半部分组成的封闭区域

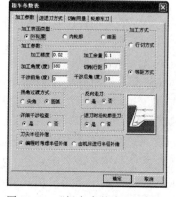

图 11-23　"粗车参数表"对话框

b. 填写参数表。单击主菜单中的"数控车"→"轮廓粗车"命令，或单击数控车工具栏中的"轮廓粗车"图标，系统弹出"粗车参数表"对话框，如图 11-23 所示。在参数表中首先要确定被加工的是外轮廓表面，还是内轮廓表面或端面，接着按加工要求确定其他各加工参数。填完之后单击确认按钮。

c. 确定参数后，拾取被加工的轮廓和毛坯轮廓。此时，可使用系统提供的轮廓拾取工具。系统默认为链拾取，因为链拾取不能分别加工表面轮廓与毛坯轮廓，所以此时不要采用链拾取。对于多段曲线组成的轮廓，使用限制链拾取或单个拾取则可以将加工轮廓与毛坯轮廓区分开。拾取箭头方向与实际的加工方向无关。

d. 指定一点作为刀具加工前和加工后所在的位置，该点为进退刀点。如果不指定进退刀点，点击右键可忽略该点的输入。

e. 完成上述步骤后，即可生成加工轨迹。单击主菜单中的"数控车"→"生成代码"命令，拾取刚生成的刀具轨迹，即可生成加工指令，如图 11-24 所示。

图 11-24　数控代码

(2) 轮廓精车

轮廓精车实现对工件外轮廓表面、内轮廓表面和端面的精车加工。轮廓精车时，要确定被加工轮廓。

轮廓精车操作步骤如下：

① 单击主菜单中的"数控车"→"轮廓精车"命令，或单击数控车工具栏中的"轮廓精车"图标，系统弹出"精车参数表"对话框，如图 11-25 所示。在参数表中首先要确定被加工的是外轮廓表面，还是内轮廓表面或端面，接着按加工要求确定其他各加工参数。

② 确定参数后拾取被加工轮廓。此时可使用 CAXA 数控车系统提供的轮廓拾取工具。

③ 选择完轮廓后确定进退刀点。指定一点为刀具加工前和加工后所在的位置。单击右键可忽略该点的输入。

完成上述步骤后即可生成精车加工轨迹。代码生成方法与轮廓粗车相同。

(3) 切槽加工

切槽功能用于在工件外轮廓表面、内轮廓表面和端面切槽。切槽时要确定被加工轮廓。

切槽加工的大致过程如下：

① 单击主菜单中的"数控车"→"切槽"命令，或单击数控车工具栏中的"切槽"图标，系统弹出"切槽参数表"对话框，如图 11-26 所示。在参数表中首先要确定被加工的是外轮廓表面，还是内轮廓表面或端面，接着按加工要求确定其他各加工参数。

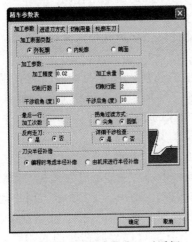

图 11-25　"精车参数表"对话框

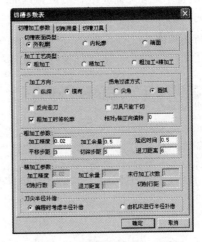

图 11-26　"切槽参数表"对话框

② 确定参数后拾取被加工轮廓，此时可使用系统提供的轮廓拾取工具。

③ 选择完轮廓后系统提示确定进退刀点。指定一点为刀具加工前和加工后所在的位置。单击右键可忽略该点的输入。

完成上述步骤后即可生成切槽加工轨迹。生成代码的方法与轮廓粗车相同。

（4）螺纹加工

螺纹加工时可通过非固定循环和固定循环两种方式加工螺纹。车螺纹为非固定循环方式加工螺纹，这种加工方式可适应螺纹加工中的各种工艺条件，可对加工方式进行更为灵活的控制；而固定循环方式加工螺纹，输出的代码适用于西门子840C/840控制器。

车螺纹加工操作步骤：

① 单击主菜单中的"数控车"→"车螺纹"命令，或单击数控车工具栏中的"车螺纹"图标。根据系统提示，依次拾取螺纹起点、终点。

② 拾取完毕，弹出"螺纹参数表"对话框，如图11-27所示。前面拾取的点的坐标也将显示在参数表中。螺纹加工各参数设置如图11-28所示。

图11-27 "螺纹参数表"对话框

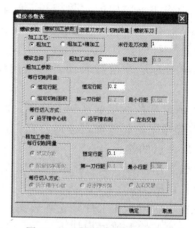

图11-28 螺纹加工参数设置

③ 参数填写完毕，单击确定按钮，即生成螺纹车削刀具轨迹。

④ 单击主菜单中的"数控车"→"代码生成"命令，或单击数控车工具栏中的"代码生成"图标。根据系统提示，拾取刚生成的刀具轨迹，即可生成螺纹加工代码。

（5）钻孔加工

钻孔功能用于在工件的旋转中心钻中心孔。该功能提供了多种孔加工方式，包括高速啄式深孔钻、精镗孔、钻孔、镗孔和反镗孔等。

因为车加工中的孔加工位置只能是工件的旋转中心，所以，最终所有的加工轨迹都在工件的旋转轴上，即系统的 X 轴（机床的 Z 轴）上。

钻孔加工的操作步骤：

① 单击主菜单中的"数控车"→"钻中心孔"命令，或单击数控车工具栏中的"钻中心孔"图标，系统弹出"钻孔参数表"对话框，如图11-29所示。用户可在该参数表对话框中确定各参数。

② 确定各加工参数后，拾取钻孔的起始点。因为轨迹只能在系统的 X 轴（机床的 Z 轴）上，所以把输入的点向系统的 X 轴投影，得到的投影点作为钻孔的起始点，然后生成钻孔加工轨迹。拾取钻孔点之后，即生成加工轨迹。

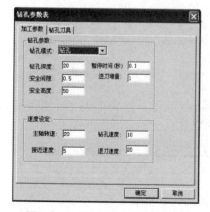

图11-29 "钻孔参数表"对话框

11.5 数控车床的基本操作

数控车床的类型和数控系统的种类很多，各生产厂家设计的操作面板也不尽相同，但操作面板中各种旋钮、按钮和键盘的基本功能与使用方法基本相同。本节以大连机床厂生产的型号为 CKD6150A（采用广州数控 GSK980TDc 系统）数控车床为例，介绍数控车床的操作面板和基本操作方法等。

11.5.1 数控车床操作面板

数控车床操作面板是数控车床的重要组成部件，是操作人员与数控车床（系统）进行交互的工具，操作人员可以通过它对数控车床（系统）进行操作、编程、调试，对车床参数进行设定和修改，还可以通过它了解、查询数控车床（系统）的运行状态，是数控车床特有的一个输入、输出部件。数控车床的操作面板采用集成式操作面板，面板划分如图 11-30，对应介绍见表 11-4～表 11-7。

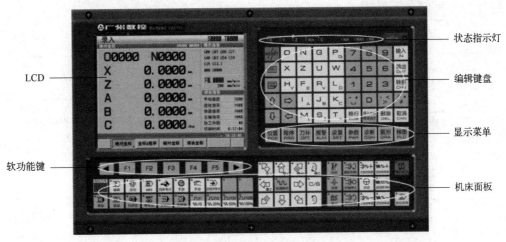

图 11-30　GSK980TDc 面板划分

表 11-4　状态指示灯

状态指示灯	说　明
●X ●Y ●Z ●4th ●C	轴回零结束指示灯
●ALM ●READY ●RUN	三色灯

表 11-5　编辑键盘与软功能键

按键	名称	功能说明
RESET	复位键	CNC复位,进给、输出停止等

按键	名称	功能说明
O N G X Z U W M S T	地址键	地址输入
H F R L I J K		双地址键,反复按键,在两者间切换
- /	符号键	三地址键,反复按键,在三者间切换
7 8 9 4 5 6 1 2 3 0	数字键	数字输入
输入 IN	输入键	参数、补偿量等数据输入的确定
插入INS 修改ALT 删除DEL 取消CAN	编辑键	编辑时程序、字段等的插入、修改、删除
换行 EOB	EOB 键	程序段结束符的输入
↑ ⇨ ⇩ ⇦	方向键	控制光标移动
📄📄	翻页键	同一显示界面下页面的切换
◀ F1 F2 F3 F4 F5 ▶	软功能键	◀ F1 F2 F3 F4 F5 ▶ 返回上级菜单键　操作/页面切换键　继续菜单键

表 11-6　显示菜单

菜单键	说明
位置 POS	进入位置页面集。位置页面集有绝对坐标、坐标 & 程序、相对坐标、综合坐标四个子页面
程序 PRG	进入程序页面集。程序页面集有程序内容、MDI(多文档界面)程序、本地目录、U盘目录四个子页面

续表

菜 单 键	说 明
刀补 OFT	进入刀补页面集。刀补页面集有刀偏设置、宏变量、工件坐标系、刀具寿命四个子页面
报警 ALM	进入报警页面集。报警页面集有报警信息、报警日志两个子页面
设置 SET	进入设置页面集。设置页面集有 CNC 设置、系统时间、文件管理三个子页面
图形 GRA	进入图形页面。可显示 X、Z 轴的运动轨迹

表 11-7　机床面板按键功能

按键	名称	功能说明	功能有效时操作方式
进给保持	进给保持键	程序运行暂停	自动方式、录入方式
循环起动	循环启动键	程序运行启动	自动方式、录入方式
₩%+ 进给倍率增 ₩100% 进给倍率100% ₩%− 进给倍率减	进给倍率键	进给速度的调整	自动方式、录入方式、编辑方式、机床回零、手脉方式、单步方式、手动方式、程序回零
⌁X1 F0 ⌁X10 25% ⌁X100 50% ⌁X1000 100%	快速倍率键	快速移动速度的调整	自动方式、录入方式、手动方式
⊡%+ 主轴倍率增 ⊡%− 主轴倍率减	主轴倍率键	主轴速度调整（主轴转速模拟量控制方式有效）	自动方式、录入方式、编辑方式、手脉方式、手动方式
换刀	手动换刀键	手动换刀	手脉方式、手动方式
冷却	冷却液开关键	冷却液开/关	自动方式、录入方式、编辑方式、手脉方式、手动方式
顺时针转 主轴停止 逆时针转	主轴控制键	顺时针转 主轴停止 逆时针转	手脉方式、手动方式

按键	名称	功能说明	功能有效时操作方式
 快速移动	快速开关	快速速度/进给速度切换	自动方式、录入方式、手动方式
 X轴进给键	X轴进给键	手动、单步操作方式各轴正向/负向移动	单步方式、手动方式
 Z轴进给键	Z轴进给键		
 机床锁	机床锁住开关	机床锁住时机床锁住指示灯亮,进给轴输出无效	自动方式、录入方式、编辑方式、手脉方式、手动方式
 MST 辅助锁	辅助功能锁住开关	辅助功能锁住时辅助功能锁住指示灯亮,M、S、T功能输出无效	自动方式、录入方式
 空运行	空运行开关	空运行有效时空运行指示灯点亮,加工程序/MDI代码段空运行	自动方式、录入方式
 编辑	编辑方式选择键	进入编辑操作方式	自动方式、录入方式、手脉方式、手动方式
 自动	自动方式选择键	进入自动操作方式	录入方式、编辑方式、手脉方式、手动方式
 MDI	录入方式选择键	进入录入操作方式	自动方式、编辑方式、机床回零、手脉方式、手动方式
 手脉	单步/手脉方式选择键	进入单步或手脉操作方式(两种操作方式由参数选择其一)	自动方式、录入方式、编辑方式、手动方式
 手动	手动方式选择键	进入手动操作方式	自动方式、录入方式、编辑方式、手脉方式

11.5.2 数控车床的基本操作方法

(1) 机床开机

数控车床开机步骤如下:

① 打开数控车床电源;

② 数控车床上电后显示页面如图11-31;

此时进行自检、初始化。自检、初始化完成后,显示现在位置(绝对坐标)页面,见图11-32。

③ 以顺时针方向转动紧急停止按钮将其旋起。

(2) 机床关机

关闭数控车床步骤如下:

① 首先按下数控系统控制面板的紧急停止按钮;

图 11-31 显示页面

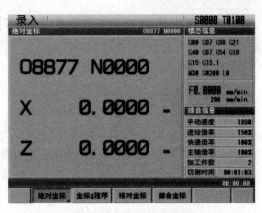

图 11-32 绝对坐标页面

② 关闭数控车床电源；

③ 关闭主控电源。

（3）紧急操作

在加工过程中，由于用户编程、操作以及产品故障等原因，可能会出现一些意想不到的结果，此时必须使数控车床立即停止工作。

① 复位。数控车床异常输出、坐标轴异常动作时，按 █ 复位键，使其处于复位状态，此时所有轴运动停止，M、S 功能输出无效，自动运行结束。

② 急停。机床运行过程中在危险或紧急情况下按下急停按钮，CNC 即进入急停状态，此时机床移动立即停止，主轴的转动、冷却液等输出全部关闭。松开急停按钮解除急停报警后，CNC 进入复位状态。

（4）坐标轴移动

① 手动操作。按 █ 键进入手动操作方式，手动操作方式下可进行手动进给、主轴控制、倍率修调、换刀等操作。在手动操作方式下，可以使两轴手动进给、手动快速移动。

按 █ 中的 █ 或 █ 键可使 X 轴向负向或正向进给，松开按键时轴运动停止；按住 █ 或 █ 键可使 Z 轴向负向或正向进给，松开按键时轴运动停止。当进行手动进给时，按下 █ 键，若使按键指示灯亮则进入手动快速移动状态，若使按键指示灯熄灭，则快速移动无效，以手动速度进给。

② 手脉操作。按 █ 键进入手脉操作方式，此时显示页面如图 11-33。

手脉外形如图 11-34 所示。

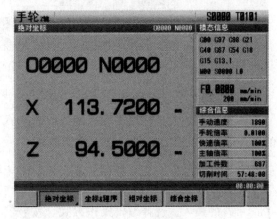

图 11-33 手脉操作

按 █ 键，选择移动增量，在手脉操作方式下，按 █ 、 █ 键选择相应的轴，此时进给方向由手脉旋转方向决定，手脉顺时针为正向进给，逆时针为负向进给。

（5）主轴的操作

在手动或手脉方式下，可启动主轴正转、反转和停止，冷却液开、关等。按 █ 键，主

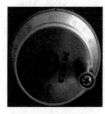

图 11-34 手脉外形图

轴顺时针转（反转）。按 键，主轴停止。按 键，主轴逆时针转（正转）。

（6）冷却液控制

任意操作方式下，按 键，冷却液在开关之间切换。

（7）手动换刀

在手动或手脉方式下，按 键，按顺序依次换刀。

（8）程序的建立与管理

在编辑操作方式下，可建立、打开、修改、复制、删除程序，也可实现 CNC 与 PC（个人计算机）的双向通信。

① 程序的建立。先按 键进入编辑操作方式，再按 键进入到程序页面集。要输入加工程序，首先要建立一个加工程序，建立加工程序的方法如下：

a. 按"程序内容"页面，按地址键 ，在弹出的对话框中依次键入数字键 、 、 、 （以建立 O0010 程序为例，输入时程序名的前导 0 可省略），显示如图 11-35。

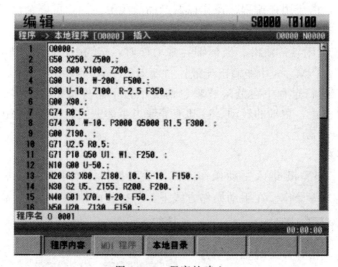

图 11-35 程序的建立

b. 按 键，建立新程序。

c. 按照编制好的零件程序逐个输入，每输入一个字符，在屏幕上立即给予显示（复合键的处理是反复按此复合键，实现交替输入），一个程序段输入完毕，按 键结束。

d. 在编辑操作方式下，在程序显示页面中，按 键或 键，光标会回到程序开头。

② 程序的修改。

a. 字符的插入。选择编辑操作方式，按 键进入到程序内容显示页面，按 键进入插入状态（光标为一下画线），即可输入插入的字符。

b. 字符的删除。选择编辑操作方式，按 键进入到程序内容显示页面，按 键可删除光标处的前一字符，按 键可删除光标所在处的字符。

c. 单程序段的删除。选择编辑操作方式，按 键进入到程序页面集，再按 程序内容 软键进入到程序内容子页面，移动光标移至要删除的程序段，按 删除段 软键即可。

③ 单程序段的复制和粘贴。选择编辑操作方式，按程序键进入到程序内容显示页面；移动光标移至要复制的程序段，按 复制段 软键，则当前程序段被复制；移动光标到需要粘贴的位置，按 粘贴段 软键，即可粘贴所复制的程序段。

在编辑方式下，程序编写完后或修改完成后，CNC 会定时自动保存程序。

④ 程序的删除。选择编辑操作方式，按程序键进入到程序页面集，按 本地目录 软键进入到本地程序子页面。

按 ↓ 或 ↑ 键，选择要删除的程序，如选择 O0001 程序，显示如图 11-36。

按 删除(DEL) 软键，弹出询问对话框，显示如图 11-37。

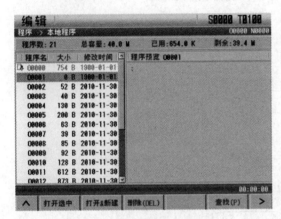

图 11-36 选择要删除的程序　　图 11-37 弹出询问对话框

按 输入 键，则 O0001 程序被删除；按 取消 键，则取消。

⑤ 程序的选择。选择编辑操作方式，按程序键进入到程序页面集，按 本地目录 软键进入到本地程序子页面；按 ↓ 或 ↑ 键，将光标移动到待选择程序名上。按 输入 键，则被选择的程序自动打开，且跳转到"程序内容"显示页面。

⑥ 图形模拟。

a. 选择自动循环方式，按下图形按钮；

b. 点亮 机床锁、MST 辅助锁 和 空运行 按钮；

c. 选中程序后，循环启动，观察运动轨迹和图纸是否相同。

(9) 工件的装夹

① 数控车床的夹具主要有卡盘和尾座。在安装工件时，若零件长度不是很长，可直接选用三爪自定心卡盘装夹；若零件长度很长，可在工件右端面打中心孔，用顶尖顶紧。

② 工件要留有一定的夹持长度，其伸出长度要考虑零件的加工长度及必要的安全距离（机床已经调整为 6mm 左右）。如所要夹持部分已经经过加工，必须在外圆上包一层铜皮或套筒，以防止外圆面损伤。

(10) 刀具的装夹

根据零件加工要求选择好合适的刀片和刀杆后，首先将刀片安装在刀杆上，再将刀杆依次安装在回转刀架上，安装刀具应注意以下几点：

① 安装前保证刀杆及刀片定位面清洁，无损伤。

② 将刀杆安装在刀架上时，应保证刀杆方向正确。

③ 安装刀具时需注意使刀尖等高于主轴的回转中心。

④ 车刀不能伸出过长，一般为 20~25mm 左右。

(11) 数控车对刀操作

数控车的刀具功能（T 代码）具有两个作用：自动换刀和执行刀具偏置。数控车对刀示意图如图 11-38，对刀的操作步骤如下：

① 选择任意一把刀，使刀具从试切点 A 沿 X 方向切削；

② 在 Z 轴不动的情况下沿 X 轴退出刀具，并且停止主轴旋转；

③ 按键进入偏置界面，选择刀具偏置页面，刀具偏置号里面输入"Z0"；

④ 使刀具从试切点 A 沿 Z 方向切削；

⑤ 在 X 轴不动的情况下，沿 Z 轴退出刀具，并且停止主轴旋转；

⑥ 测量直径 d（假定 $d = 15$mm）；

⑦ 按键进入偏置界面，选择刀具偏置页面，刀具偏置号里面输入"X15"；

⑧ 移动刀具至安全换刀位置，换另一把刀，其他刀具对刀方法重复步骤①~⑦。

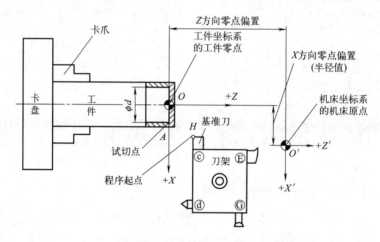

图 11-38　数控车对刀示意图

(12) 程序段的录入

选择录入操作方式，进入"程序→MDI 程序"页面，输入一个程序段 M03 S300，操作步骤如下：

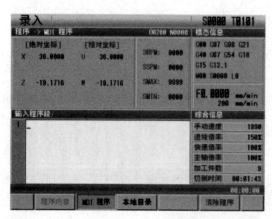

图 11-39　进入 MDI 程序页面

① 按 键进入录入操作方式。

② 按 键，再按 MDI 程序 软键进入 MDI 程序页面，显示如图 11-39。

③ 依次键入地址键 M、数字键 03。

④ 依次键入地址键 S、数字键 300。

⑤ 程序段输入后，按下 键。

⑥ 再按 键执行输入的程序段。运行过程中可按 键以及急停按钮使程序段停止运行。

(13) 数据的修改

在"程序→MDI 程序"页面下，对输

人的程序段进行执行前，若程序段输入过程中有错，可按 [取消 CAN] 键来取消确认状态并进行程序的修改，也可按 [清除程序] 软键清除所有内容，再重新输入正确的程序段。

(14) 程序的执行

在程序执行前，光标一定要置于程序的开头。选择自动方式，按 [程序启动] 键，程序自动运行。

11.5.3　数控车床安全操作规程

① 操作者必须穿工作服、戴安全帽。长头发须压入帽内，不能戴手套操作，以防发生人身事故。

② 仅一人操作机床并注意他人安全，禁止多人同时操作一台机床。

③ 卡盘扳手使用完毕后，必须及时取下，否则不能启动数控车床。

④ 机床运转时，头部不要离工件太近，手和身体不能靠近正在旋转的工件。

⑤ 主轴启动前一定要关好防护门，程序运行期间严禁打开防护罩。

⑥ 机床运动时，不能进行测量，不能用手接触工件。

⑦ 手动对刀时，应该选择合适进给速度，使用手脉方式时，动作要均匀，同时注意掌握好进刀与退刀方向，切勿搞错。手动换刀时刀架与工件间要有足够的转位距离。

⑧ 操作人员必须按照机床各项操作的加工参数编制加工程序，加工程序必须严格检查后方可运行。

⑨ 加工过程中如发现异常可按急停按钮，以保证人身和设备的安全，发生事故时，要立即关闭车床电源。

⑩ 机床发生事故后操作者要保留现场，并叫老师过来查看。

⑪ 不得随意修改数控系统内部制造厂家参数。

⑫ 工作完后应切断电源，清扫切屑，擦净机床，在导轨面上加注润滑油，打扫现场卫生。

复习思考题

1. 什么叫数控车床，它与普通车床的主要区别是什么？

2. 数控车床的基本工作原理是什么？

3. 数控车床的机床坐标系和工件坐标系是如何设定的，有何区别和联系？

4. 为什么要进行返回参考点操作？

5. G00 和 G01 指令有何区别？

6. 如何判别 G02 和 G03 的顺、逆时针方向？

7. 数控车床加工零件应遵循的工艺原则？

第12章 数控铣削加工

12.1 概　述

数控铣床是一种用途广泛的机床，分立式和卧式两种，一般数控铣床是指规格较小的升降台式数控铣床，其工作台宽度多在 400mm 以下，规格较大的数控铣床，例如工作台宽度在 500mm 以上的，其功能已向加工中心靠近，进而演变成柔性加工单元。数控铣床多为三坐标、两轴联动的机床，也称两轴半控制，即在 X、Y、Z 三个坐标中，任意两轴都可以联动。数控铣床由数控系统和机床本体两大部分组成。数控系统包括数控主机、控制电源、伺服电机装置和显示器等；机床本体包括床身、主轴箱、工作台、进给传动系统、冷却系统、润滑系统和安全保护系统等。主轴箱带动刀具沿立柱导轨 Z 向移动，工作台带动工件沿滑鞍上的导轨 X 向移动，滑鞍又沿床身上的导轨 Y 向移动。X、Y、Z 三个方向的移动均靠伺服电机驱动滚珠丝杠来实现。根据零件形状、尺寸、精度等技术要求制定加工工艺，选择加工参数，通过手工编程或自动编程，将编好的加工程序输入数控系统。数控系统对加工程序处理后，向 X、Y、Z 伺服装置传送指令，从而实现工件的切削运动，加工过程如图 12-1。

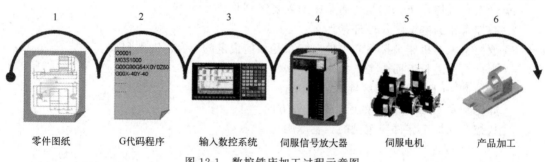

零件图纸　　　G代码程序　　　输入数控系统　　　伺服信号放大器　　　伺服电机　　　产品加工

图 12-1　数控铣床加工过程示意图

(1) 数控铣床的产生与发展

1952 年，美国帕森斯公司和麻省理工学院合作研制出了世界上第一台三坐标数控机床。1954 年 11 月，美国 Bendix 公司生产出了第一台工业用数控机床。从 1952 年至今，数控机床的发展经历可分为 6 代。

第一代：数控系统由电子管组成，体积大、功耗大。

第二代：数控系统由晶体管组成，广泛采用印刷电路板。

第三代：数控系统采用小规模集成电路作为硬件，其特点是体积小、功耗低，可靠性进一步提高。

第四代：数控系统采用小型计算机取代专用计算机，其部分功能由软件实现，具有价格低、可靠性高、功能齐全等特点。

第五代：数控系统以微处理器为核心，不仅价格进一步降低，体积进一步缩小，而且使实现真正意义上的机电一体化成为可能。

第六代：基于 PC 的数控系统诞生，使数控系统的研发进入了开放型、柔性化的新时代，新型数控系统的开发周期日益缩短。它是数控技术发展的又一个里程碑。

(2) 数控铣削加工的发展趋势

① 运行高速化。进给、主轴运动、刀具交换、托盘交换等实现高速化，并具有很高的加、减速度。进给高速化：在分辨率为 $1\mu m$ 时，$F_{max}=240m/min$，可获得复杂型面的精度加工。

② 加工高精化。提高机械的制造和装配精度；提高数控系统的控制精度；采用误差补偿系统。

提高 CNC 系统控制精度，采用高速插补技术，以微小程序段实现连续进给，使 CNC 控制单位精细化；采用高分辨率位置检测装置，提高位置检测精度。

③ 控制智能化。随着人工智能技术的不断发展，为满足制造业生产柔性化、制造自动化发展需求，数控技术智能化程度不断提高。例如，通过检测主轴和进给电机的功率、电流、电压等信息，可辨识出刀具的受力、磨损及破损状态，还可判断机床加工的稳定性状态，并实时修调。

控制加工参数（主轴转速、进给速度）和加工指令，使设备处于最佳运行状态，以提高加工精度，降低工件表面粗糙度及保证设备运行的安全性。

④ 交互网络化。支持网络通信协议，既满足单机 DNC（分布式数字控制）需要，又能满足 FMC（柔性制造单元）/FMS（柔性制造系统）/CIMS（计算机集成制造系统）/TEAM（敏捷制造技术）对基层设备集成要求的数控系统。包括网络资源共享、数控机床的远程（网络）控制、数控机床故障的远程（网络）诊断及数控机床的远程（网络）培训与教学（网络数控）。

12.2 数控刀具的认识与使用

12.2.1 常用刀具类型及材料

(1) 铣刀

铣刀是刀齿分布在旋转表面或端面上的多刃刀具，其种类和用途见前文第 7 章相关内容。

(2) 孔加工刀具

常用的孔加工刀具有中心钻、麻花钻（直柄、锥柄）、扩孔钻、锪钻、铰刀、丝锥等。

(3) 刀具材料

常用的数控刀具材料（图 12-2）有高速钢、硬质合金、涂层硬质合金、金属陶瓷、立方氮化硼、金刚石等。其中，高速钢、硬质合金和涂层硬质合金三类材料应用最为广泛。

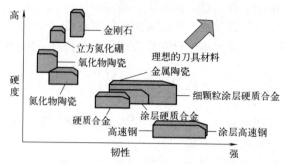

图 12-2　数控刀具材料性能示意图

12.2.2　几种常用的数控刀具

(1) 立铣刀

立铣刀是数控铣床上用得最多的一种铣刀，立铣刀的圆柱表面和端面上都有切削刃，他们可同时进行切削，也可单独进行切削。主要用于平面铣削、凹槽铣削、台阶面铣削和仿形铣削。立铣刀大体上可分为以下几种。

① 平头铣刀：进行粗铣或精铣，铣凹槽，去除大量毛坯，铣小面积水平平面或轮廓精铣。

② 球头铣刀：进行曲面半精铣和精铣；可以精铣陡峭面/直壁的小倒角。

③ 圆鼻铣刀：进行曲面变化较小，狭小凹陷区域较少，相对平坦区域较多的粗铣。

④ 平头铣刀带倒角：可作粗铣，去除大量毛坯，还可精铣平整面（相对于陡峭面）小倒角。

⑤ 成型铣刀：包括倒角刀、T 形铣刀或鼓形刀、内 R 刀等。

⑥ 齿形刀：可以铣出各种齿形，比如齿轮等。

⑦ 粗皮刀：针对铝铜合金切削设计的粗铣刀，可快速加工。

(2) 面铣刀

面铣刀也称为端铣刀、端面铣刀，主要用途是加工较大面积的平面。

面铣刀的优点：生产效率高；刚性好，能采用较大的进给量；能同时多刀齿切削，工作平稳；采用镶齿结构，使刀齿刃磨、更换更为便利；刀具的使用寿命更长。

(3) 麻花钻

麻花钻是通过其相对固定轴线的旋转切削或钻削工件上圆孔的工具，因其容屑槽成螺旋状，形似麻花而得名，为了减小钻孔时导向部分与孔壁间的摩擦，麻花钻自钻尖向柄部方向逐渐减小直径呈倒锥状。螺旋槽数量有多有少，但以 2 槽为常见，钻头材料一般为高速工具钢或硬质合金。

(4) 中心钻

中心钻是中心孔定位加工的一种刀具，用于孔加工的预制精确定位，引导麻花钻进行孔加工，减少误差。常见中心钻有两种形式，A 型为不带护锥的中心钻，B 型为带护锥的中心钻。加工直径 $d = 1 \sim 10\text{mm}$ 的中心孔时，通常采用不带护锥的中心钻（A 型）；对工序较长、精度要求较高的工件，为了避免 60° 定心锥被损坏，一般采用带护锥的中心钻（B 型）。

12.2.3　刀柄系统的认识

机床使用的刀具通过刀柄与主轴相连，刀柄通过拉钉和主轴内的拉刀装置固定到主轴上，由刀柄夹持传递速度、扭矩。刀柄的强度、刚性、耐磨性、制造精度以及夹紧力等对加工有直接的影响。

数控铣床（加工中心）的刀柄包括 7∶24 锥柄系统和 1∶10 锥柄 HSK（空心轴圆锥）工具系统，其中 7∶24 锥柄系统占到所有数控铣床（加工中心）刀柄的 80％ 以上，HSK 工具系统能够提高系统的刚性和稳定性以及在高速加工时的产品精度，并缩短刀具更换的时间，在高速加工中发挥着很重要的作用。

(1) **弹簧夹头刀柄**（ER）

主要用于钻头、铣刀、丝锥等直柄刀具及工具的装夹（图 12-3）。

(2) **钻夹头刀柄**（SPU、SPH）

钻夹头刀柄，其夹紧机构与普通的三爪定心的原理一样，通过内部传动，使夹爪伸出闭合，缩进张开夹紧普通直柄刀具。其主要用于在其夹紧范围之内的钻头类刀具的夹紧，亦可用于直柄铣刀、铰刀、丝锥等小切削力刀具的夹紧。

(3) **强力铣刀刀柄及夹头**（MLC）

强力铣刀刀柄主要用于铣刀、铰刀等直柄刀具及工具的夹紧，夹紧力比较大，夹紧精度较好（图 12-4）。更换不同的夹头可夹持不同柄径的铣刀、铰刀等。在加工过程中，强力型刀柄前端直径比弹簧夹头刀柄大，容易产生干涉。

图 12-3　弹簧夹头刀柄

图 12-4　强力铣刀刀柄及夹头

(4) **侧固式刀柄**（SLN）

侧固式刀柄，适合装夹快速钻、铣刀、粗镗刀等削平刀柄刀具。这种刀柄夹持力度大，结构简单，相对装夹原理简单，但通用性不好（图 12-5）。

(5) **攻螺纹刀柄**

攻螺纹刀柄（图 12-6）有两种：一是弹簧攻螺纹刀柄，有点类似 ER 刀柄，只不过有弹性。二是伸缩攻螺纹刀柄。伸缩攻螺纹刀柄通过 ER 筒夹安装各种型号的丝锥，一般用于柔性攻螺纹（也称浮动攻螺纹）。其内部含有弹簧性质的装置，通过内部的保护机构可使前后收缩 5mm，在丝锥过载停转时起到保护作用。

图 12-5　侧固式刀柄

图 12-6　攻螺纹刀柄

（6）拉钉

数控铣床/加工中心拉钉的尺寸已标准化，国际标准化组织 ISO（或中国国家标准）规定了 A 型和 B 型两种形式的拉钉，A 型拉钉用于不带钢球的拉紧装置，B 型拉钉用于带钢球的拉紧装置。ISO 标准拉钉见图 12-7。

(a) ISO标准A型拉钉   (b) ISO标准B型拉钉

图 12-7　ISO 标准拉钉

（7）弹簧夹头及中间模块

弹簧夹头（图 12-8）有 ER 弹簧夹头和 KM 弹簧夹头两种，其中 ER 弹簧夹头的夹紧力较小，适用于切削力较小的场合，KM 弹簧夹头的夹紧力较大，适用于强力切削。

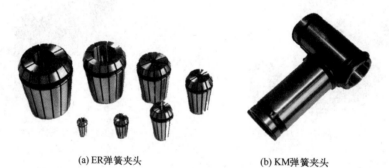

(a) ER弹簧夹头   (b) KM弹簧夹头

图 12-8　弹簧夹头

12.2.4　数控刀具的装夹

（1）刀具的安装辅具

刀具的安装必须利用专用安装辅具，只有通过相应的安装辅具才能将刀具装入相应的刀柄中。常用刀具的安装辅具有锁刀座和月牙扳手（见图 12-9）。

(a) 锁刀座   (b) 月牙扳手

图 12-9　刀具的安装辅具

（2）刀具的安装过程

各种类型的刀具的安装大同小异，以强力铣刀柄安装立铣刀为例。

① 根据立铣刀的直径选择合适的弹簧夹头及刀柄，并将各安装部位擦拭干净；

② 按图 12-10（a）所示安装顺序，将刀具及弹簧夹头装入强力刀柄中；

③ 将刀柄放入锁刀座，放置时注意使刀柄的键槽对准锁刀座上的键；

④ 用专用的月牙扳手顺时针拧紧刀柄；

⑤ 将拉钉装入刀柄并拧紧，装夹完成的刀具见图 12-10（b）。

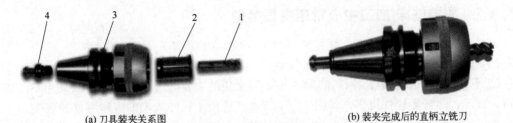

(a) 刀具装夹关系图　　　　　　　　(b) 装夹完成后的直柄立铣刀

图 12-10　强力铣刀柄安装刀具

1—立铣刀；2—弹簧夹头；3—刀柄；4—拉钉

（3）安装刀具注意事项

① 安装直柄立铣刀时，根据加工深度控制刀具伸出弹簧夹头的长度，在许可的条件下尽可能伸出短一些，过长将减弱刀具铣削刚性。

② 禁止将加长套筒套在专用扳手上拧紧刀柄，也不允许用拿铁锤敲击专用扳手的方式紧固刀柄。

③ 装卸刀具时务必弄清扳手旋转方向，特别是拆卸刀具时的旋转方向，否则将影响刀具的装卸，甚至损坏刀具或刀柄。

④ 安装铣刀时，操作者应先在铣刀刃部垫上棉纱方可进行铣刀安装，以防止刀具刃口划伤手指。

⑤ 拧紧拉钉时，其拧紧力要适中：拧紧力过大易损坏拉钉，且拆卸也较困难；力过小则拉钉不能与刀柄可靠连接，加工时易产生事故。

完成刀具安装后，操作者即可将装夹好的刀具装入数控铣床/加工中心的主轴上。操作过程如下所示：

① 用干净的擦布将刀柄的锥部及主轴锥孔擦净。

② 将刀柄装入主轴中。

将机床置于 JOG（点动）模式下，左手握刀柄使刀柄的键槽与主轴端面键对齐，右手按主轴上的松刀键，机床执行松刀动作，左手顺势向上将刀柄装入主轴中，即完成装刀操作。

12.3　机床常用夹具

12.3.1　夹具的定义

所谓机床夹具，就是在机床上使用的一种工艺装备，用它来迅速准确地安装工件，使工件获得并保证在切削加工中所需要的正确加工位置。所以机床夹具是用来使工件定位和夹紧的机床附加装置，一般简称为夹具。

在机床上加工工件时，为使工件的表面能达到图纸规定的尺寸、几何形状以及与其他表面的相对位置精度等技术要求，加工前必须将工件装好（定位）、夹牢（夹紧）。夹具通常由定位元件（确定工件在夹具中的正确位置）、夹紧装置、对刀引导元件（确定刀具与工件的相对位置或导引刀具方向）、分度装置（使工件在一次安装中能完成数个工位的加工，有回转分度装置和直线移动分度装置两类）、连接元件以及夹具体（夹具底座）等组成。

12.3.2 数控铣床/加工中心常用夹具类型

根据零件的生产批量不同，数控铣床/加工中心的夹具可分为如下几种。

（1）单件、小批量加工零件采用的夹具

① 平口钳。平口钳是数控铣床/加工中心最常用的夹具之一，由钳身、活动钳口、固定钳口、螺母、螺杆等构件组成，如图 12-11 所示。适用于尺寸较小的方形零件的装夹。

平口钳的结构是可拆卸的螺纹连接和销连接；活动钳身的直线运动是由螺旋运动转变的；工作表面是螺旋副、导轨副及间隙配合的轴和孔的摩擦面。平口钳组成简单，结构紧凑。

② 三爪卡盘。三爪卡盘也是数控铣床/加工中心常用的夹具之一，其结构如图 12-12 所示。这种夹具主要适用于尺寸较小的圆形零件的装夹。三爪卡盘是利用均布在卡盘体上的三个活动卡爪的径向移动，把工件夹紧和定位的机床附件。

它由卡盘体、活动卡爪和卡爪驱动机构组成。三爪卡盘上三个卡爪导向部分的下面，有螺纹与碟形伞齿轮背面的平面螺纹相啮合，当用扳手通过四方孔转动小伞齿轮时，碟形齿轮转动，背面的平面螺纹同时带动三个卡爪向中心靠近或退出，用以夹紧不同直径的工件。在三个卡爪上换上三个反爪，可用来安装直径较大的工件。三爪卡盘的自行对中精确度为 0.05~0.15mm。用三爪卡盘加工工件的精度受到卡盘制造精度和使用后磨损情况的影响。

图 12-11 平口钳

图 12-12 三爪卡盘

③ 螺栓压板。这种装夹方式适用于尺寸较大不便用平口钳装夹的工件，可直接用压板将工件固定在机床工作台上，也可配合垫铁等元件将工件压紧，如图 12-13 所示。

④ 分度头。这类夹具通常配有卡盘和尾座，工件横向放置，主要用于轴类或盘类零件分度加工或回转加工时的装夹，如图 12-14 所示，具体可参见 7.3.5 节。

（2）中小批量零件加工采用的夹具

中小批量零件加工可采用组合夹具。组合夹具是一种高度标准化的夹具。它由一套预先制好的、具有不同形状和尺寸，并具有完全互换性的标准元件及组合件按照工件的工艺要求组装而成。夹具用完以后，元件可以方便地拆散，清洗后入库，待再次组装时使用。组合夹具组装简单灵活，是一种可重复使用的专用夹具，有槽系组合夹具系统和孔系组合夹具系统两种，如图 12-15 所示。

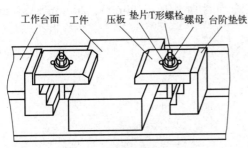

图 12-13 用压板装夹工件

图 12-14 分度头

(a) 槽系组合夹具

(b) 孔系组合夹具

图 12-15 组合夹具

(3) 大批大量零件加工采用的夹具

大批大量零件加工时，可根据零件的结构特点和加工方式采用专用夹具进行装夹。专用夹具装夹可靠、方便、快速，在生产过程中它能有效地降低工作时的劳动强度、提高劳动生产率、并获得较高的加工精度。缺点是适应性差，设计制造周期长，投资大。

12.3.3 常用夹具的使用

(1) 平口钳的使用

使用时用扳手转动丝杠，通过丝杠螺母带动活动钳身移动，形成对工件的夹紧与松开。被夹工件的尺寸不得超过 70mm。

平口钳中装夹工件的注意事项：

① 工件的被加工面必须高出钳口，否则就要用平行垫铁垫高工件。

② 为了能装夹得牢固，防止加工时工件松动，必须把比较平整的面贴紧在垫铁和钳口上。要使工件贴紧在垫铁上，应该一面夹紧，一面用手锤轻击工件的表面，光洁的平面要用铜棒进行敲击以防止敲伤表面。

③ 为了不使钳口损坏和保持已加工表面，夹紧工件时在钳口处垫上铜片。

用手挪动垫铁以检查夹紧程度，如有松动，说明工件与垫铁之间贴合不好，应该松开平口钳重新夹紧。

④ 刚性不足的工件需要支实，以免夹紧力使工件变形。

(2) 三爪卡盘的使用

三爪卡盘的三个卡爪是同步运动的，能自动定心，工件安装后一般不需要校正。三爪卡盘装夹工件方便、省时，但夹紧力较小，所以适用于装夹外形较规则的中小型零件，如圆柱形、正三边形、正六边形工件等。三爪自动定心卡盘规格有：150mm、200mm、250mm、300mm 等。

三爪卡盘的安装过程如下：

① 把三爪卡盘清理干净，轻放至机床工作台上。

② 用 T 形螺栓把三爪卡盘固定在工作台上。

③ 用三爪卡盘夹一个标准的轴类零件。

④ 用百分表找正工件。

(3) 螺栓压板的使用

对于较大或形状特殊的工件，可用螺栓压板直接安装在机床的工作台上。

使用螺栓压板装夹时应注意以下要点：

① 压板垫块的高度应保证压板不发生倾斜，以免压板与工件接触不良，导致加工时工件移动。

② 压板在工件上的夹压点应尽量靠近加工部位，所用压板的数量不少于 2 块，使用多压板时，注意合理分布工件上的受压点，即工件受压处要坚固，下面不能悬空，以免受力后工件变形。

③ 夹紧力大小要合适，以减少工件变形，一般粗加工时要大些，精加工时要小些。

④ 工件夹压部位是已加工部位时，应在工件与压板之间加垫纸片或铜片。

12.4 数控铣床/加工中心的基本操作

12.4.1 机床的开、关机操作

(1) 开机操作

依次打开机床外部电源、机床电柜开关、系统电源开关，直至 CRT 显示屏出现两条报警信息：EX1005 spindle cooler alarm（主轴冷却器故障）和 EX1000 emergency stop or overtravel（急停或过行程）。旋起急停旋钮，报警提示消失后，开机成功。

(2) 关机操作

关机操作次序正好和开机操作相反：按下急停键、关闭系统电源、关闭机床电源、关闭机床外部电源，关机成功。

12.4.2 机床操作面板

(1) CRT 显示区

机床操作面板见图 12-16。CRT 显示区位于整个机床控制面板左上方，包括 CRT 显示屏和相应页面的软键。

（2）编辑面板

编辑面板位于 CRT 区右侧，它包括：字母数字输入键、页面切换键（其中：POS 为位置显示页面、PROG 为程序显示与编辑页面、OFFSET SETTING 为参数设定页面、SYSTEM 为系统参数页面、MESSAGE 为信息显示页面、CUSTOM GRAPH 为图形参数设置页面、HELP 为系统帮助页面键、RESET 为复位键）、程序编辑键（其中：ALERT 为替换键、INSERT 为插入键、DELETE 为删除键、CAN 为取消键、SHIFT 为上挡键、EOB 为回车换行键、INPUT 为输入键，PAGE 为翻页键、↑↓←→四个箭头为光标移动键）。

12.4.3 机床控制面板（图 12-17）

机床控制面板通常位于 CRT 显示区的下侧，主要用于控制机床及其运行状态。它包括：机床工作模式选择键（自动运行程序键、程序输入与编辑键、MDI 手动数据输入操作键、DNC 在线加工键、REF 回零操作键、手动操作键、增量进给操作键、手轮操作键）、程序执行状态键（单段执行键、跳段执行键、M01 选择性暂停键、M00 无条件暂停键）、程序运行状态键（机床锁住开关键、机床空运行键）程序循环启动键、程序循环停止键、增量步进倍率键、进给轴手动选择键、正负方向键、快移键、主轴手动控制键、急停键、程序保护开关键、进给速度修调旋钮、主轴转速修调旋钮。

不同数控系统的操作面板外观形式有所差异，但其基本的功能和原理大同小异。

图 12-16 操作面板

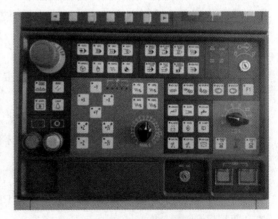

图 12-17 控制面板

12.4.4 回零操作（也称返回参考点操作）

一般机床开机后都需执行回零操作，回参考点的目的是建立机床坐标系，执行回参考点操作时，将机床工作模式置于回零模式，首先按下"Z+"，进行 Z 轴回零，确保刀具返回参考点时不会撞上工件，再依次按下"X-""Y+"进给轴方向键，进行 X 轴和 Y 轴的回零操作。各轴移动到位后 CRT 显示屏中各轴机械坐标值显示为 0，回零操作完成，这样机床坐标系就建立起来了。回零操作完成后，最好手动再将各轴向相反的方向回退一定距离（100mm 左右），以防超程。

12.4.5 机床的手动操作

机床的手动操作包括如下内容。

(1) 手动移动刀具

将机床工作模式置于手动模式，分别按住各轴，可使机床向选定轴方向连续进给，调节进给倍率，可控制移动的速度。

(2) 手动控制主轴

将机床工作模式置于手动模式，按下主轴手动控制相应按键可控制主轴以系统指定的速度正转、反转和停止。

(3) 手动开关冷却液

将机床工作模式置于手动模式，按下冷却液开关键可打开冷却液，再按一次冷却液关闭。

12.4.6 手轮操作

将机床工作模式置于手轮模式，这时手轮起作用，可控制机床各坐标轴的运动：通过手轮上的坐标轴选择旋钮选定相应的坐标轴，通过手轮上的移动倍率选择旋钮选定移动的速度，顺时针转动手轮轴正向移动，逆时针转动手轮轴负向移动。

12.4.7 MDI 手动数据输入操作

当需要临时性执行一段或多段程序时，可采用 MDI 的方式完成。使用时，将机床工作模式置于 MDI 模式，按下编辑面板上的 PROG（程序）键，切换至 MDI 界面，输入要执行的程序段，系统会自动加入程序号 O0000，按下循环启动键即可运行程序。

12.4.8 程序编辑操作

凡是需要对程序进行编辑和修改的均需要打开程序保护开关。

(1) 打开程序

将机床工作模式置于 EDIT（编辑）模式，按下 PROG 键，再按下目录软键进入程序列表页面，将光标移至需要打开的程序，点击操作，点击主程序，按下 PROG 键，即可将程序打开。

(2) 新建程序

将机床工作模式置于 EDIT 模式，按下 PROG 键，输入新程序名，按 INSERT（插入）键，新程序创建完成。

(3) 输入与编辑程序

利用字母、数字输入键逐段输入新的程序，输入的过程中若程序字出错可利用 CAN（取消）键取消，再重新输入，已输入的程序字出错，可将光标移至错误的程序字上，按下DELETE（删除）键删除，再将光标移至要插入程序字的前一个字符上，输入正确的程序字，按下 INSERT 键即可插入。输入的程序字出错，也可使用 ALERT（替换）键，将光标移至错误的程序字上，输入要替换的程序字，按下 ALERT 键，光标所在的字符即可被替换成新的字符。如此完成程序的输入与编辑。

(4) 复位程序

按下 RESET（复位）键，光标即可返回程序开头。

(5) 删除程序

打开程序列表，将光标移至要删除的程序名，按下 DELETE 键，点击执行，即可删除程序。

也可一次性删除内存中全部程序，输入 O-9999，按下 DELETE 键，点击执行，即可删除内存中全部程序。

12.5 数控铣床/加工中心的对刀操作

本节内容为数控铣床/加工中心的对刀操作，以 FANUC 0i-MF 数控系统为例，主要介绍两种对刀法的操作过程：①试切对刀法；②寻边器＋Z 向对刀仪对刀法。

本次对刀以长方体毛坯工件为例，工件坐标系原点选在工件上表面中心，通过对刀操作，测得工件坐标系原点在机床坐标系下的坐标值，并将其存入坐标系寄存器 G54 中。

(1) 试切对刀法的操作步骤

① 将刀具装入主轴，并启动主轴（转速设定为 350～400r/min）。

② 设定 X 向工件原点：

首先将机床工作模式切换到手轮模式，按下编辑面板上的 POS（位置）键，再按下"相对"功能软键。

使用手轮快速移动刀具到达工件左侧附近，调慢进给速度使刀具和工件左侧刚刚接触（这时可以看到有少量切屑飞出），沿 Z 轴抬起刀具使刀具离开工件。

输入字符"X"，按下 CRT 显示区下方的"起源"功能软键，点击"执行"软键，将 X 轴相对坐标清零，这时我们可以看到屏幕显示 X 坐标值为 0。

再使用手轮快速移动刀具到达工件右侧附近，调慢进给速度使刀具和工件右侧刚刚接触（有少量切屑飞出），沿 Z 轴抬起刀具使刀具离开工件。（注意：在 X 轴对刀时，试切完一侧移刀至另一侧进行试切时，Y 轴不可变。同理在 Y 轴对刀时，试切完一侧移刀至另一侧进行试切时，X 轴不可变。）

记下此时屏幕显示的 X 轴相对坐标值，例如本次 X 轴相对坐标值显示为 100.5，并将该值除以 2，100.5/2＝50.25。

快速移动手轮使刀具沿 X 轴方向朝 X＝50.25 位置移动，接近该位置时调整手轮倍率使刀具准确定位于 X＝50.25 指示的位置。

按下 OFFSET SETTING（参数设置）键，再按下"坐标系"功能软键，将光标移至 G54 坐标中的"X"位置，输入"X0"，按"测量"软键，这时 G54 中的 X 值即为工件原点在机床坐标系下的 X 向坐标值。至此 X 向对刀完成。

③ 设定 Y 向工件原点：Y 向对刀与 X 向对刀相似，使刀具与工件的前后面位置轻碰，再移动刀具至工件坐标系"Y0"位置，从而得到工件原点在机床坐标系下的 Y 向坐标值。

④ 设定 Z 向工件原点：

a. 更换所使用的刀具，启动主轴。

b. 使用手轮快速移动刀具靠近工件上表面，调整手轮倍率，使刀具慢慢到达工件上表面（有少量切屑飞出）。

c. 按下 OFFSET SETTING 键，再按下"坐标系"功能软键，将光标移至 G54 坐标中的"Z"位置，输入"Z0"，按"测量"软键，这时 G54 中显示的 Z 坐标值即为工件原点在机床坐标系下的 Z 向坐标值。

以上是试切对刀操作过程。

(2) 寻边器＋Z 向对刀仪对刀法对刀步骤

寻边器有光电寻边器和机械寻边器，在此以机械寻边器为例。此对刀方法适用于精加工，被测表面最好是经过精加工的表面。其操作过程与试切对刀法基本相似。其具体操作步骤如下：

将寻边器装入刀柄，将刀柄装入机床主轴，启动主轴（主轴转速一般不超过 500 转每分）。

① 设定 X 向工件原点

首先将机床工作模式切换到手轮模式，按下编辑面板上的 POS 键，再按下"相对"功能软键。

使用手轮快速移动寻边器到达工件左侧附近，调慢进给使寻边器测量端向工件左侧基准面移动靠近，当接触工件后偏心距逐渐减小，继续使测量端接近工件，偏心距逐渐减小直至测头不会振动，这时测量端与固定端中心线重合，寻边器测量端与固定端中心线重合瞬间的这一位置就是所要寻求的基准位置。沿 Z 轴抬起刀具使刀具离开工件。

输入字符"X"，按下 CRT 显示区下方的"起源"功能软键，点击"执行"软键，将 X 轴相对坐标清零，这时我们可以看到屏幕显示 X 坐标值为 0。

再使用手轮快速移动寻边器到达工件右侧附近，调慢进给速度使寻边器测量端靠近工件定位基准面，当测量端与固定端中心线重合，沿 Z 轴抬起刀具，使刀具离开工件。

记下此时屏幕显示的 X 轴相对坐标值，例如本次 X 轴相对坐标值显示为 104，并将该值除以 2，104/2＝52。快速移动手轮使寻边器朝 X＝52 位置移动，接近该位置时调整手轮倍率使寻边器准确定位于 X＝52 指示的位置。

按下 OFFSET SETTING 键，再按下"坐标系"功能软键，将光标移至 G54 坐标中的"X"位置，输入"X0"，按"测量"软键，这时 G54 中的 X 值即为工件原点在机床坐标系下的 X 向坐标值。

② 设定 Y 向工件原点

Y 向对刀与 X 向对刀相似，得到工件原点在机床坐标系下的 Y 轴坐标值，将其输入到 G54 坐标中。

③ 设定 Z 向工件原点

a. 卸下寻边器，将所使用的刀具装入主轴。

b. 将校准后高度为 50mm 的 Z 向对刀仪吸附在工件上表面。

c. 使用手轮快速移动刀具靠近 Z 向对刀仪上表面的对刀块，改用手轮微调操作，让刀具端面慢慢接触到 Z 向对刀仪上表面的对刀块，压下对刀块直到百分表指针指示到零位。

④ 按下 OFFSET SETTING 键，再按下"坐标系"功能软键，将光标移至 G54 坐标中的"Z"位置，输入"Z50"，按"测量"软键完成。

12.6 数控铣床加工工艺的制定

① 分析零件图样，明确技术要求和加工内容。

② 确定工件坐标系原点位置。在数控铣床上加工的工件情况较为复杂，一般被加工面

朝着 Z 轴正向，可将坐标系原点定为工件上特征明显的位置，如对称工件的中心点等。将工件上此位置相对于机床原点的坐标值记入零点偏置存储器。

③ 确定加工工艺路线。首先选择铣刀，不同的表面或型腔要采用不同的刀具；然后确定刀具起始点位置。起始点应注意区分铣刀类型，没有端刃的立铣刀不要选择 Z 向直接扎入工件表面，若加工键槽等内腔表面，要选择有端刃的键槽铣刀。最后确定加工轨迹，即加工时刀具切削的进给方式，如环切或平行切削等。

④ 选择合理的切削用量。主轴转速"S"的范围一般为 300～3200r/min，根据工件材料和加工性质（粗、精加工）选取；进给速度"F"的范围为 1～3000mm/min，粗加工选用 70～100mm/min，精加工选用 1～70mm/min，快速移动选用 100～2500mm/min。

⑤ 编制和调试加工程序。

⑥ 完成零件加工。

12.7 数控铣床程序格式及常用指令

(1) 辅助加工代码（M）

辅助功能指令是用地址码 M 及两位数字来表示运行的。它主要用于机床加工操作时的工艺性指令，如控制主轴的启动与停止、切削液的开关等。M 代码也有模态指令和非模态指令之分，此类指令与机床的插补运算无关，只是单纯的功能指令。

M03：表示机床主轴正转。主轴正转是从主轴向 Z 轴正向观察时主轴顺时针转动；主轴反转为从主轴向 Z 轴正向观察时主轴逆时针转动。

M05：表示主轴旋转停止，它是在该程序段其他指令执行完后才执行的。

M30：表示程序结束，当全部程序结束后，使用 M30 指令可使机床主轴的转动、进给及切削液全部停止或关闭，并使机床复位。因此，其一般出现在程序结束的位置。

(2) 准备加工代码（G）

准备功能指令是指数控机床准备好某种运动方式的指令。使用 G 代码可以完成规定刀具和工件的相对运动轨迹（即指令插补功能）、工件坐标系、坐标平面、刀具补偿、坐标偏置等多种操作。G 代码由字母 G 及其后面的两位数字组成，与数控车类似。

G90：绝对坐标编程。该指令是刀具运动过程中所有的刀具位置的坐标都以固定的程序坐标原点为基准，G90 代码就是实现绝对坐标编程的指令。

G91：相对坐标编程，也称为增量坐标编程。刀具运动的位置坐标是指刀具从当前位置到下一位置的增量，即两坐标点坐标值的绝对值之差。G91 代码就是用于实现相对坐标编程的指令。

G00：快速点定位指令。刀具以点位控制的方式从刀具所在点以最快速度移动到程序中指定的另一点。其移动轨迹通常是先以立方体的对角线三轴联动，然后以正方形的对角线二轴联动，最后一轴移动。

G00 格式为 G00 X __；G00 X __ Y __；G00 X __ Y __ Z __。

G01：直线插补指令。使机床进行两坐标（或两坐标以上）联动的运动，在各个坐标平面内切削出任意斜率的直线。

G01 格式为 G01 X __ Y __ Z __ F __。

G02/G03：圆弧插补指令。G02、G03 分别表示刀具相对于工件顺时针、逆时针移动进行圆弧插补加工。圆弧插补是从当前位置沿圆弧运动到程序给定的目标位置。使用这两个代码时应注意，在判断顺、逆方向时，都是从坐标轴的正向往负向观察，在另外两轴组成平面中的转向。圆弧插补程序段应包括圆弧的顺逆指令、圆弧的终点坐标以及圆心坐标 I＿J＿K＿（或半径 R＿）。I＿J＿K＿为圆心在坐标系中相对于圆弧起点的坐标，对等于 X＿Y＿Z＿。在使用圆弧插补指令时应当注意其与坐标平面的选取有关。G02、G03 为模态指令，有继承性。

一般 XY 平面圆弧格式为

顺时针：G02 X＿Y＿R＿或 G02 X＿Y＿I＿J＿。

逆时针：G03 X＿Y＿R＿或 G03 X＿Y＿I＿J＿。

其中，X＿Y＿Z＿为圆弧终点坐标，但有一点需要说明，当使用半径 "R" 时，可以想象有两种圆弧产生，即优弧和劣弧。为了消除这种模糊情况，规定：当圆弧所对应的圆心角小于 180°时，"R" 取正值；当圆心角大于或等于 180°时，"R" 取负值。

G41/G42/G40：刀具半径补偿及取消指令。数控机床在加工过程中所控制的是刀具的中心轨迹，操作者按照零件轮廓尺寸来编制加工程序，数控系统根据零件轮廓程序和预先设定的刀具半径值实时生成刀具中心轨迹的功能称为刀具半径补偿。沿着刀具的运动方向观察，刀具在工件的左侧称为刀具半径左补偿，使用 G41；刀具在工件右侧称为刀具半径右补偿，使用 G42。D01 为刀具号，取消刀具半径补偿使用 G40 指令。

一般 XY 平面刀具半径补偿格式为

建立左补偿：G41 G01 X＿Y＿F＿D01。

建立右补偿：G42 G02 X＿Y＿F＿D01。

取消半径补偿：G40 G01/G00 X＿Y＿。

(3) 加工实例

以铣削加工长为 100mm，宽为 100mm，深度 1mm 的平面为例介绍编程代码。

程序	代码解释
O0001	主程序名
G54 G00 Z30	以 G54 为坐标系快速定位到 Z30mm 位置
M03 S1000	主轴正转 1000r/min
G00 X−60 Y−50	快速定位到 X−60mm，Y−50mm 位置
G01 Z−1 F50	以 50mm/min 速度直线进给到 Z−1mm 位置
G01 X−50 Y−50 F100	直线进给到 X−50mm，Y−50mm 位置
G01 X−50 Y50	直线进给到 X−50mm，Y50mm 位置
X50 Y50	直线进给到 X50mm，Y50mm 位置
X50 Y−50	直线进给到 X50mm，Y−50mm 位置
X−50 Y−50	直线进给到 X−50mm，Y−50mm 位置
M30	程序结束

12.8 数控铣床加工实例

12.8.1 底板类零件加工（一）

加工如图 12-18 所示零件。材料为铝，单件生产，毛坯尺寸为 60mm×60mm×40mm。

(1) **零件图分析**

从图 12-18 上可以看出，该零件主要由圆弧和直线构成，零件的加工内容主要有平面、外轮廓及凹槽，根据尺寸计算各节点坐标，确定粗精铣外轮廓及内轮廓等加工工序。

(2) **装夹方案及夹具选择**

由零件图可知，以零件的下端面为定位基准，加工内外轮廓。零件的装夹方式使用机用台式虎钳，毛坯总高为 40mm，在装夹时需伸出虎钳 20~22mm。

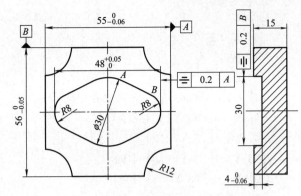

$A(6.563, 13.488)$；$B(19.500, 7.194)$

图 12-18　底板类零件加工图纸一

(3) **确定加工顺序**

加工顺序的拟定按照基面先行、先粗后精的原则确定，因此先粗加工零件的外轮廓表面，接着粗铣凹槽，最后按照以上顺序再精铣一遍即可。

(4) **选择刀具和量具**

粗加工内外轮廓时采用 ϕ10mm 的键槽铣刀；量具选择游标卡尺。

(5) **切削用量选择**

首先查《切削用量简明手册》，再根据实际情况，粗加工时选用主轴转速 S 为 600r/min，进给速度 F 为 80mm/min；精加工时选用主轴转速 S 为 1000r/min，进给速度 F 为 120mm/min。

(6) **参考程序**

铣削外轮廓：

O0001

G54 G00 Z30

M03 S600

G00 X－37.5 Y－16

G00 Z3

G01 Z－5 F30

G42 G01 X－27.5 Y－16 D01 F150

G01 Y16

G03 X－15.5 Y28 R12

G01 X15.5

G03 X27.5 Y16 R12

G01 Y－16

G03 X15.5 Y－28 R12

G01 X－15.5

G03 X－27.5 Y16 R12

G01 X－27.5 Y0

G40 G01 X－37.5 Y0

G00 Z30

M30

铣削内轮廓：

O0002

G54 G00 Z30

M03 S600

G01 Z－4 F30

G41 G01 X6.563 Y13.488 D02 F150

G03 X－6.563 Y13.488 R15

G01 X－19.5 Y7.194

G03 X－19.5 Y－7.194 R8

G01 X－6.563 Y－13.488

G03 X6.563 Y－13.488 R15

G01 X19.5 Y－7.194

G03 X19.5 Y7.194 R8

G01 X6.563 Y13.488

G03 X0 Y15 R15

G40 G01 X0 Y0

G00 Z30

M30

12.8.2 底板类零件加工（二）

加工如图 12-19 所示零件。材料为铝合金，单件生产，毛坯尺寸为 100mm×100mm×25mm。

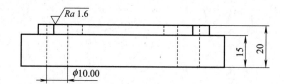

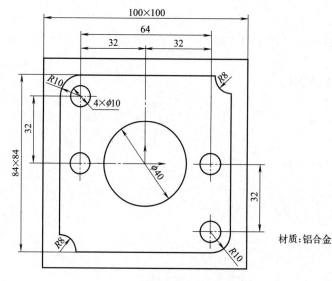

图 12-19 底板类零件加工图纸二

(1) 零件图分析

从图 12-19 上可以看出，该零件主要由圆弧和直线构成，零件的加工内容主要有平面、外轮廓、内轮廓和通孔，根据尺寸计算各节点坐标，确定粗精铣外轮廓及内轮廓等加工工序。

(2) 装夹方案及夹具选择

由零件图可知，以零件的下端面为定位基准，加工内外轮廓。零件的装夹方式为使用机用台式虎钳，毛坯总高为 25mm，加工深度 5mm，为加工上表面预留 2mm 余量，所以在装夹时伸出虎钳口高度大于 7mm 即可。

(3) 确定加工顺序

加工顺序的拟定按照基面先行，先粗后精的原则确定，因此先粗加工零件的外轮廓表面，接着粗铣内轮廓，按照以上顺序再精铣一遍，最后完成 ϕ10mm 通孔加工。

(4) 选择刀具和量具

加工上表面选择 ϕ80mm 面铣刀，粗加工内外轮廓时采用 ϕ10mm 的键槽铣刀；钻孔加工采用 ϕ10mm 的钻头，量具选择 0～150mm 游标卡尺。

(5) 切削用量选择

首先查《切削用量简明手册》，再根据实际情况，粗加工时选用主轴转速 S 为 600r/min，进给速度 F 为 80mm/min；精加工时选用主轴转速 S 为 1000r/min，进给速度 F 为 120mm/min。

(6) 参考程序

O0001　（程序名，外轮廓加工程序）

M03 S600　（刀具正转 600r/min）

G40 G90 G54 G00 X0 Y0 Z50　（将刀具快速移动至工件坐标系原点）

G00 X－52 Y－42　（快速移动至加刀具半径补偿起始点）

G00 Z3　（快速下刀至工件上表面 3mm 位置，节省下刀时间）

G01 Z－5 F30　（以 30mm/min 的速度下刀）

G01 G41 X－42 Y－32 D01 F180　（加刀具半径补偿）

G01 X－42 Y32 ⎫

G02 X－32 Y42 R10 ⎪

G01 X34 Y42 ⎪

G03 X42 Y34 R8 ⎪

　　　　　　　　　⎬（加工外轮廓）

G01 X42 Y－32 ⎪

G02 X32 Y－42 R10 ⎪

G01 X－34 Y－42 ⎪

G03 X－42 Y－34 R8 ⎭

G00 Z50　（退刀）

G00 G40 X0 Y0　（取消刀具半径补偿）

M30　（程序结束）

O0002　（内轮廓加工程序）

M03 S1000

G40 G90 G54 G00 X0 Y0 Z50

G00 Z3

G01 Z－5 F50

```
G01 G42 X0 Y20 D01 F200
G02 X0 Y20 I0 J-20
G02 X20 Y0 R20
G01 G40 X0 Y0
G00 Z50
M30


O0003  （钻孔程序）
M03 S800
G00 G90 G54 X0 Y0 Z50
G83 G99 R2 Z-10 Q1 F30    （深孔钻削循环指令参数设置）
X-32 Y32 ⎫
X-32 Y0  ⎬ （孔位坐标）
X32 Y0   ⎪
X32 Y-32 ⎭
G00 Z50
G80 X0 Y0 （取消固定循环）
M30
```

12.9 加工中心的特点

加工中心是一种备有刀库并能自动更换刀具的，对工件进行多工序加工的数控机床。箱体类零件的加工中心，一般是在镗、铣床的基础上发展起来的，可称为镗铣类加工中心，习惯上简称为加工中心。

加工中心与普通数控机床的区别主要在于它能在一台机床上完成由多台机床才能完成的工作，现代加工中心包括以下内容。

① 加工中心是在数控镗床或数控铣床的基础上增加自动换刀装置，使工件在一次装夹后，可以连续、自动对工件表面进行钻孔、扩孔、铰孔、镗孔、攻螺纹、铣削等多工步的加工，工序高度集中。

② 加工中心一般带有自动分度回转工作台或主轴箱，可自动旋转角度，从而使工件一次装夹后，自动完成多个平面或多个角度位置的多工序加工。

③ 加工中心能自动改变机床主轴转速、进给量和刀具相对工件的运动轨迹及具有其他辅助功能。

④ 加工中心如果带有交换工作台，加工工件在工作位置的工作台进行加工的同时，另外的工件在装卸位置的工作台上进行装卸，不影响正常的加工工件。

由于加工中心具有上述功能，因而可以大大减少工件装夹、测量和机床的调整时间，减少工件的周转、搬运和存放时间，使机床的切削时间利用率高于普通机床3～4倍，大大提高了生产效率，尤其是在加工形状比较复杂、精度要求较高、加工种类更换频繁的工件时，更具有良好的经济性。

12.10　加工中心的组成结构

加工中心自问世至今，世界各国出现了各种类型的加工中心，虽然外形结构各异，但总体来看主要由以下几大部分组成。

① 基础部件：它是加工中心的基础结构，由床身、立柱和操作台等组成，它们主要承受加工中心的静载荷以及在加工时产生的切削负载，因此要有足够的刚度。这些大件可以是铸铁件，也可以是焊接而成的钢结构件，它们是加工中心中体积和重量最大的部件。

② 主轴部件：由主轴箱、主轴电动机、主轴和主轴轴承等零件组成。主轴的启停和变转速等动作均由数控系统控制，并且主轴部件通过装在主轴上的刀具参与切削运动，是切削加工的功率输出部件。

③ 数控系统：加工中心的数控部分由 CNC 装置、可编程控制器、伺服驱动装置以及操作面板等组成。它是执行顺序控制动作和完成加工过程的控制中心。

④ 自动换刀系统：由刀库、机械手等部件组成。当需要换刀时，数控系统发出指令，由机械手（或通过其他方式）将刀具从刀库内取出装入主轴孔中。

⑤ 辅助装置：包括润滑、冷却、排屑、防护、液压、气动和检测系统等部分。这些装置虽然不直接参与切削运动，但对加工中心的加工效率、加工精度和可靠性起着保障作用，因此也是加工中心中不可缺少的部分。

12.11　加工中心的分类

(1) 按机床形态分类

① 卧式加工中心。指主轴轴线为水平状态设置的加工中心。通常都带有可进行分度回转运动的正方形分度工作台。卧式加工中心一般具有 3~5 个运动坐标，常见的是三个直线运动坐标（沿 X、Y、Z 轴方向）加一个回转运动坐标（回转工作台），它能够使工件在一次装夹后完成除安装面和顶面以外的其余四个面的加工，最适合箱体类工件的加工。卧式加工中心有多种形式，如固定立柱式或固定工作台式。固定立柱式的卧式加工中心的立柱固定不动，主轴箱沿立柱做上下运动，而工作台可在水平面内做前后、左右两个方向的移动；固定工作台式的卧式加工中心，安装工件的工作台是固定不动的（不做直线运动），沿坐标轴三个方向的直线运动由主轴箱和立柱的移动来实现。与立式加工中心相比，卧式加工中心的结构复杂，占地面积大，重量大，价格也较高。

② 立式加工中心。指主轴轴心线为垂直状态设置的加工中心。其结构形式多为固定立柱式，工作台为长方形，无分度回转功能，适合加工盘类零件。具有三个直线运动坐标，并可在工作台上安装一个水平轴的数控转台，用以加工螺旋线类零件。立式加工中心的结构简单，占地面积小，价格低。

③ 龙门式加工中心。龙门式加工中心形状与龙门铣床相似，主轴多为垂直设置，带有自动换刀装置，带有可更换的主轴头附件，数控装置的软件功能也较齐全，能够一机多用，尤其适用于大型或形状复杂的工件，如航天工业及大型汽轮机上的某些零件的加工。

④ 万能加工中心。某些加工中心具有立式和卧式加工中心的功能，工件一次装夹后能完成除安装面外的所有侧面和顶面等五个面的加工，也叫五面加工中心。常见的五面加工中心有两种形式，一种是主轴可以旋转 90°，可以像立式加工中心那样工作，也可以像卧式加工中心那样工作；另一种是主轴不改变方向，而工作台可以带着工件旋转 90°，对工件五个表面进行加工。这种加工方式可以使工件的形位误差降到最低，省去了二次装夹的工序，从而提高了生产效率，降低了加工成本，但是由于五面加工中心存在着结构复杂、造价高、占地面积大等缺点，所以它的使用和生产在数量上远不如其他类型的加工中心。

(2) 按换刀形式分类

① 带刀库、机械手的加工中心。加工中心的换刀装置（automatic tool changer，ATC）由刀库和机械手组成，换刀机械手完成换刀工作。这是加工中心采用的最普遍的形式，JCS-018A 型立式加工中心就属此类。

② 无机械手的加工中心。这种加工中心的换刀是通过刀库和主轴箱的配合动作来完成的。一般是采用把刀库放在主轴箱可以运动到的位置，或使整个刀库的某一刀位能移动到主轴箱可以达到的位置。刀库中刀具的存放方向与主轴装刀方向一致。换刀时，主轴运动到刀库上的换刀位置，由主轴直接取走或放回刀具。多用于采用 40 号以下刀柄的小型加工中心，XH754 型卧式加工中心就属此类。

③ 转塔刀库式加工中心。一般在小型立式加工中心上采用转塔刀库形式，主要以孔加工为主。ZH5120 型立式钻削加工中心就属此类。

12.12 适宜加工中心加工的零件

加工中心适合加工形状复杂、工序较多、精度要求较高的零件，其加工对象主要有下列几类。

(1) 平面类零件

指单元面是平面或可以展开成为平面的一类零件，圆柱面属于平面类零件。它们是数控铣削加工对象中最简单的一类，一般只用三坐标数控铣床的两坐标联动加工即可。对于有些斜平面类零件的加工，常用方法如下：当工件尺寸不大时，可用斜垫板垫平后加工；若机床主轴可以偏转角度，亦可将主轴偏转进行加工；当工件尺寸很大，斜面坡度又比较小时，常用行切法加工；对于加工面上留下的残余高度，可用电火花或钳工修整等方法清除。加工斜面的最佳方法是用侧刃加工，加工质量好，加工效率高，但对机床坐标要求较多，且编程较为复杂。

(2) 变斜角类零件

指加工面与水平面的夹角呈连续变化的零件，这类零件的加工不能展开成平面，如飞机上的大梁、框架、筋板等。加工变斜角类零件常采用四坐标或五坐标数控铣床摆角侧刃加工，但加工程序编制相对困难，也可用 3 轴或 2.5 轴加工中心进行近似加工，但加工质量较差。

(3) 箱体类零件

指具有型腔和孔系，且在长、宽、高方向上有一定比例的零件，如汽车的发动机缸体、变速箱、齿轮泵壳体等。箱体类零件一般要进行多工位的平面加工和孔加工，通常要经过铣、扩、镗、铰、锪、攻螺纹等工序。若在普通机床上加工，工装设备多，需多次装夹、找正，并频繁地更换刀具和用手工测量，费用高，加工周期长。若在加工中心上加工，一次装夹即可完成普通机床 60%～95%的工序内容，尺寸一致性好，质量较为稳定，生产周期短。

(4) 曲面类零件

指加工面不能展开为平面，在加工过程中加工面与铣刀始终为点接触的空间曲面类零件，如整体叶轮、导风轮、螺旋桨、复杂模具型腔等。曲面类零件在普通机床上是难以加工甚至无法加工的，而在加工中心上加工则较为容易。

复习思考题

1. 数机机床由哪几部分组成？它与普通机床有何区别？
2. 数控机床的功能特点是什么？
3. 数控铣床的主要加工对象是什么？它们的应用范围有哪些？
4. 数控铣床加工的特点是什么？
5. 加工中心的特点及组成结构是什么？

第13章 CAXA制造工程师

13.1 自动编程的概念

前面介绍了数控编程中的手工编程，当零件形状比较简单时，可以采用这种方法进行加工程序的编制。但是，随着零件复杂程度的增加，数学计算量、程序段数目也将大大增加，这时如果单纯依靠手工编程将极其困难，甚至是不可能完成的。于是人们发明了一种软件系统，它可以代替人来完成数控加工程序的编制，这就是自动编程。

自动编程的特点是编程工作主要由计算机完成。在自动编程方式下，编程人员只需采用某种方式输入工件的几何信息以及工艺信息，计算机就可以自动完成数据处理、编写零件加工程序、制作程序信息载体以及程序检验的工作，而无须人的参与。在目前的技术水平下，分析零件图纸以及工艺处理仍然需要人工来完成，但随着技术的进步，将来的数控自动编程系统将从只能处理几何参数发展到能够处理工艺参数，即按加工的材料、零件几何尺寸、公差等原始条件，自动选择刀具，决定工序和切削用量等数控加工中的全部信息。

13.2 自动编程的分类

自动编程技术发展迅速，至今已形成的种类繁多。这里仅介绍三种常见的分类方法。

(1) 按使用的计算机硬件种类划分

可分为：微机自动编程、小型计算机自动编程、大型计算机自动编程、工作站自动编程、依靠机床本身的数控系统进行自动编程。

(2) 按程序编制系统（编程机）**与数控系统紧密程度划分**

① 离线自动编程。与数控系统相脱离，采用独立机器进行程序编制工作称为离线自动编程。其特点是可为多台数控机床编程，功能多而强，编程时不占用机床工作时间。随着计算机硬件价格的下降，离线自动编程将是未来的趋势。

② 在线自动编程。数控系统不仅用于控制机床，而且用于自动编程，称为在线自动编程。

(3) 按编程信息的输入方式划分

① 语言自动编程：这是在自动编程初期发展起来的一种编程技术。语言自动编程的基本方法是：编程人员在分析零件加工工艺的基础上，采用编程系统所规定的数控语言，对零件的几何信息、工艺参数、切削加工时刀具和工件的相对运动轨迹和加工过程进行描述，形成所谓"零件源程序"。然后，把零件源程序输入计算机，由存于计算机内的数控编程系统软件自动完成机床刀具运动轨迹数据的计算、加工程序的编制、控制介质的制备（或加工程序的输入）、所编程序的检查等工作。

② 图形自动编程：这是一种先进的自动编程技术，目前很多 CAD/CAM 系统都采用这种方法。在这种方法中，编程人员直接输入各种图形要素，从而在计算机内部建立起加工对象的几何模型，然后编程人员在该模型上进行工艺规划、选择刀具、确定切削用量以及走刀方式，之后由计算机自动完成机床刀具运动轨迹数据的计算，加工程序的编制和控制介质的制备（或加工程序的输入）等工作。此外，计算机系统还能够对所生成的程序进行检查与模拟仿真，以消除错误，减少试切次数。

③ 其他输入方式的自动编程：除了前面两种主要的输入方式外，还有语音自动编程和数字化自动编程两种方式。语音自动编程是指利用语音识别技术，直接采用音频数据作为自动编程的输入。使用语音编程系统时，操作人员使用记录在计算机内部的词汇，通过话筒将所要进行的操作讲给编程系统，编程系统会产生加工所需程序。数字化自动编程是指通过三坐标测量机，对已有零件或实物模型进行测量，然后将测得的数据直接送往数控编程系统，将其处理成数控加工指令，形成加工程序。

13.3　自动编程的发展

数控加工机床与编程技术两者的发展是紧密相关的。数控加工机床的性能提升推动了编程技术的发展，而编程手段的提高也促进了数控加工机床的发展，二者相互依赖。现代数控技术在向高精度、高效率、高柔性和智能化方向发展，而编程方式也越来越丰富。

数控编程可分为在线自动编程和离线自动编程。在线自动编程指利用数控机床本身提供的交互功能进行编程，离线自动编程则是脱离数控机床本身在其他设备上进行编程。机内编程的方式随机床的不同而异，可以手动方式逐行输入控制代码（手工编程）、以交互方式输入控制代码（会话编程）、以图形方式输入控制代码（图形编程），甚至可以语音方式输入控制代码（语音编程）或通过高级语言方式输入控制代码（高级语言编程）。但机内编程一般来说只适用于简单零件，而且效率较低。机外编程也可以分成手工编程、计算机辅助 APT（自动数控加工语言）编程和 CAD/CAM 编程等方式。机外编程由于其可以脱离数控机床进行数控编程，相对机内编程来说效率较高，是普遍采用的方式。随着编程技术的发展，机外编程处理能力不断加强，已可以进行十分复杂形体的加工编程。

在 20 世纪 50 年代中期，MIT（麻省理工学院）伺服机构实验室实现了自动编程，并公布了其研究成果，即 APT 系统。60 年代初，APT 系统得到发展，可以解决三维物体的连续加工编程，以后经过不断的发展，具有了雕塑曲面的编程功能。APT 系统所用的基本概念和基本思想，对于自动编程技术的发展具有深远的意义，即使多年后的现在，大多数自动编程系统也在沿用其中的一些模式。如编程中的三个控制面：零件面（PS）、导动面（DS）、检查面（CS）的概念，刀具与检查面的 ON、TO、PAST 关系，等等。

随着微电子技术和 CAD 技术的发展，自动编程系统也逐渐过渡到以图形交互为基础的以 CAD/CAM 系统为主的编程方法。与以前的语言型自动编程系统相比，CAD/CAM 集成系统可以提供单一、准确的产品几何模型，几何模型的产生和处理手段灵活、多样、方便，可以实现设计、制造一体化。

虽然数控编程的方式多种多样，但目前占主导地位的是采用 CAD/CAM 数控编程系统进行编程。

13.4 CAD/CAM系统简介

基于 CAD/CAM 的自动编程方法，大致步骤如图 13-1 所示。

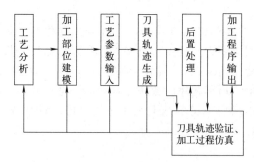

图 13-1　自动编程基本步骤

(1) 工艺分析

加工零件及零件工艺分析是数控编程的基础。所以，和手工编程、APT 语言编程一样，基于 CAD/CAM 的数控编程也首先要进行这项工作。在目前计算机辅助工艺设计（CAPP）技术尚不完善的情况下，该项工作还需人工完成。随着 CAPP 技术及计算机集成制造系统（CIMS）的发展与完善，这项工作未来必然被计算机所代替。加工零件及其工艺分析的主要任务有：①核准零件几何尺寸、公差及精度要求；②确定加工方法、工夹量具及刀具；③确定编程原点及编程坐标系；④确定走刀路线及工艺参数。

(2) 加工部位建模

加工部位建模是利用 CAD/CAM 集成数控编程软件的图形绘制、编辑修改、曲线曲面及实体造型等功能将零件被加工部位的几何形状准确绘制在计算机屏幕上，同时在计算机内部以一定的数据结构对该图形加以记录。加工部位建模实质上是人将零件加工部位的相关信息提供给计算机的一种手段，它是自动编程系统进行自动编程的依据和基础。随着建模技术及机械集成技术的发展，将来的数控编程软件将可以直接从 CAD 模块获得相关信息，而无须对加工部位再进行建模。

(3) 工艺参数输入

在本步骤中，将利用编程系统的相关菜单与对话框等，把第一步分析的一些与工艺有关的参数输入到系统中。所需输入的工艺参数有：刀具类型、尺寸与材料，切削用量（主轴转速、进给速度、切削深度及加工余量），毛坯信息（尺寸、材料等），其他信息（安全平面、线性逼近误差、刀具轨迹间的残留高度、进退刀方式、走刀方式、冷却方式等）。当然，对于某一加工方式而言，可能只要求设置其中的部分工艺参数。随着 CAPP 技术的发展，这些工艺参数可以直接由 CAPP 系统来给出，这时工艺参数的输入这一步也就可以省掉了。

(4) 刀具轨迹生成

完成上述操作后，编程系统将根据这些参数进行分析判断，自动完成有关基点、节点的计算，并对这些数据进行编排形成刀位数据，存入指定的刀位文件中。

刀具轨迹生成后，对于具备刀具轨迹显示及交互编辑功能的系统，还可以将刀具轨迹显示出来,如果有不太合适的地方,可以在人工交互方式下对刀具轨迹进行适当的编辑与修改。

(5) 刀具轨迹验证、加工过程仿真

对于生成的刀具轨迹数据,还可以利用系统的验证与仿真模块检查其正确性与合理性。所谓刀具轨迹验证(CL data check 或 NC verification)是指利用计算机图形显示器把加工过程中的零件模型、刀具轨迹、刀具外形一起显示出来,以模拟零件的加工过程,检查刀具轨迹是否正确、加工过程是否发生过切,所选择的刀具、走刀路线、进退刀方式是否合理,刀具与约束面是否发生干涉与碰撞。而仿真是指在计算机屏幕上,采用真实感图形显示技术,把加工过程中的零件模型、机床模型、夹具模型及刀具模型动态显示出来,模拟零件的实际加工过程。仿真过程的真实感较强,基本上具有试切加工的验证效果。

(6) 后置处理

与 APT 语言自动编程一样,基于 CAD/CAM 的数控自动编程也需要进行后置处理,以便将刀位数据文件转换为数控系统所能接受的数控加工程序。

(7) 程序输出

对于经后置处理而生成的数控加工程序:可以利用打印机打印出清单,供人工阅读;还可以直接驱动纸带穿孔机制作穿孔纸带,提供给有读带装置的机床控制系统使用。对于有标准通信接口的机床控制系统,还可以与编程计算机直接联机,由计算机将加工程序直接传送给机床控制系统。

13.5 自动编程关键技术概述

13.5.1 零件建模

零件建模是属于 CAD 范畴的一个概念。它大致研究三方面的内容:①零件模型如何输入计算机;②零件模型在计算机内部的表示方法(存储方法);③如何在计算机屏幕上显示零件。

根据零件模型输入、存储及显示方法的不同,现有的零件模型大致有四大类:①线框模型:通过输入、存储及显示构成零件的各个边来表示零件。其优点是数据量小、运算简单、对硬件要求低。缺点是描述能力有限,个别图形的含义不唯一。这种模型主要应用于工厂车间的布局、运动机构的模拟与干涉检查、加工中刀具轨迹的显示,也可用于建模过程的快速显示。②表面模型:通过输入、存储及显示构成零件表面的各个面及面上的各个边来表示零件。同线框模型相比,表面模型能精确表示零件表面的形状,信息更加完整,因而可以表示很多用线框模型无法表示的零件。但由于表面模型仅能描述零件表面情况,而无法描述零件内部情况,信息仍然是不完整的。利用表面模型可以进行消隐与渲染从而生成真实感图形。该模型可用于有限元网格划分及数控自动编程过程。③实体模型:通过将零件看成实心物体来描述零件。实体模型可以完整地表达物体的几何信息,因而广泛应用于 CAD/CAM、建筑效果图、影视动画、电子游戏等各个方面。但实体模型对工程至关重要的工艺信息却没有涉及。④特征模型:通过具有工程意义的单元(如孔、槽等)构建、表达零件模型的一种方法。该方法在二十世纪八十年代后期得到了广泛关注,是一种全新的、划时代的建模方法。对于零件设计者而言,机械零件的设计不再面向点、线、面等几何元素,而是面向具有特定功能的单元。而特征模型不仅可以完整表达零件的几何信息，还可以表达精度、材料、技术要求等信息，从而使零件工艺设计、制造的自动化成为可能。需要指出的是，四种模型之间是有一定关系的，从线框模型到特征模型是一个表达信息不断完善的过程。低级模型是高级模型的基础，高级模型是低级模型的发展。

适合数控编程的模型主要是表面模型、实体模型及特征模型。现有技术条件下，应用最广泛的是表面模型，以表面模型为基础的 CAD/CAM 集成数控编程系统称为图像数控编程系统。在以表面模型为基础的数控编程系统中，其零件的设计功能（或几何造型功能）是专为数控编程服务的，针对性强，易于使用，典型系统有 MasterCAM、UG 等。基于实体模型的数控编程较为复杂，由于实体模型并非专为数控编程所设计，为了用于数控编程往往需先对实体模型进行加工表面（或区域）的识别并进行工艺规划，然后才可以进行数控编程。特征模型的引入可以实现工艺分析设计的自动化，但特征模型尚处于研究之中，其成功应用于数控编程还需时日。

13.5.2 刀具轨迹生成、编辑与验证

(1) 刀具轨迹的生成

刀具轨迹的生成一般包括走刀轨迹的安排、刀位点的计算、刀位点的优化与编排等三个步骤。编程系统对于刀具轨迹的具体处理方法一般分为二维轮廓加工、腔槽加工、曲面加工、多坐标曲面加工及车削加工等。下面仅介绍常用的前三种刀具轨迹的生成方法。

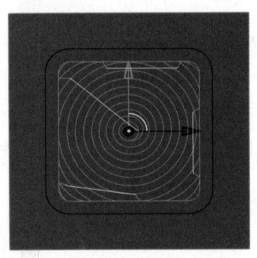

图 13-2　刀具轨迹

① 二维轮廓加工。对于二维轮廓加工，一般需要先在计算机中绘制出轮廓线，然后选择有序化串联方式将各轮廓线首尾相连，再定义进退刀方式及各基本参数（如粗精加工次数、步进距离等），系统即可完成二维轮廓走刀轨迹的生成（见图 13-2）。

② 腔槽加工。腔槽加工走刀轨迹的生成一般分粗加工与精加工两种。精加工一般较简单，只需沿型腔底面和轮廓走刀，精铣型腔底面和边界外形即可。粗加工一般有两种生成方式可供用户选择：行切方式与环切方式。行切方式加工时，首先使用者需提供走刀路线的角度（与 X 轴的夹角）及走刀方式是单向还是双向、每一层粗加工的深度及型腔实际深度。之后，使用者还需指定腔槽的边界。编程系统根据这些信息，首先计算边界的等距线，该等距线距离边界轮廓的距离为精加工余量。然后从刀具路径方向与轮廓等距线的第一个切线切点开始逐行计算每一条行切刀具轨迹线与等距线的交点，生成各切削行的刀具轨迹线段。最后，从第一条刀具轨迹线开始，按照走刀方式，将各个刀具轨迹线按照一定方法相连就形成了所需的刀具运动轨迹。环切方式加工一般沿型腔边界走等距线，其优点是铣刀的切削方式不变（顺铣或逆铣）。环切方式加工时，编程系统的计算方法是按一定偏置距离对型腔轮廓的每一条边界曲线分别计算等距线。然后，通过对各个等距线进行必要的裁剪或延伸并进行一定的有效性检测以判断其是否与岛屿或边界轮廓干涉从而连接形成封闭等距线。最后，将各个封闭等距线相连，就构成了所需刀具轨迹。

③ 曲面加工。曲面的加工相对较为复杂，目前常用的刀具轨迹生成方法有参数线法、截面法、投影法等三种方法。

参数线法的基本思想是：任何一个曲面都可以写成参数方程 $[x,y,z]=[f_x(u,v),f_y(u,v),f_z(u,v)]$ 的形式。当 u 或 v 中某一个为常数时，形成空间的一条曲线。采用参数线法加工时，选择一个参数方向为切削行的走刀方向，另外一个参数方向为切削行的进给方向，通过一行行的切削最终生成整个刀具轨迹。参数线法计算简单，速度快，是曲面数控加工编程系统主要采用的方法，但当加工曲面的参数线不均匀时会造成刀具轨迹也不均匀，加工效率不高。

截面法加工的基本思想是：采用一组截面（可以是平面、也可以是回转柱面）去截取加工表面，截出一系列交线，将来刀具与加工表面的切触点就沿着这些交线运动，通过一定方法将这些交线连接在一起，就形成最终的刀具轨迹。截面法主要适用于曲面参数线分布不太均匀及由多个曲面形成的组合曲面的加工。

投影法的基本思想是：将一组事先定义好的曲线（也称导动曲线）或轨迹投影到曲面上，然后将投影曲线作为刀触点轨迹，从而生成曲面的加工轨迹。投影法常用来处理其他方法难以获得满意效果的组合曲面和曲面型腔的加工。

(2) 刀具轨迹的编辑

对于很多复杂曲面零件及模具而言，刀具轨迹计算完成后，都需要对刀具轨迹进行编辑与修改。这是因为：在零件模型的构造过程中，往往处于某种考虑对加工表面及约束面进行延伸并构造辅助面，从而使生成的刀具轨迹超出加工表面范围，需要进行裁剪和编辑；由于生成的曲面不光滑，使刀位点出现异常，需对刀位点进行修改；采用的走刀方式经检验不合理，需改变走刀方式；等等。

刀具轨迹的编辑一般分为文本编辑和图形编辑两种。文本编辑是编程员直接利用任何一个文本编辑器对生成的刀位数据文件进行编辑与修改。而图形编辑方式则是在快速生成的刀具轨迹图形上直接修改。目前基于 CAD/CAM 的自动编程系统均采用了后一种方法。刀具轨迹编辑一般包括刀位点、切削段、切削行、切削块的删除、复制、粘贴、插入、移动、延伸、修剪、几何变换，刀位点的均匀化，走刀方式变化时刀具轨迹的重新编排以及刀具轨迹的加载与存储等。

(3) 刀具轨迹的验证

目前，刀具轨迹验证的方法较多，常见的有显示法验证、截面法验证、数值验证和加工过程仿真验证四种方法。

显示法验证就是将生成的刀具轨迹、加工表面与约束面及刀具在计算机屏幕上显示出来，以便编程员判断所生成刀具轨迹的正确性与合理性。根据显示内容的不同，又有刀具轨迹显示验证、加工表面与刀具轨迹的组合显示验证及组合模拟显示验证三种。刀具轨迹显示验证就是在计算机屏幕上仅仅显示生成的刀具轨迹，以便编程员判断刀具轨迹是否连续，检查刀位计算是否正确。加工表面与刀具轨迹的组合显示验证就是将刀具轨迹与加工表面一起显示在计算机屏幕上，从而使编程员可以进一步判断刀具轨迹是否正确，走刀路线、进退刀方式是否合理。组合模拟显示验证就是在计算机屏幕上同时显示刀具轨迹、刀具和加工表面及约束面并进行消隐处理，其作用是更进一步检查刀具轨迹是否正确。

截面法验证就是先构造一个截面，然后求该截面与待验证的刀位点上刀具外形表面、加工表面及其约束面的交线，构成一幅截面图在计算机屏幕上显示出来，从而判断所选择的刀具是否合理，检查刀具与约束面是否发生干涉与碰撞，加工过程是否存在过切。根据所用截面的不同，截面法验证又可以分为横截面验证、纵截面验证及曲截面验证。如果所取截面为平面且大致垂直于刀具轴线方向则为横截面验证；如果所取截面为平面且通过刀具轴线则为纵截面验证；如果所取截面为曲面，则为曲截面验证。

数值验证是一种定量验证方法。它通过不断计算刀具表面和加工表面及约束面之间的距离，来判断是否发生过切与干涉。

加工过程仿真验证是通过在计算机屏幕上模仿加工过程来进行验证的。现代数控加工过程的仿真验证的典型方法有两种：一种是只显示刀具模型和零件模型的加工过程动态仿真，典型代表有 UGⅡ、CAD/CAM 集成系统中的 Vericut 动态仿真工具和 MasterCAM 系统的N-See 动态仿真工具；另一种是同时显示刀具模型、零件模型、夹具模型和机床模型的机床仿真系统，典型的代表有 UGⅡ、CAD/CAM 集成系统中的 UniSim 机床仿真工具。随着虚拟现实技术的引入和刀具、零件、夹具和机床模型的完善（特别是力学及材料模型的建立与完善），加工过程仿真将更加逼真准确，完全可以取代试切环节，从而提高效率、降低成本。

13.5.3　后置处理

上述生成的刀位文件还不能用于数控加工，还需要将刀位文件转化为特定机床所能执行的数控程序，这就是后置处理。为什么不让自动编程中刀具轨迹计算模块直接生成数控加工程序？这是因为不同数控系统对数控代码的定义、格式有所不同。因此，配备不同的后置处理程序，就可以使计算机一次计算的结果使用于多个数控系统。后置处理系统可分为专用后置处理系统和通用后置处理系统。

专用后置处理系统是针对专用数控系统和特定数控机床而开发的后置处理程序。一般而言，不同数控系统和机床就需要不同的专用后置处理系统，因而一个通用编程系统往往需要提供大量的专用后置处理程序。由于这类后置处理程序针对性强，程序结构比较简单，实现起来比较容易，因此在过去的数控编程系统中比较常见，现在在一些专用系统中仍然普遍使用。

通用后置处理系统是指能针对不同类型的数控系统的要求，将刀位原文件进行处理，生成数控程序的后置处理程序。使用通用后置处理时，用户首先需要编制数控系统数据文件（NDF）或机床数据文件（MDF）以便将数控系统或数控机床信息提供给编程系统。之后，将满足标准格式的刀位原文件和数控系统数据文件（NDF）或机床数据文件（MDF）输入到通用后置处理系统中，后置处理系统就可以产生符合该数控系统指令及格式的数控程序。数控系统数据文件（NDF）或机床数据文件（MDF）可以按照系统给定的格式手工编写，也可以以对话形式——回答系统提出的问题，然后由系统自动生成。有些后置处理系统也提供市场上常见的各种数控系统的数据文件。特别要说明的是目前国际上流行的商品化 CAD/CAM 系统中刀位原文件格式都符合 IGES 标准，它们所带的通用后置处理系统具有一定的通用性。

13.6　CAXA制造工程师软件介绍

CAXA 制造工程师 2020 是基于 CAXA 3D 平台全新开发的 CAD/CAM 系统，采用全新的 3D 实体造型，涵盖从两轴到五轴的数控铣削加工方式，支持数字孪生系统设计、编程、代码生成、加工仿真、机床通信、代码校验的闭环执行。

实体造型主要有拉伸、旋转、导动、放样、倒角、圆角、打孔、筋板、拔模、分模等特征造型方式，可以将二维的草图轮廓快速生成三维实体模型。它提供多种构建基准平面的功能，用户可以根据已知条件构建各种基准面。

曲面造型提供多种 NURBS 曲面造型手段：可通过扫描、放样、旋转、导动、等距、边界和网格等多种形式生成复杂曲面；可提供曲面线裁剪和面裁剪、曲面延伸、按照平均切矢或选定曲面切矢的曲面缝合、多张曲面之间的拼接等功能；提供强大的曲面过渡功能，可以实现两面、三面、系列面等等曲面过渡方式，还可以实现等半径或变半径过渡。

系统支持实体与复杂曲面混合的造型方法，应用于复杂零件设计或模具设计。系统提供曲面裁剪实体、曲面加厚成实体、闭合曲面填充生成实体等功能。另外，系统还允许将实体的表面生成为曲面供用户直接引用。

13.7　CAXA制造工程师界面介绍

CAXA 制造工程师的用户界面支持全中文显示，和其他的 Windows 风格的软件类似，各种应用功能通过菜单和工具条驱动；状态栏指导用户进行操作并提示当前状态和所处位置；特征树记录了历史操作和相互关系；绘图区显示各种功能的结果；同时，绘图区和特征树为用户提供了数据的交互功能。

CAXA 制造工程师工具条中每一个按钮都对应一个菜单命令，见图 13-3，单击按钮和单击菜单命令是完全一样的。

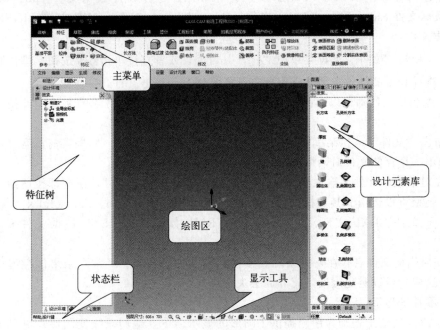

图 13-3　CAXA 制造工程师软件界面

(1) 文件的读入

CAXA 制造工程师是一个开放的设计和加工工具，它提供了丰富的数据接口，包括基于曲面的 DXF 和 IGES 标准图形接口，基于实体的 X_T、X_B，面向快速成型设备的 STL 以及面向 Internet 和虚拟现实的 VRML 等接口。这些接口保证了与世界流行的 CAD

软件进行双向数据交换，使企业与合作伙伴可以跨平台和跨地区进行协同工作，实现虚拟产品开发和生产。

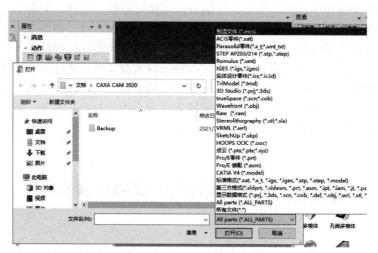

图 13-4　文件的读入

文件的读入通过"文件"下拉菜单中的"打开"命令来实现，见图 13-4，可以打开制造工程师存储的数据文件，并为其他数据文件格式提供相应接口，使在其他软件上生成的文件通过此接口转换成制造工程师的文件格式，并进行处理。

在制造工程师中可以读入 ME 数据文件 mxe、零件设计数据文件 epb、ME1.0 及 ME2.0 数据文件 csn、Parasolid x_t 文件、Parasolid x_b 文件、DXF 文件、IGES 文件和 DAT 数据文件。

操作：单击"文件"下拉菜单中"打开"命令，或者直接单击 按钮，弹出打开文件对话框；选择相应的文件类型并选中要打开的文件名，单击"打开"按钮。

CAXA 制造工程师可以输出（也就是将零件存储）为多种格式的文件，方便在其他软件中打开。

① 单击"文件"下拉菜单中的"保存"，或者直接单击按钮，如果当前没有文件名，则系统会弹出一个存储文件对话框。

② 在对话框的文件名输入框内输入一个文件名，单击"保存"，系统即按所给文件名存盘。文件类型可以选用 ME 数据文件 mxe、EB3D 数据文件、epb、Parasolid x_t 文件、Parasolid x_b 文件、DXF 文件、IGES 文件、VRML 数据文件、STL 数据文件和 EB97 数据文件。

③ 如果当前文件名存在，则系统直接按当前文件名存盘。经常把结果保存起来是一个好习惯。这样，可以避免因发生意外而丢失成果。

(2) 零件的显示

① CAXA 制造工程师为用户提供了图形的显示命令，他们只改变图形在屏幕上显示的位置、比例、范围等，不改变原图形的实际尺寸。图形的显示控制对复杂零件和刀具轨迹观察和拾取具有重要作用。

② 用鼠标单击"显示"下拉菜单中的"显示"，在该菜单中的右侧弹出菜单项（图 13-5）。

③ 显示全部：将当前绘制的所有图形全部显示在屏幕绘图区内。用户还可以通过 键使图形显示全部。

操作：单击"显示"，指向"显示"，单击"显示全部"，或者直接单击 按钮。

④ 局部放大：用户可以用鼠标左键框选需要放大的部位，框选后系统将框内所包含的图形充满屏幕绘图区加以显示。

操作：单击"显示"，指向"显示"，单击"局部放大"，或者直接单击 按钮。

⑤ 显示缩放：按照固定的比例将绘制的图形进行放大或缩小。操作如下。

a. 单击"显示"，指向"显示"，单击"动态缩放"，此时在绘图区任意位置，按住鼠标左键上下拖动，向上为放大，向下为缩小。

b. 滑动鼠标滑轮，向上滑动为缩小，向下滑动为放大。

图 13-5 显示菜单

⑥ 显示旋转：将拾取到的零部件进行旋转。操作如下。

a. 单击"显示"，指向"显示"，单击"动态旋转"。

b. 按住鼠标滑轮，拖动鼠标即可完成多方向的旋转。

⑦ 显示平移：以用户输入的点为屏幕显示的中心，将显示的图形移动到所需的位置。

a. 单击"显示"，指向"显示"，单击"平移"，或者直接单击键盘上 F2 按钮。

b. 在绘图区任意位置按住鼠标左键，拖动鼠标即可完成平移。

13.8 曲 线

(1) 曲线的绘制

CAXA 制造工程师为曲线绘制提供了十六项功能：直线、圆弧、圆、矩形、椭圆、样条、点、公式曲线、螺旋线、孔轴、多边形、等距线、曲线投影、相关线、样条圆弧和文字等。用户可以利用这些功能，方便快捷地绘制出各种各样复杂的图形。利用 CAXA 制造工程师编程加工时，主要应用曲线中的直线、矩形工具绘制零件的加工范围。

直线中的两点线就是在屏幕上按给定两点画一条直线段或按给定的连续条件画连续的直线段。

① 在主菜单中的"曲线"界面下，单击"三维曲线"按钮。

② 单击直线 按钮，在立即菜单中选择两点线。

③ 按状态栏提示，给出第一点和第二点，两点线生成（见图 13-6）。

矩形是构成图形的基本要素，为了适应各种情况下矩形的绘制，CAXA 制造工程师提供了两点矩形和

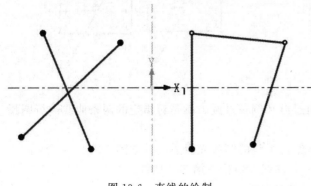

图 13-6 直线的绘制

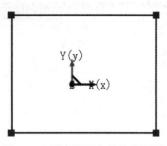

图 13-7　两点矩形方法绘制矩形

中心-长-宽等两种方式。

两点矩形就是通过给定对角线上两点绘制矩形。

① 单击□按钮，在立即菜单中选择"两点矩形"方式。

② 给出起点和终点，矩形生成（图 13-7）。

中心-长-宽就是给定长度和宽度尺寸值来绘制矩形。

① 单击□按钮，在立即菜单中选择"长度和宽度"方式，输入长度和宽度值。

② 给出矩形中心（0，0），矩形生成（图 13-8）。

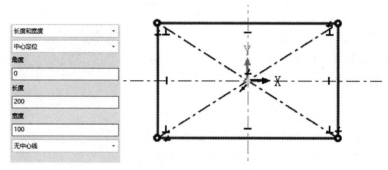

图 13-8　中心-长-宽方法绘制矩形

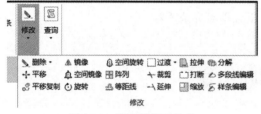

图 13-9　线面编辑工具条

（2）曲线的修改

曲线修改包括曲线删除、镜像、空间旋转、过渡、阵列、裁剪、延伸等十八种功能。

曲线修改选项在曲线菜单中，单击"修改"按钮，出现线面编辑工具条，如图 13-9 所示。

"修改"下的"裁剪"是指系统对曲线修剪，具有指哪裁哪的快速反应特点。单击"修改"下"裁剪"按钮，拾取被裁剪线（选取被裁掉的段），即可快速完成裁剪（图 13-10）。

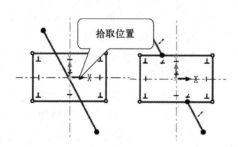

图 13-10　曲线裁剪

过渡共有三种方式：圆弧过渡、尖角过渡和倒角过渡。就是对指定的两条曲线进行圆弧过渡、尖角过渡或对两条直线倒角。

圆弧过渡：用于在两根曲线之间进行给定半径的圆弧光滑过渡，如图 13-11。

① 单击"圆角过渡"按钮，拾取第一条曲线，再拾取第二条曲线。

② 在立即菜单中输入圆角半径，圆弧过渡完成。

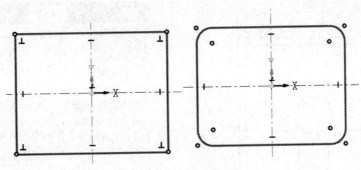

图 13-11 圆弧过渡

倒角过渡：倒角过渡用于在给定的两直线之间进行过渡，过渡后在两直线之间有一条符合给定角度和长度的直线，如图 13-12。

① 单击"倒角"按钮，在立即菜单中选择"距离-角度"，输入角度和距离值。

② 拾取第一条曲线，再拾取第二条曲线，倒角过渡完成。

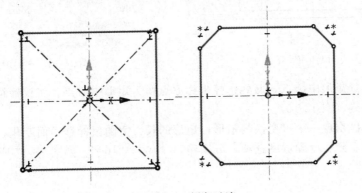

图 13-12 倒角过渡

13.9 绘制实例

CAXA 制造工程师提供基于实体的特征造型，可实现对任意复杂零件的造型设计。特征造型方式提供拉伸、旋转、扫描、放样、螺纹等多种形式。

本节将通过四叶花实例讲解特征造型过程。

四叶花形状为一个立方体，上表面刻出四叶花形状。工程图纸如图 13-13。

首先打开 CAXA 制造工程师软件，选择工程模式零件。

(1) 创建草图

在"草图"菜单下，单击"草图"选项，选择"在 X-Y 基准面"，如图 13-14。之后进入草图模式。

(2) 绘制草图

首先绘制 100mm×100mm×20mm 的立方体。在草图模式下，单击矩形选项中的"中心矩形"按钮，如图 13-15 所示。

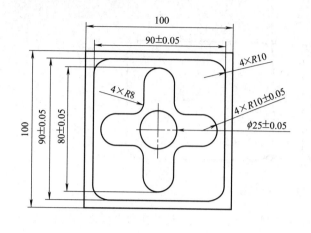

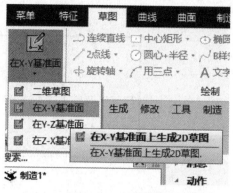

图 13-14 创建草图

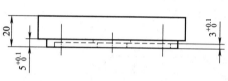

图 13-13 四叶花

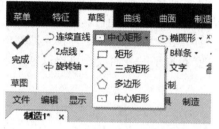

图 13-15 中心矩形

移动鼠标选择矩形中心点，此处选择坐标原点作为矩形中心点。将鼠标移动到坐标原点后，单击鼠标左键（图 13-16）。

此时，绘图区出现一个可变换的矩形，矩形的长、宽随鼠标移动而变化，在左侧弹出的立即菜单中可以看到长度和宽度选项，分别输入"100""100"。如图 13-17 所示。

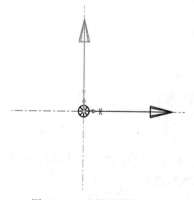

图 13-16 选择矩形中心点

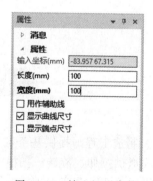

图 13-17 输入矩形参数

按键盘上回车键确定，则矩形绘制完成，如图 13-18 所示。

单击"草图"菜单下"完成"按键，完成草图。

（3）拉伸特征

单击特征菜单下"拉伸"按钮，在弹出的立即菜单中，选择"生成一个独立的零件"。鼠标左键单击绘制好的矩形轮廓。轮廓选中后，绘图区会以虚影的方式显示一个预览图，如图 13-19 所示。

在"方向 1"选项"高度值"下输入"15"，点击立即菜单中的 ✓ 按钮，完成拉伸特征。图形变为实体，如图 13-20 所示。

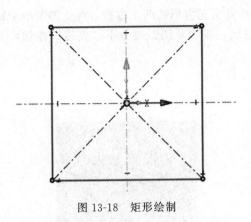

图 13-18　矩形绘制

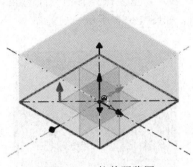

图 13-19　拉伸预览图

（4）绘制四叶花

在"草图"菜单下，"草图"选项中选择"二维草图"，如图 13-21 所示。

图 13-20　立方体实体

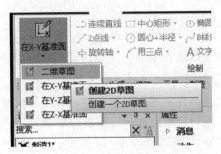

图 13-21　二维草图绘制

点击立方体上表面，选中上表面为基准面。按下 F5 切换至俯视图，如图 13-22 所示。

此时创建的平面坐标原点与空间坐标系不吻合。点击立即菜单下"2D 草图放置类型"中"点"选项，选中空间坐标系原点，如图 13-23 所示。

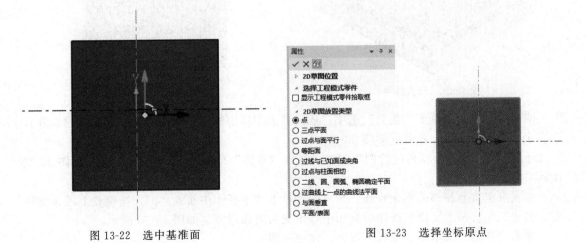

图 13-22　选中基准面　　　　　　　　图 13-23　选择坐标原点

单击立即菜单中 ✔ 按钮，草图创建完成。

在"草图"菜单下选择"中心矩形"，绘制一个 90mm×90mm 的正方形，如图 13-24 所示。

　　选择"草图"菜单下"圆角过渡"按钮，依次点击正方形的两个临边，在立即菜单中输入半径"10"，重复操作其他三个直角，倒圆弧完成，按"草图"菜单下"完成"按钮，完成草图，如图 13-25 所示。

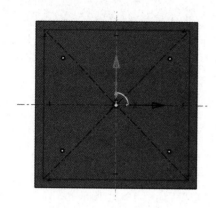

图 13-24　中心正方形

图 13-25　正方形倒圆弧

　　选择"特征"菜单下"拉伸"按钮，在立即菜单中选择"从设计环境中选择一个零件"，点击绘图区的零件，选择内部已倒圆角的正方形轮廓，在立即菜单中输入高度"5"，点击 ✔ 完成拉伸。如图 13-26 所示。

　　在凸台上表面创建草图，草图坐标原点与空间坐标系重合。

　　我们按照上述中心矩形的绘制方法，绘制两个交叉的长方形，长、宽分别为"20、80"和"80、20"。如图 13-27 所示。

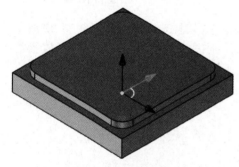

图 13-26　凸台拉伸

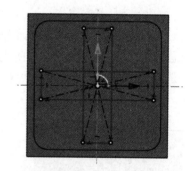

图 13-27　交叉长方形

　　点击"草图"菜单下"裁剪"选项，依次点击图形中的多余线段（选择要去除的部分），则多余线段会被裁剪。裁剪后如图 13-28。

　　下面，将中间四个直角进行圆弧过渡。选择"草图"菜单下的"圆角过渡"，如图 13-29 所示。

　　依次点击直角相邻的两条直线，在立即菜单下"半径"中输入"8"，按键盘上回车键确定。其他三个直角重复以上操作，将四个直角变为圆弧过渡。如图 13-30 所示。

　　单击"草图"菜单下"完成"按钮，完成草图。

　　（5）拉伸除料

　　点击"特征"菜单下"拉伸"按钮，在立即菜单中选择"从设计环境中选择一个零件"，单击绘图区绘制完成的立方体，选择十字花轮廓的任意线段，出现拉伸预览。如图 13-31 所示。

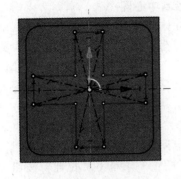

图 13-28　线段裁剪

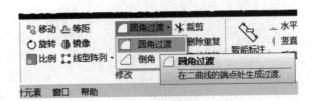

图 13-29　圆角过渡

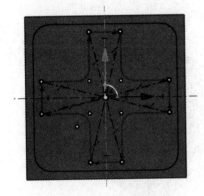

图 13-30　圆弧过渡

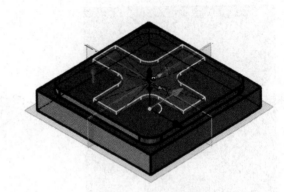

图 13-31　十字花拉伸预览

在立即菜单下"方向1"中输入高度值"3"，选中"反向"，"一般操作"下选择"除料"，单击立即菜单中 ✔ 按钮，完成拉伸除料。如图 13-32 所示。

(6) 圆角过渡

单击"特征"菜单下"圆角过渡"按钮，将图形放大后，双击选中要操作的角，如图 13-33 所示。

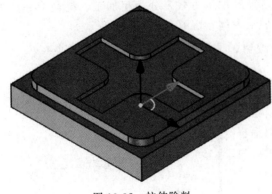

图 13-32　拉伸除料

图 13-33　选中倒角位置

在立即菜单中输入半径"10"，单击立即菜单中 ✔ 按钮，完成圆角过渡操作。如图 13-34 所示。

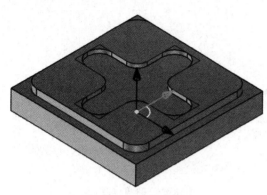

图 13-34　圆角过渡

（7）绘制中心圆

在立方体上表面创建草图平面，坐标原点与空间坐标系重合。在"草图"菜单下选择"圆心＋半径"，用鼠标选择圆心，圆心位于坐标原点，在立即菜单中输入半径"12.5"，按键盘回车键确定。单击"草图"菜单下"完成"，圆草图绘制完成，如图 13-35 所示。

点击"特征"菜单下"拉伸"按钮，选择向下拉伸 2mm 除料，得到最终模型。如图 13-36 所示。

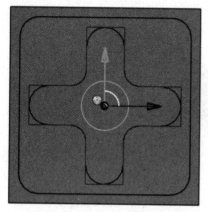

图 13-35　中心圆绘制

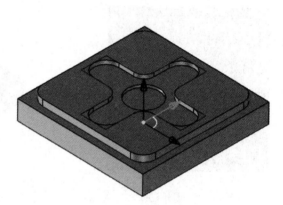

图 13-36　四叶花模型

13.10　自动编程过程

CAXA 制造工程师提供了二轴、三轴及多轴等加工方式，分为粗加工、精加工等加工方法。本章以 13.9 节所绘制的四叶花模型粗加工为例，讲解自动编程过程。

在设计树下方的菜单中，点击 加工 按钮，鼠标右键单击"毛坯"，选择"创建毛坯"。如图 13-37 所示。

在弹出的对话框中单击"拾取参考模型"，鼠标左键双击四叶花模型，模型被选中后，在对话框中点击 ✔ 按钮。此时，毛坯参数自动按照零件尺寸生成，在对话框中点击"确定"。

在"制造"菜单"三轴"选项中选择"自适应粗加工"，弹出对话框如图 13-38。

在对话框中，可以设置加工参数、区域参数、连接参数、干涉检查、轨迹变换、坐标系、刀具参

图 13-37　创建毛坯

数、几何等信息。

结合四叶花模型，加工参数选择顺铣、往复式加工，层高设为"1"，行距设为"5"；"连接参数"选项卡下选中"加下刀"，如图13-39所示。

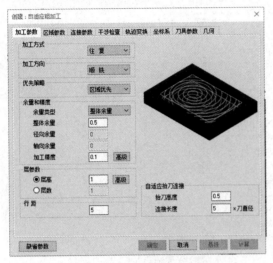

图13-38　自适应粗加工

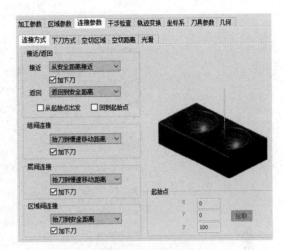

图13-39　连接方式

"刀具参数"中选择直径10mm圆柱立铣刀。

"几何"界面下需选择"加工曲面"和"毛坯"。如图13-40所示。

点击"加工曲面"，双击鼠标左键选中四叶花模型上表面（四叶花所在面），在对话框中点击✔按钮，曲面选择完成。

点击"毛坯"，选择模型外侧的蓝色构架线，则蓝色线条变为红色，在任意位置单击鼠标右键，完成选择。

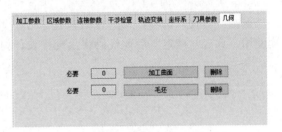

图13-40　几何

在对话框中点击"确定"按钮，生成刀路如图13-41所示。

在设计树中点击"1-自适应粗加工"选中生成的刀路轨迹，轨迹变为红色。如图13-42所示。

图13-41　刀路

图13-42　选中轨迹

鼠标右键点击"1-自适应粗加工",左键点击"后置处理"。在弹出的对话框中选择控制系统和机床配置。此处以 FANUC 系统,3 轴机床为例,如图 13-43 所示。

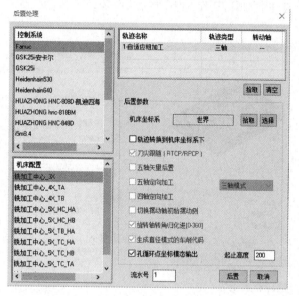

图 13-43　后置处理

点击"后置"选项,代码自动生成。可在"名称"处修改代码名称,可保存代码以备后续使用。点击"确定"后此代码将出现在设计树中。

第14章 3D打印

14.1 概　　述

14.1.1 3D打印的概念及特点

3D打印技术也被称作增材制造技术（additive manufacturing，AM），它是20世纪80年代中期发展起来的高新技术。美国材料试验协会将3D打印技术定义为"利用三维模型数据从连续的材料中获得实体的过程"，该三维模型数据通常层叠在一起，有别于去除材料的制造方法和工艺。

3D打印技术的原理是，用一些建模软件（CAD、UG）制作对应的三维模型，在切片软件中将之前建立的模型切成一定厚度的片层，这样就转换成了单一的二维图，然后一层一层地处理、堆放和积累，最后形成三维实体。它是一种快速成型技术。图14-1是3D打印的简单流程。3D打印技术能够制造任意复杂结构的产品且随时随地修改，这是传统技艺所不能比拟的。

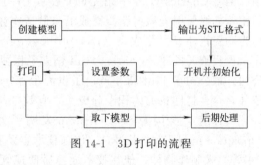

图 14-1　3D打印的流程

3D打印技术具有以下优点。

①成本较低。利用三维绘图软件可以绘制复杂形状的物体，可有更大的自由发挥空间，而且3D打印技术不需要额外的工具，无须重新修复。因此物体的复杂性不会增加额外的成本。

②便于装配。3D打印技术可直接打印出复杂几何形状的零件。对于需要组装的实体，可以通过分别打印各部分零件后，再进行拼装。

③设计空间大。传统的切屑工艺会因材料的形状复杂，导致刀具无法到达较深和不可见区域，造成加工困难或无法加工。3D打印技术为设计人员提供了将单一或多种材料精确地放置在实现设计功能所需位置的能力。

④ 减少浪费。与传统的减材制造不同，3D打印可减少材料的浪费。

近30年来3D打印取得了不小的进步，3D打印技术也日趋成熟，不仅可以打印塑料、金属、陶瓷等多种材料，还发展出了激光选区烧结（SLS）、激光选区熔化（SLM）、熔丝沉积成型（FDM）等多种3D打印技术。但是，要成为主流的生产制造技术还尚需时日。这是因为3D打印技术仍存在一些缺点：

① 原材料价格昂贵。以314L不锈钢粉末为例，1公斤价格约为90元。若要打印出几吨到几百吨成品，其价格为一般企业所无法接受。钛合金粉末的价格会更高。

② 成品价格高。3D打印的费用通常以克来计量，因此打印一件成品的价格有些偏高。

③ 道德底线问题。现如今的3D打印技术不仅可以打印无生命实体，还可打印生物心脏和器官，若该技术落入不法分子之手，定会造成社会混乱，相关从业者应谨守道德底线，更不能触碰法律禁区。图14-2所示为一些3D模型。

图14-2　3D产品展示

14.1.2　3D打印技术的发展

3D打印技术最早可以追溯到20世纪80年代，业界公认的3D打印技术最早始于1984年，当时Charles Hull率先发明了数字文件打印成三维实体模型的技术。在1986年，他又利用紫外线照射光敏树脂凝固成型来制造实体，并将这项技术申请了专利。后来这项技术被称为陶瓷膏体光固化成型（stereolithography apparatus，SLA），这是3D打印技术发展的一个里程碑。同年，Charles Hull创立了世界上第一家3D打印设备的公司——3D Systems公司。该公司于1988年生产出了世界上第一台3D打印机SLA-250。但受限于当时的工艺条件，这台打印机的体积十分庞大，有效打印空间非常狭窄。

1988年，美国人Scott Crump发明了另一种3D打印技术——熔丝沉积成型（fused deposition modeling，FDM）。该项技术主要利用热塑性的丝状材料（包括：蜡、ABS、PC、PA等）来制作物体。他在技术成熟后便成立了Stratasys公司。在工业应用领域，3D Systems和Stratasys一直是3D打印领域龙头公司，高峰时期合计占全球3D打印机销量的四分之三。

1989年美国得克萨斯大学的Carl Deckard又发明了激光选区烧结（selective laser sintering，SLS）技术，该项技术是利用高功率的激光将金属或非金属粉末进行扫描烧结，直至成型的技术。在20世纪90年代中期，研究者在SLS的基础上发展了激光选区熔化（selective laser melting，SLM）技术。该技术与SLS相比可快速成型出致密且力学性能良好的金属零部件。

喷墨式三维打印（three-dimensional printing，3DP）技术是美国麻省理工学院的教授Emanuel Sachs创造的。该技术与喷墨式二维打印极其相似，而且成型速度快，价格低廉。后来经过不断改进，在2000年实现了可用于办公室环境的商品化3D打印机。

20世纪90年代后期，3D打印技术进入了蓬勃发展的黄金时期。1996年起，3D打印技术逐渐走出实验室，来到了我们的生活中。3D Systems、Stratasys 和 Z Corporation 三家公司先后推出了多种形式的3D打印机，并实现了商业化。2005年，Z Corporation 推出了 Spectrum 2510 打印机（图14-3），这是世界上第一台高精度的彩色3D打印机。2008年，第一个基于 RepRap 的3D打印机"Darwin"正式发布，它可以打印自身40%原件，而体积也只有一个箱子大小。

图14-3 第一台彩色3D打印机 Spectrum 2510

我国的3D打印技术起步较晚。20世纪90年代初，清华大学、华中科技大学、北京隆源自动成型系统有限公司及西安交通大学先后研发了国产的 SLS、SLA 等3D打印技术。随后众多的高校和公司也都加入3D打印的研发行列中。2014年之后，更多高校都开设了3D打印课程，让学生对3D打印技术有了深入了解，并可亲自设计打印自己喜欢的图形。

14.1.3 3D打印技术常用原材料

基于材料堆积方式的增材制造技术改变了传统的去除材料制造的加工方法，该工艺是在三维立体模型离散化基础上通过累积建造成型的。因此，3D打印技术对材料在形状和性能方面都有着不同的要求，不同的制造方法对应的成型材料的形状不同，不同的成型制造方法对成型材料性能的要求也是不同的。

根据材料的化学成分分类，可将3D打印用的原材料分为：塑料材料、金属材料、陶瓷材料、生物医用材料等。下面我们来分别介绍这几种材料在3D打印技术中的应用。

(1) 塑料材料

通常加热后软化可以形成熔体的塑料称为热塑性材料。加热后固化形成交联不熔结构的塑料称为热固性塑料。我们比较常用的 PLA 和 ABS 均属于热塑性塑料。

① PLA（聚乳酸）。PLA 具有良好的生物可降解性，它是以玉米中提取的淀粉为原料所制成的，在自然界中可以被微生物分解成水和二氧化碳，不会对环境造成污染。PLA 熔点在230℃左右，流动较快，相对来说不会造成喷嘴堵塞，在打印过程中不会产生刺激性气味。此外，医院中的一次性输液器等均由 PLA 制成。PLA 易受潮，因此不宜在室外或潮湿的空间使用，在保存时要注意应保存在干燥的环境中。

② ABS。ABS 是丙烯腈、丁二烯和苯乙烯的三元共聚物，其化学成分非常稳定，具有良好的耐高（低）温性、耐腐蚀性，可用于汽车、电子电器和建筑等多个领域。由于 ABS 具有很好的黏附性，所以可实现快速打印成型，其熔点约为280℃。在打印过程中 ABS 最大的缺点就是伴有强烈的刺激性气味。

此外，3D打印常用的热塑性塑料还有 PC 和 PA 等，这里不再详细介绍。

(2) 金属材料

常见的用于3D打印技术的金属材料包括 316L 不锈钢、铝以及 Ti-6Al-4V 等。根据不同打印设备的要求，金属粉末和金属丝均可作为打印的原材料。

金属材料的3D打印制造可应用于航空航天、汽车制造等领域。金属材料的最大缺点就是用于打印的粉末原材料价格昂贵，此外可用于打印的金属材料品种较少、产量低。因为普通的金属粉末不足以满足3D打印的要求，用于打印的金属粉末需满足流动性好、粉末颗粒细小、粒度分布均匀、含氧量低等要求。图14-4是利用 SLM 工艺方法，采用 316L 不锈钢粉末制成的工艺品。

(3) 陶瓷材料

陶瓷也是应用十分广泛的一种材料，它是由天然或合成化合物经过成型或高温烧结制成的一类无机非金属材料。陶瓷材料的特点是高强度、高硬度以及化学稳定性优良，它在航空航天、汽车和生物领域都有应用。不同的 3D 打印技术所需的陶瓷材料具有不同的形态。FDM 技术通常使用陶瓷膏料，打印完成后还需进行上釉和煅烧过程，且成型精度较低。SLA 技术一般采用混合了光敏树脂的陶瓷浆料（图 14-5），为得到高纯度的陶瓷成品，成型后需进行脱脂烧结去除其中的树脂。SLS 主要使用陶瓷粉末，成型后需要去除其中的黏结剂。但是由于对粉末的要求过高，且打印完成后精度较低，目前应用并不是很广泛。

图 14-4　314L 不锈钢 SLM 制作成品

图 14-5　陶瓷浆料

(4) 生物医用材料

生物医用材料包括生物活体细胞、生物医用高分子材料、无机材料和水凝胶材料等。

① 生物活体细胞。澳大利亚 Invetech 公司和美国 Organovo 公司合作研制出了全球首台商业化 3D 生物打印机，它以人体细胞制作的生物墨水为原材料，打印时将生物墨水用特定方式喷洒到生物纸上，通过层层累积形成所需要的人体器官。此外，美国麻省总医院的研究人员还利用牛羊的组织细胞打出了活生生的人耳，且生长 12 周后仍具有软骨的自然弹性。

② 生物医用高分子材料。主要包括用于制作人工器官和人工组织的高分子生物材料、具有一定药理活性的高分子药物和医疗过程中外用的器具和用品所需的材料。他们的化学稳定性一般都很高，但生物功能性较差，与生物的相容性一般。

③ 水凝胶。有很好的生物黏附性，且其力学性能与人体软组织极其相似，广泛应用于组织工程支架材料及药物可控释放。

14.1.4　3D 打印技术常见工艺方法

(1) 激光选区烧结（SLS）

激光选区烧结（selective laser sintering，SLS）是由美国得克萨斯大学的 Carl Robert Deckard 于 1989 年发明的。该工艺能生产强度高、材料属性优异的产品，可用于该工艺的原材料可以是塑料、蜡、金属、陶瓷粉末等，而且设计零件的时间较短，打印精度也很高。

SLS 的技术原理如图 14-6 所示。首先是在工作台上铺一层粉末材料，可以是金属粉末也可以是非金属粉末。然后在计算机的控制下，按照界面轮廓信息，利用大功率的激光对处于相应实体部分的粉末进行烧结，不断循环，层层堆叠，最终形成成品。

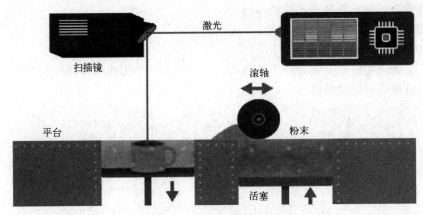

图 14-6 SLS 的技术原理

(2) 激光选区熔化 (SLM)

激光选区熔化 (selective laser melting, SLM) 是 1995 年德国 Fraunhofer 激光器研究所提出的。SLM 克服了 SLS 在制造金属零件时复杂的困难。SLM 利用高强度激光熔融金属粉末, 可以快速成型出致密且力学性能良好的金属零件。

SLM 的工作原理和工作过程与 SLS 基本一致, 均是逐层加工, 不同之处有以下几点。

① 所用激光器不同。SLS 所用波长一般为 $9.2 \sim 10.8 \mu m$、功率比较小的 CO_2 激光器。而 SLM 为了更好地熔化金属, 常选用波长较短的高功率激光器, 如光纤激光器 ($1.09 \mu m$)。

② 原材料不同。SLS 选用的材料熔点较低, 而 SLM 可选择熔点在 1000℃ 以上的金属粉末, 如: 钛合金、不锈钢和高温合金等。

③ 支撑不同。SLS 通常不需要添加支撑, 而 SLM 则需要。主要是为了承接下一层未成形粉末层防止激光扫描到过厚的金属粉末层, 发生塌陷。

④ 后处理方式不同。SLM 由于添加了支撑, 所以在打印完成后需利用工具将支撑切割下来。

(3) 熔丝沉积成型 (FDM)

熔丝沉积成型 (fused deposition modeling, FDM) 又称熔融挤压成型、熔丝沉积成型, 是美国科学家 Dr. Scott Crump 于 1988 年研发成功的 3D 打印技术。主要是采用丝状热熔性材料 (如塑料、尼龙等), 通过加热熔化, 然后通过一个微细的喷嘴将液体材料挤压出来。原材料喷出后沉积在制作面板或者前一层已固化的材料上, 温度低于

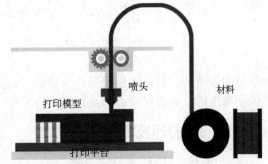

图 14-7 FDM 的工艺原理

熔点后又开始凝固, 通过材料的逐层堆积形成最终成品。FDM 的工作原理类似于热胶枪, 图 14-7 为 FDM 的工艺原理图。FDM 的打印过程如图 14-8 所示。

热熔性材料通过加热喷嘴喷出后, 与上一层材料熔结在一起, 上一层沉积完成后, 工作台相应下降一定高度, 再进行下一层的熔喷, 直至整个三维实体零件完成后, 沉积工作完成。通常所用丝状材料的直径为 1.75mm 或 3mm, 而喷嘴的直径为 $0.2 \sim 0.6 mm$。

与其他 3D 打印技术相比, FDM 具有以下优点:

① 原理和操作简单, 维护方便, 且相对来说安全性高;

② 可用于成型的材料广泛, 不仅仅包括丝状塑料、蜡、尼龙, 还可以使用金属、陶瓷、

纤维、塑料混合的复合材料，且保存寿命长；

③ 污染较小，材料可回收再利用；

④ 成型速度快，效率高。

该工艺的缺点主要是需要设计支撑结构，且打印完成后需再将支撑结构剥离，成品表面粗糙，需要再进行后处理精修。

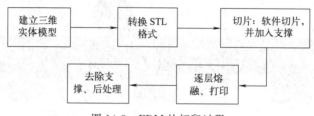

图 14-8　FDM 的打印过程

(4) 三维打印（3DP）

三维打印（three-dimensional printing，3DP）技术是美国麻省理工学院的教授开发，后又经许多科研人员的多次完善和改进，终于形成的一种新型的快速成型技术。可用于 3DP 的原材料主要是粉末状材料，包括陶瓷粉末、金属粉末、塑料粉末等。

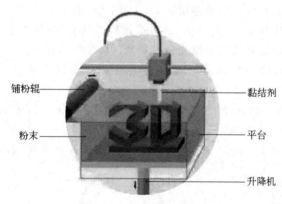

图 14-9　3DP 的工艺原理

3DP 的工艺原理如图 14-9 所示，它与之前三种工艺方式均有相似之处。工作台上首先铺一层一定厚度的粉末，然后利用喷头按指定的路线将黏结剂喷在预先铺好粉末的区域，完成后工作台将下降一定高度，据需进行下一层的铺粉，逐层黏结后去除多余底料便完成最终的成品。与 SLS 不同的是，3DP 不是粉末烧结起来，而是通过喷头用黏结剂将零件的截面"打印"在粉末材料上。

3DP 的成型速度较其他工艺快材料价格低，且无须支撑。并且用户可以采用各种颜色的黏结剂，制造彩色模型，这是该工艺具有极强竞争力的主要原因。但是该工艺的成品强度都很低，表面粗糙，因此需要进行后处理。

14.1.5　3D 打印技术的应用领域

近 30 年来，3D 打印技术发展日趋成熟，从商业应用前景来看，现已经有一系列的应用在逐渐改变人们的生活。现如今在众多领域，包括航空航天、汽车工业、医疗和消费电子工业等均展现出了广阔的应用前景（如图 14-10）。根据我国增材制造产业联盟统计，我国的增材制造产业规模在持续扩张，2019 年已经达到了 140 亿元。下面从几个方面简单介绍 3D 打印的应用领域。

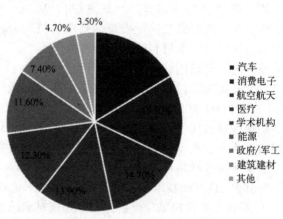

图 14-10　3D 打印的应用领域

（1）3D打印技术在汽车工业领域的应用

汽车制造一直由于技术复杂、工序繁琐，被人们誉为工业制造皇冠上最为璀璨的一颗明珠。所以，3D打印技术的出现大大降低了汽车生产的工序。据市场调研，3D打印在汽车行业2019年的市场规模为8.7亿美元，并且预计每年都会大幅增长。目前，3D打印在汽车行业的应用主要在概念模型的设计、功能验证模型的制造、样机的评审和小批量定制成品四个生产阶段。

图14-11是世界首款3D打印汽车Urbee，车身由特制的3D打印机打印制造，使用超薄合成材料，整款汽车的外形设计非常光滑，有科技感。Urbee的诞生也几经波折，整个研发制造经历了14年，其有三个车轮，两个座位，能耗极低，理想状态下百公里耗油仅1L。在动力上，由一个8马力（1马力≈735.5瓦）的小型单缸发动机来驱动，因为车身质量小，所以最高速度可达112公里每时。

图14-11 世界首款3D打印汽车Urbee

在现在的汽车生产中，汽车的各部分如水箱、油管、进气管路、仪表盘、车灯以及各种装饰件，都可以采用3D打印技术进行生产。几乎所有知名的汽车厂商也都开始采用了3D打印技术，并取得了显著的时间和经济效益，大大缩短了前期设计的复杂流程。此外，当代年轻人有个性化的需求，尤其是对汽车外覆盖、汽车内饰零件的个性化十分热衷，这就为3D打印技术在个性化定制上提供了巨大的市场。图14-12所示是3D打印的汽车配件。

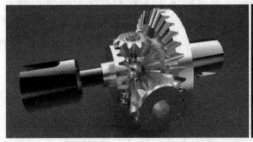

图14-12 3D打印汽车齿轮差速器和排气管

（2）3D打印技术在航空航天领域的应用

航空航天产品对材料有着结构复杂、重量轻、加工精度高等要求，这使得航空航天产品的研发、制作周期比较长。3D打印技术凭借其独特的优势和特点给产品的设计思路和制造方式带来了翻天覆地的变化。

图14-13 NASA生产的发动机喷油嘴

国际各大航空企业将可制备精密复杂金属构件的SLM列为首要发展技术之一。美国国家航空航天局（NASA）的"太空发射系统"计划中，正在对能否使用SLM技术生产多种金属零件进行验证，从小卫星到火箭发动机，遍布六大研发领域。J-2X发动机的排气孔盖和RS-25发动机的弹簧Z隔板已开始利用SLM工艺来制造。

图 14-13 是 NASA 利用新型 LWDC（laser wire direct closeout，激光线直接关闭）技术生产的发动机喷油嘴。

（3）3D 打印技术在生物医疗方面的应用

通过医疗 CT（计算机层析成像）数据的三维重建技术，利用 3D 打印技术制造器官、骨骼等实体模型，可指导手术方案设计，也可打印制作组织工程原形件和定向药物输送骨架等。

在 2013 年伦敦的设计博物馆公布了 2013 年年度设计的候选名单，其中有一项设计十分引人注目并脱颖而出，那就是由 3D 打印所制作的体外骨骼，又称为"魔法手臂"。它是由美国特拉华州的一家儿童医院设计并制造的。设计缘由主要是一个叫作 Emma Lavelle 的小

图 14-14　3D 打印体外骨架

女孩儿自出生以来就饱受基因缺陷带来的痛苦，全身肌肉及关节僵硬，无法正常运动，严重影响生活。后来，她的母亲得知老年人使用威尔明顿机器体外骨架的消息，咨询相关医生希望这项技术也能应用在自己女儿身上。最终经过科研人员的努力，利用工程塑料 3D 打印出了一个微缩型的机器体外骨架（图 14-14），并且带来了极好的应用效果。3D 打印技术制作的机器体外骨架十分结实，强度也完全可以应付日常使用，Emma 带着它可以自由地学习、画画。可以说 3D 打印技术改变了她的人生。

此外，生物体细胞也可以作为原材料进行 3D 打印。人的胚胎干细胞可以分化成所有不同种类的体细胞，而 3D 打印则是一种最新出现的培养一定大小和形状拟胚体的办法。目前，已经有英国的学者使用 3D 打印机实现了人体胚胎干细胞的打印，并且保持打印后的干细胞鲜活以及拥有发展成为其他类型细胞的能力，这在生物学界完全是一个全新技术。研究人员认为，从制造人体组织以测试药物到制造器官，甚至直接在生物体内为生物打印细胞，这种技术将被广泛应用。

（4）3D 打印技术在食品工业方面的应用

3D 打印还可以应用于食品工业中，如 3D 打印巧克力，3D 打印蛋糕等。它并不是使用传统意义上墨盒，而是把食物的材料和配料预先放入容器内，再输入"食谱"，余下的"烹饪"过程可以由打印机自己去做，而且打印出来的不是普通的一个实体图形，而是真正可以吃的食物。图 14-15 是利用 3D 打印技术制作的可食用食品。

图 14-15　3D 打印可食用的汉堡和巧克力

（5）3D 打印技术在其他方面的应用

3D 打印还在众多领域有着广泛的应用，包括：建筑、模型设计、服装设计、考古与文物、个性装饰品等。

2019年河北工业大学利用装配式混凝土打印出了"赵州桥"。该设计全长 28.14 米、净跨度 17.94 米，并于 2020 年正式获得"最长的 3D 打印桥"吉尼斯世界纪录称号（图 14-16）。

2013 年 Nike 公司展示了首款 3D 打印技术制作的球鞋——蒸汽激光爪，整体质量仅 28.3g，抓地力优秀，是一款可以赋予运动员更大力量和更快速度的跑鞋（图 14-17）。

在文物保护方面，通常为防止文物受到环境因素影响或意外发生损坏，通常采用 3D 打印技术完美复制出替代品作为展示。并且 3D 打印技术也在文物修复领域发挥着极为重要的作用。图 14-18 所示是 3D 打印用于帮助恢复被摧毁的历史文物。

人类是富有无尽想象力的，传统的制造方式限制了人类优秀创意的发展，3D 打印技术很好地拓展了人们在材料上和形式上的自由度，使人类的创意表达得更充分。图 14-19 所示是 3D 打印技术制作的高跟鞋。

图 14-16　3D 打印"赵州桥"

图 14-17　Nike 公司的 3D 打印球鞋

图 14-18　3D 打印用于帮助恢复被摧毁的历史文物

图 14-19　3D 打印高跟鞋

14.2　三维建模方式

14.2.1　正向设计和逆向设计

正向设计简单来说就是从概念到实物，这一过程是利用绘画或建模手段预先做出产品设计原型，然后根据原型制造产品。

过程：概念设计→绘图或三维建模→制造系统→新产品。如图 14-20 所示。

但对于复杂的产品，正向设计的方法显示出了它的不足，设计过程难度系数大，周期较长，成本高，产品研制开发难。由于设计师无法预估产品在设计过程中出现什么样的状况，如果每次因为一些局部问题而推倒整个产品重来，不管从时间上还是从成本上都是不可接受的，这就需要有方法能改正在正向设计过程中所产生的局部问题。正是在这样的背景下，发

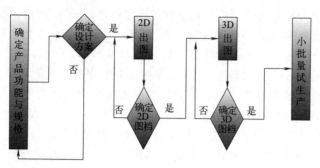

图 14-20　正向设计过程

展并形成了逆向设计的方法。

逆向设计恰好相反，是先有实物，然后通过采集实物大量三维坐标点，也就是扫描，获得实物几何模型，并对其进行再次创新制作产品。

过程：三维产品样件→三维数据采集→数据处理（CAD/CAE/CAM 系统）→模型重构创新→制造系统→新产品。如图 14-21 所示。

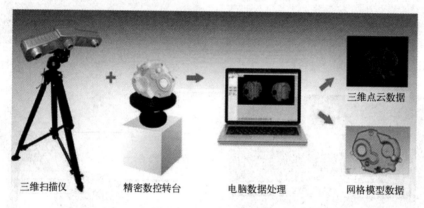

三维扫描仪　　　精密数控转台　　　电脑数据处理　　　网格模型数据

三维点云数据

图 14-21　逆向设计过程

逆向设计过程是指设计师对产品实物样件表面进行数字化处理（数据采集、数据处理），并利用可实现逆向三维造型设计的软件来重新构造实物的三维 CAD 模型（曲面模型重构），并进一步用 CAD/CAE/CAM 系统实现分析、再设计、数控编程、数控加工的过程。

通过以上两种方法，建模后生成的 3D 立体图就可以进行 3D 打印了。

14.2.2　正向设计——UG 建模

目前，市场上主流的机械设计软件主要有 UG、Pro/Engineer、Catia、SolidWork 等，这些软件的用户都可以在一个平台上完成零件设计、装配、CAE 分析、工程图绘制、CAM 加工和数据管理等功能。基于本实验的条件，本章主要讲解一下 UG NX 12.0 软件操作。

14.2.2.1　UG 软件的基础介绍

UG（Unigraphics NX）是 Siemens PLM Software 公司出品的一个产品工程解决方案，它为用户的产品设计及加工过程提供了数字化造型和验证手段。UG 针对用户的虚拟产品设计和工艺设计的需求提供了经过实践验证的解决方案。UG 同时也是用户指南（user guide）和普遍语法（universal grammar）的缩写。这是一个交互式 CAD/CAM 系统，它功能强大，可以轻松实现各种复杂实体及造型的建构。UG 具有专业的管路和线路设计系统、钣金模块、专用塑料件设计模块和其他行业设计所需的专业应用程序。

14.2.2.2 基本参数的设置

(1) UG NX 12.0 工作界面

UG NX 12.0 的界面采用的是带状工具栏界面环境。

在桌面上双击 NX 12.0 图标 或选择"开始"→"程序"→"Siemens NX 12.0"→"NX 12.0"命令,启动 UG NX 12.0,如图 14-22 所示。

图 14-22 启动 UG NX 12.0

随后进入 NX 12.0 的入口模块,其中包含软件模块、定制、命令等功能的简易介绍,如图 14-23 所示。

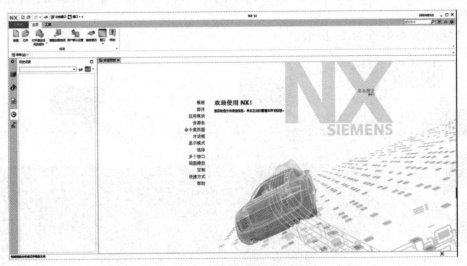

图 14-23 UG NX 12.0 启动窗口

(2) UG NX 12.0 建模环境

建模环境界面是用户应用 UG 软件的产品设计环境界面。在欢迎界面中快速访问工具条上单击"新建"按钮,弹出"新建"对话框,用户可通过此对话框为新建立的模型文件重命名、重设文件保存路径,如图 14-24 所示。

技术要点:在 UG NX 12.0 软件中,可以打开中文路径下的部分文件,也可将文件保存在以中文命名的文件夹中。

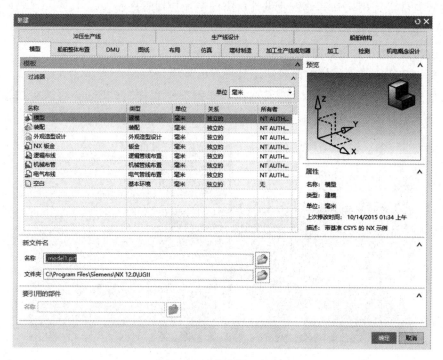

图 14-24　新建模型文件

重设文件名及保存路径后单击"确定"按钮，即可进入 UG NX 12.0 的建模环境界面，建模环境界面窗口主要由快速访问工具条、菜单栏、工具栏、过滤器、资源条、导航器、绘图区和信息栏组成。

建模环境界面如图 14-25 所示。

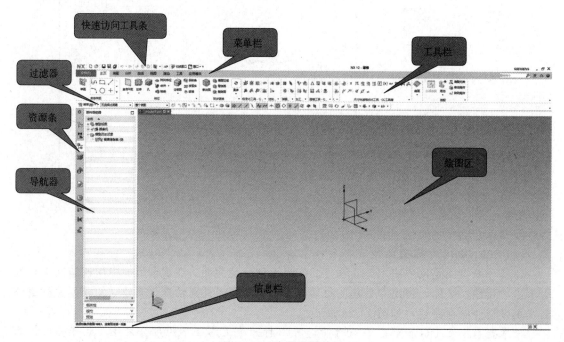

图 14-25　建模环境界面

14.2.2.3 文件的操作

(1) 新建软件

① 在菜单栏上执行"文件"→"新建"命令或在快速访问工具条上单击"新建" 按钮，弹出如图 14-26 所示的"新建"对话框。通过此对话框，用户可以进行模型文件、图纸文件和仿真文件的创建。

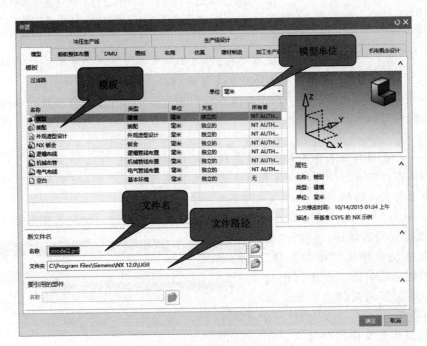

图 14-26 "新建"对话框

② 保持程序默认创建模型文件，首先设置模型模板文件的单位（通常为毫米），在"模板"选项的列表框中包括了多个模板，如模型、装配、外观造型设计、NX 钣金等。

③ 选择"模型"模板，并在该对话框下方的"新文件名"选项区中重命名文件，以及设置新文件存放的系统路径，最后单击"确定"按钮，完成新模型文件的创建。

(2) 打开文件

① 在菜单栏上执行"文件"→"打开"命令或者在快速访问工具条上单击"打开" 按钮，弹出如图 14-27 所示的"打开"对话框。

② 通过该对话框，在存放模型文件的路径下选择一个模型文件后，右侧立刻显示该模型的预览，单击"OK"按钮即可打开文件。

③ 如果想要打开先前打开过的模型文件，则通过资源条上的"历史记录"工具或在快速访问工具条上的"窗口"菜单中选择该文件即可。

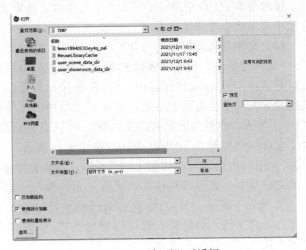

图 14-27 "打开"对话框

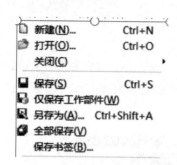

图 14-28 "文件"菜单中的保存命令

（3）保存文件

① 保存文件时，既可以保存当前文件，也可以另存文件，还可以只保存工作部件或者保存书签文件。在菜单栏上的"文件"菜单中含有文件保存的相关命令，如图 14-28 所示。

② 如果仅保存当前工作部件的编辑结果，可以在菜单栏上执行"文件"→"保存"命令或者单击快速访问工具条上的"保存"按钮。

技术要点："文件"菜单中各保存命令的含义如下。

· 保存：仅保存当前工作部件的编辑结果。

· 仅保存工作部件：若将零件模型装配体中的单个部件（设为工作部件）进行编辑，则最后执行此命令时仅对该工作部件编辑结果进行保存，其他非工作部件的更改或编辑结果不被保存。

· 另存为：使用其他名称或其他系统路径来保存部件文件。

· 全部保存：保存已修改的部件和所有的顶级装配部件，在 3D 模型设计过程中要经常执行此命令进行文件的保存。

· 保存书签：在书签文件中保存装配关联，包括组件可见性、加载选项和组件组。

③ 如果需要全部保存，执行"全部保存"命令就会弹出"命名部件"对话框，如图 14-29 所示。通过该对话框，用户可重新对文件命名及对保存路径进行更改。

④ 如果需要将文件另外保存，在菜单栏上执行"文件"→"另存为"命令，则会打开"另存为"对话框。在该对话框中设置保存路径、文件名，单击"OK"按钮即可对文件进行另外保存。

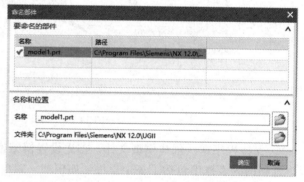

图 14-29 "命名部件"对话框

技术要点：UG 软件 10.0 以下的版本不支持中文的文件名，在文件及文件所在文件夹路径中都不能含有中文字符。

（4）文件导入与导出

"文件的导入"是指加载以其他格式类型保存的文件，此类文件可以是 UG 保存的，也可以是其他 3D/2D 软件保存的；"文件的导出"是指在 UG 中以其他格式类型来保存文件。文件的导入与导出有两种方法：直接导入与导出和使用 UG 转换工具。

① 导入。在打开或另存为文件时，可以直接将其他格式文件导入与导出。在菜单栏选择"文件"→"打开"，出现对话框，在"文件类型"下拉列表中选择要打开的文件类型后，单击"OK"按钮即可，如图 14-30 所示。或者在菜单栏点击"文件"→"导入"，选择想要导入的文件类型，就可以直接将其他格式文件导入，如图 14-30 所示。

② 导出。通常，3D 打印机有自己的软件，它的通用格式是 STL 格式。许多制图软件都有自己的文件，但他们也都可以导成 STL 格式文件，也就是说很多软件都可以用于 3D 打印建模。

UG 软件的文件格式是 PRT，下面我们来输出模型，将 PRT 格式的模型输出为 STL 格式。

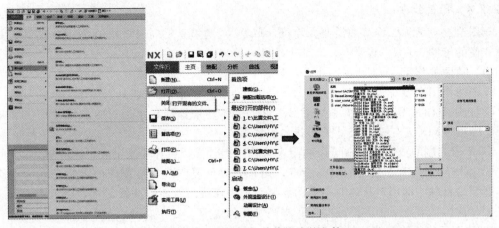

图 14-30 直接导入其他格式的文件

在菜单栏点击"文件"→"导出"，选择想要导出的文件类型，如图 14-31 所示。

步骤："文件"→"导出"→"STL"→选择导出对象（需要将要导出的文件全部选中）、导出的文件位置→"确定"。

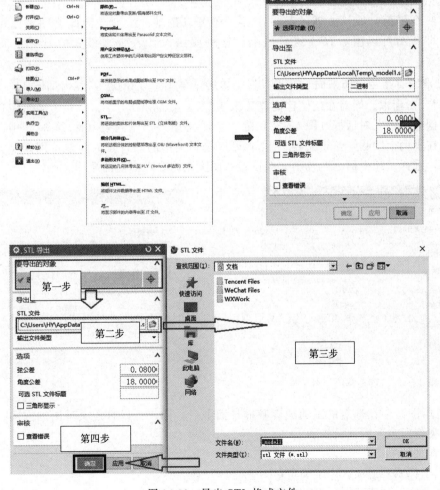

图 14-31 导出 STL 格式文件

14.2.2.4 草图绘制

草图绘制（又称二维草图绘制，简称"草绘"）功能是 UG NX 12.0 为用户提供的一种十分方便的绘图工具。

(1) 草图的作用

草图的作用主要有 4 点：

① 利用草图，用户可以快速勾画出零件的二维轮廓曲线，再通过施加尺寸约束和几何约束，即可精确确定轮廓的尺寸、形状和位置等。

② 草图绘制完成后，用户可以利用来拉伸、旋转或扫掠等功能生成实体造型。

③ 草图绘制具有参数化的设计特点，用户可以反复修改零件草图的参数，以达到修改实体造型的目的。即用户只需要在草图绘制环境中修改二维轮廓曲线即可，而不用去修改实体造型，这样就节省了很多修改时间，提高了工作效率。

④ 草图可以最大限度地满足用户的设计要求，这是因为所有的草图对象都必须在某一指定的平面上进行绘制，而该指定平面可以是任意一个平面，既可以是坐标平面和基准平面，也可以是某一个实体的表面，还可以是某一片体或碎片。

(2) 草图平面

在绘制草图之前，首先要根据绘制需要选择草图工作平面（简称"草图平面"）。草图平面是指用来附着草图对象的平面，它可以是坐标平面，如 X_C-Y_C 平面，也可以是实体上的某一个平面，如长方体的某一个面，还可以是基准平面。因此草图平面可以是任意平面，即草图可以附着在任意平面上，这也就给设计者带来极大的设计空间和创造自由。

① 创建或者指定草图平面。在工具栏中单击"草图"按钮，弹出如图 14-32 所示的"创建草图"对话框。同时在绘图区高亮显示 X_C-Y_C 平面和 X、Y、Z 三个坐标轴。

在"创建草图"对话框（图 14-32）的"草图类型"下拉列表（图 14-33）中，包含两个选项"在平面上"和"基于路径"，用户可以选择其中的一种作为新建草图的类型。按照默认设置，选择"在平面上"选项，即设置草图类型为在平面上的草图。

图 14-32 "创建草图"对话框

图 14-33 草图类型

② 将草图绘制在选定的平面或者基准平面上后，用户可以自定义草图的方向、草图原点等。此类型所包含的选项如图 14-34 所示。

选项含义如下：

"草图坐标系"选项区用于确定草图平面。

"平面方法"创建草图平面的方法，包括自动判断和新平面，如图 14-35 所示。

图 14-34　"在平面上"包含的选项　　　　图 14-35　创建草图的平面方法选择

a. 自动判断：表示程序自动选择草图平面，默认平面为 X-Y 基准平面，如图 14-36（a）所示；

b. 新平面：是指根据实际情况创建新平面，如图 14-36（b）所示。

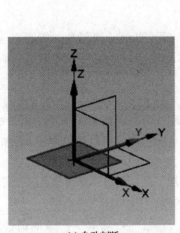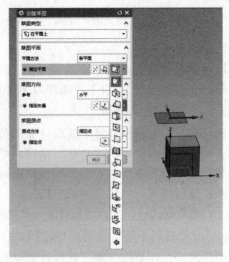

(a) 自动判断　　　　(b) 新平面

图 14-36　草图平面创建方法

"参考"可控制参考平面中 X 轴、Y 轴的方向。一般可默认"水平"。

"原点方法"设置草图平面坐标系的原点位置。

(3) 在两种任务环境下绘制草图的方式

在 UG NX 12.0 中，包括两种不同的任务环境绘制草图的方式——直接草图和在草图任务环境中绘制，如图 14-37（a）、（b）所示。

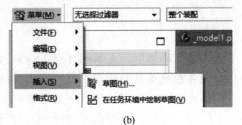

(a)　　　　　　　　　　(b)

图 14-37　直接草图环境（a）和在任务环境中绘制草图（b）

图 14-38　直接草图环境

① 在直接草图环境中打开工具栏→"草图"，选择草图平面后显示直接草图绘制工具。如图 14-38 所示。

技术要点：很多时候，直接草图等同于曲线，而直接草图的绘制要比创建曲线快得多、方便得多。

② 在草图任务环境中绘制。"菜单"→"插入"→"在任务环境中绘制草图"，可以直接进入"草图任务环境"中。

由于直接草图环境中所能使用的草图编辑命令较少，想要获得更多的编辑命令，最好选择"在草图任务环境中打开"方式，如图 14-39 所示。

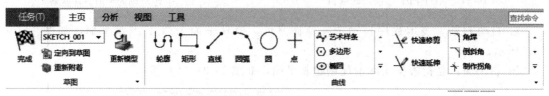

图 14-39　在草图任务环境中打开的方式

（4）草图绘制命令

草图绘制命令包含常见的轮廓、直线、圆弧、圆、圆角、倒斜角、矩形、多边形、椭圆、艺术样条、二次曲线等。（以下功能都以 UG NX 12.0 的功能环境界面进行讲解。）

① 轮廓。如图 14-40 所示。

进入草图环境后，在草图环境下选取过滤器旁"菜单"→"插入"→"草图曲线"→"轮廓"命令，或者直接单击曲线组中的"轮廓"按钮，即可启动轮廓命令，弹出轮廓对话框。

对象类型：可以选择直线或者圆弧（按住鼠标左键不松，可以切换直线/圆弧的命令）。

输入模式：坐标模式——相当于绝对值。

　　　　　参数模式——相当于相对值（角度问题：默认顺时针是负值，逆时针是正值）。

② 直线（此功能不连续绘制）。如图 14-41 所示。

进入草图环境后，在草图环境下选取过滤器旁"菜单"→"插入"→"草图曲线"→"直线"命令，或者直接单击曲线组中的"直线"按钮，即可启动直线命令。

输入模式：坐标模式——使用坐标的方式创建直线的起始点坐标值。

　　　　　参数模式——通过确定直线的长度和角度来创建直线。

③ 圆弧。如图 14-42 所示。

图 14-40　轮廓图示

图 14-41　直线图示

图 14-42　圆弧图示

进入草图环境后，在草图环境下选取过滤器旁"菜单"→"插入"→"草图曲线"→"圆弧"命令，或者直接单击曲线组中的"圆弧"按钮，即可启动圆弧命令，弹出圆弧对话框。

圆弧方法：三点定圆弧——通过选取三个点的方式来绘制圆弧。

　　　　　圆心和端点定圆弧——通过起点、终点和圆心来创建圆弧。

输入模式：坐标模式——相当于用坐标值来定义圆心或端点。

参数模式——相当于用圆弧的半径和角度来定义圆弧。

④ 圆 ◯。如图 14-43 所示。

进入草图环境后，在草图环境下选取过滤器旁"菜单"→"插入"→"草图曲线"→"圆"命令，或者直接单击曲线组中的"圆"按钮，即可启动圆命令。

圆方法：圆心和直径定圆——通过确定圆心和圆的直径创建圆。

三点定圆——通过确定三个点来创建圆。

输入模式：坐标模式——相当于用坐标方法来定义圆心坐标值。

参数模式——相当于用圆的半径确定圆的大小。

⑤ 圆角 ⌐。如图 14-44 所示。

进入草图环境后，在草图环境下选取过滤器旁"菜单"→"插入"→"草图曲线"→"圆角"命令，或者直接单击曲线组中的"圆角"按钮即可启动圆角命令。

圆角方法：修剪——创建圆角的同时去除圆角边。

取消修剪——创建圆角的同时不去除圆角边。

选项：删除第三条曲线——创建三条曲线圆角时将第三条曲线删除，同时被圆角代替，注意此圆角的生成规则是逆时针生成的。

创建备选圆角——创建三条曲线圆角时不删除第三条曲线。

⑥ 倒斜角 ⌐。如图 14-45 所示。

图 14-43 圆的图示

图 14-44 圆角的图示

图 14-45 倒斜角的图示

进入草图环境后，在草图环境下选取过滤器旁"菜单"→"插入"→"草图曲线"→"倒斜角"命令，或者直接单击草图工具栏中的"倒斜角"按钮，即可执行倒斜角命令。

要倒斜角的曲线：

a. 选择直线：依次选取要倒角的直线或者按住鼠标左键划过要倒斜角直线的交叉处，即自动进行倒角。

b. 修剪输入曲线：勾选此选项前的复选框，即可在创建倒角的同时进行修剪倒角边。

偏置：

定义倒斜角的方式有 3 种，分别是对称、非对称、偏置和角度。

a. 对称：对倒斜角两条边倒同样的距离。

b. 非对称：以不同的距离对倒角边进行倒角。例如先选取的边为距离 1mm 的参考边，后选取的边为距离 2mm 的参考边。

c. 偏置和角度：以一条边为参考，自定义倒角的距离和夹角。

⑦ 矩形 ▭。如图 14-46 所示。

进入草图环境后，在草图环境下选取过滤器旁"菜单"→"插入"→"草图曲线"→"矩形"命

图 14-46　矩形的图示

令，或者直接单击草图工具栏中的"矩形"按钮，即可执行矩形命令。

矩形方法：按 2 点——通过矩形的两个对角点创建矩形。

按 3 点——通过矩形的三个对角点创建矩形。

从中心——通过矩形的中心点和矩形边的中点，以及角点来创建矩形。

输入模式：坐标模式——通过确定矩形对角点的坐标值来确定矩形。

参数模式——通过设置矩形高度和宽度参数来定义矩形的大小。

⑧ 多边形⟨•⟩。如图 14-47 所示。

进入草图环境后，在草图环境下选取过滤器旁"菜单"→"插入"→"草图曲线"→"多边形"命令，或者直接单击草图工具栏中的"多边形"按钮，即可启动多边形命令。

a. 中心点：指定矩形的中心点。

b. 边：输入多边形的边数。

c. 大小：指定多边形的外形尺寸类型和尺寸数值，尺寸类型包括内切圆半径、外接圆半径和边长，尺寸数值包括半径、旋转等。

内切圆半径：采用以多边形中心为中心，通过内切于多边形边的圆来定义多边形。

外接圆半径：采用以多边形中心为中心，外接于多边形顶点的圆来定义多边形。

边长：采用多边形边长来定义多边形大小。

半径：指定内切圆半径值或外接圆半径值。

旋转：指定旋转角度。

⑨ 艺术样条⌁。如图 14-48 所示。

图 14-47　多边形的图示

图 14-48　艺术样条的图示

进入草图环境后，在草图环境下选取过滤器旁"菜单"→"插入"→"草图曲线"→"艺术样条"命令，或者直接单击草图工具栏中的"艺术样条"按钮，即可启动艺术样条命令。

a. 类型：指定创建样条曲线的方式，包括通过点和根据极点的方式。

通过点：通过选取的点创建样条曲线。

根据极点：通过选取控制点，拟合生成样条曲线。

b. 参数化：此选项除封闭选项，其他不建议修改。

次数：是指定样条曲线多项式公式的次数，UG 最高的样条阶次为 24 次，通常为 3 次样条。

单段：单段样条的阶次由定义点的数量控制，样条的阶次就越高，样条形状就会出现以外结果，所以一般不采用。

封闭：勾选此复选项，生成的曲线起点和终点重合且相切，从而构成封闭曲线。

（5）草图编辑命令

① 快速修剪。如图14-49所示。

快速修剪命令可以将曲线修剪至最近相交的物体上，此相交可以是实际相交的交点，也可以是虚拟相交的交点，点哪里就剪哪里（按住鼠标左键，可以当画笔一样，画哪里剪哪里）。在曲线组中单击快速修剪按钮，即弹出快速修剪对话框。

边界曲线：用于作为修剪曲线的边界条件曲线。

要修剪的曲线：选取需要修剪的曲线，可以依次单击选取。

② 快速延伸。如图14-50所示。

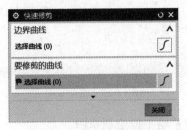

图14-49 快速修剪的图示

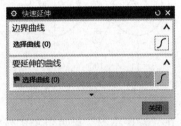

图14-50 快速延伸的图示

快速延伸命令可以将曲线延伸至最近相交的物体上，此相交可以是实际相交的交点，也可以是虚拟相交的交点。在曲线组中单击快速延伸按钮，弹出快速延伸对话框。

③ 阵列曲线。如图14-51所示。

在草图环境的菜单栏中选取"插入"→"曲线"→"阵列曲线"命令，或者直接单击曲线组里的"阵列曲线"，即可启动阵列曲线命令。

阵列方式有线性阵列、圆形阵列和常规阵列。

④ 镜像曲线。如图14-52所示。

在草图环境的菜单栏中选取"插入"→"曲线"→"镜像曲线"命令，或者直接单击曲线组中的"镜像曲线"按钮，即可启动镜像曲线命令。

⑤ 快速尺寸标注。如图14-53所示。

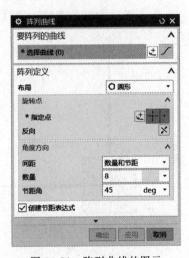

图14-51 阵列曲线的图示

图14-52 镜像曲线的图示

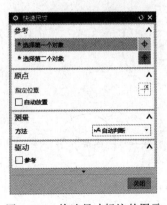

图14-53 快速尺寸标注的图示

例 14-1：草图绘制实例如图 14-54 所示。

本例中将采用镜像方法来绘制草图。

① 新建→模型→确定。如图 14-55 所示。

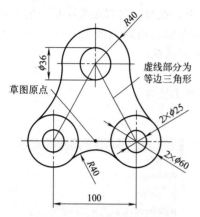

图 14-54　草图绘制实例

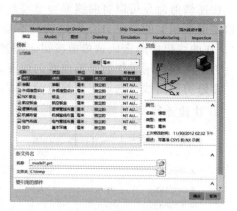

图 14-55　新建模型

② 在"直接草图"里单击草图按钮，以默认的草绘平面绘制草图。

③ 利用"直线"命令绘制两条相互垂直的直线。如图 14-56 所示。

④ 右键选中两条直线，选择"转换为参考"。如图 14-57 所示。

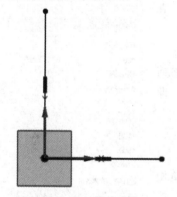

图 14-56　创建直线

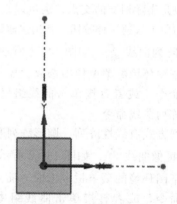

图 14-57　转换为参考

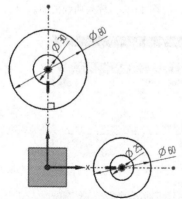

图 14-58　绘制 R40、R18、
R12.5、R30 圆形

⑤ 利用"圆"命令绘制多个圆。如图 14-58 所示。

⑥ 利用"快速尺寸"按钮确定按图示要求确定好圆心位置。如图 14-59 所示。

⑦ 利用"圆角"命令绘制半径为 60mm 的圆弧。如图 14-60 所示。

⑧ 利用"快速修剪"删除多余的曲线。如图 14-61 所示。

⑨ 利用"镜像曲线"，将图 14-61 中的曲线以 Y 轴为对称轴进行镜像。如图 14-62 所示。

⑩ 对下面两个外圆使用"圆角"命令，半径为 40mm。如图 14-63 所示。

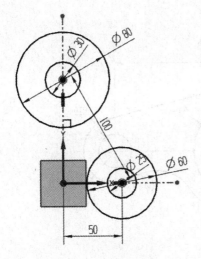

图 14-59　确定圆心位置

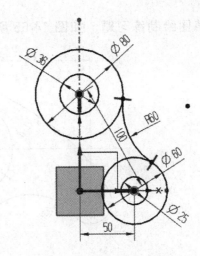

图 14-60　绘制 *R*60 的圆弧

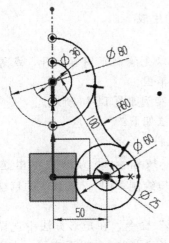

图 14-61　修剪草图

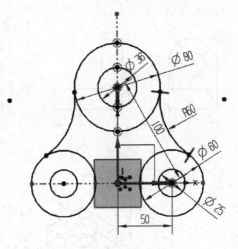

图 14-62　镜像草图

⑪ 利用"快速修剪"命令，删除多余的曲线，即完成草图。如图 14-64 所示。

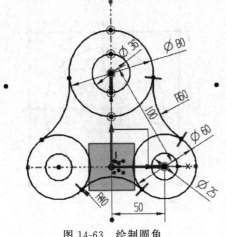

图 14-63　绘制圆角

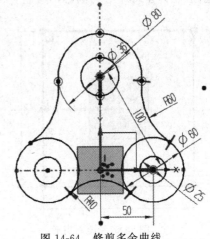

图 14-64　修剪多余曲线

草图绘制练习题 如图 14-65 所示。

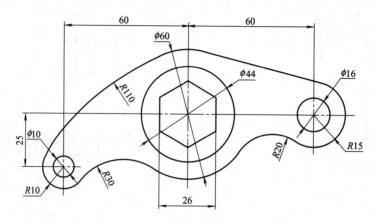

图 14-65　草图绘制练习题

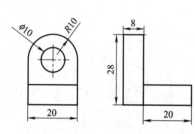

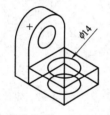

图 14-66　拉伸实例

14.2.2.5　特征的生成

（1）拉伸（X）

技术要点： 可以先绘制草图再拉伸，或者先拉伸再在拉伸界面绘制草图。

例 14-2： 拉伸实例如图 14-66 所示。

本例的绘制方法如下：

① 新建模型文件。

② 在"草图"按钮 下方的菜单里选择"插入"→"在任务环境绘制草图"，以默认的草绘平面绘制草图。

③ 选择"矩形"命令，在矩形方法中选择"从中心"，绘制一个边长为 20mm 的正方形。如图 14-67 所示。

④ 选择"圆"命令，在圆方法中选择"圆心和直径定圆"，以坐标中心为圆心，绘制直径为 16mm 的圆。如图 14-68 所示。

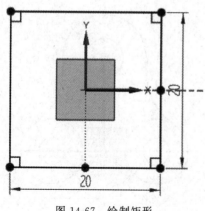

图 14-67　绘制矩形

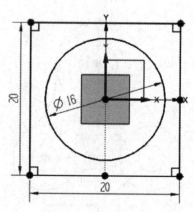

图 14-68　绘制圆形

⑤ 点击"完成草图"命令。

⑥ 选择"拉伸"命令 ，"选择曲线"一项中点击左侧部件导航器中的草图1，指定矢量选择 Z 方向，"限制"栏结束距离输入 8mm，点击下方"确定"。如图 14-69 所示。

图 14-69 拉伸

⑦ 拉伸完成草图1后，立体图形四个侧面为尺寸相等的长方形，任选任一长方形面为基准平面，创建新的草图（本例选择与 X-Z 正方向平行的面作为基准平面）。如图 14-70 所示。

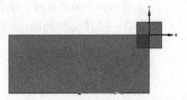

图 14-70 以基准平面创建草图

⑧ 选择"矩形"命令，在矩形方法中选择"按2点"，绘制宽 20mm，高 28mm 的矩形。如图 14-71 所示。

⑨ 对刚绘制好的矩形上面两个直角进行倒圆操作。选择"圆角"命令，先依次点击上边和左边，半径输入"10"，再点击上边和右边，半径输入"10"。如图 14-72 所示。

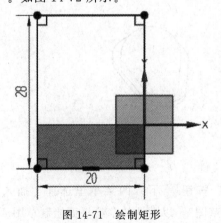

图 14-71 绘制矩形

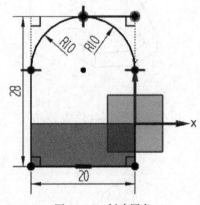

图 14-72 创建圆角

⑩ 以倒圆角的圆心位置为中心，绘制直径为 10mm 的圆。如图 14-73 所示。

⑪ 点击"完成草图"命令。

⑫ 选择"拉伸"命令，"选择曲线"一项中点击左侧部件导航中的草图2，指定矢量选择 Y 方向，"限制"栏下结束距离输入"8"，点击下方"确定"，即完成本图绘制。如图 14-74 所示。

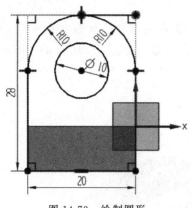

图 14-73　绘制圆形

图 14-74　完成拉伸实例

拉伸练习题　如图 14-75 所示。

(2) 回转（R）

技术要点：

① 一般情况下，与哪个轴平行，就选那个轴作为轴线进行旋转。

② 注意回转平面的选择，要符合机械制图的原理，一般在 *XZ* 面绘制平面（也要看图形）。

例 14-3：回转实例如图 14-76 所示。

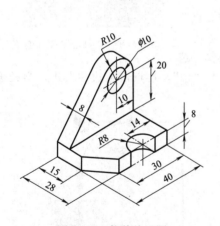

图 14-75　拉伸练习题

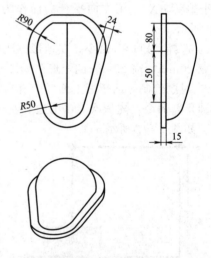

图 14-76　回转实例

① 新建模型文件。

② 在"草图"按钮下方的菜单里选择"插入"→"在任务环境绘制草图"，以默认的草绘平面绘制草图。

③ 以坐标系的中心为圆心绘制一个直径为 100mm 的圆。如图 14-77 所示。

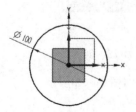

图 14-77　绘制 *R*50 圆形

④ 在 *Y* 轴正方向上任取一点为圆心，绘制一个直径为 180mm 的圆。如图 14-78 所示。

⑤ 选择"快速尺寸"命令，点击两个圆的圆心，距离设置为 150mm。如图 14-79 所示。

⑥ 在两个圆的右侧画一条直线，使该直线与两圆均相切。（注：在画切线时将上方任务栏中的"象限点"命令点亮。）如图 14-80 所示。

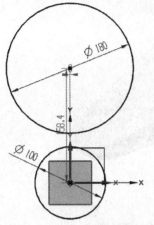

图 14-78　绘制 R90 圆形

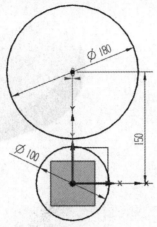

图 14-79　定圆心位置

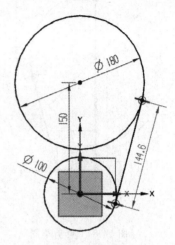

图 14-80　画切线

⑦ 在大圆的上方任意绘制一条直线。如图 14-81 所示。

⑧ 选择"快速尺寸"命令，点击大圆的圆心和直线，距离设置为 80mm。如图 14-82 所示。

⑨ 连接两个圆的圆心，并利用"快速延伸"命令延长到两端点。如图 14-83 所示。

⑩ 选择"快速修剪"命令，删除多余的直（曲）线。如图 14-84 所示。

⑪ 点击"完成草图"命令。

⑫ 选择"旋转"命令，"选择曲线"一项中点击左侧部件导航器中的草图 1，指定矢量选择 Y 方向，指定点选择（0，0，0）点，"限制"栏下结束角度输入"180"，点击下方"确定"。如图 14-85 所示。

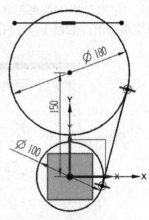

图 14-81　绘制直线

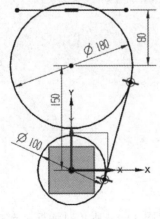

图 14-82　设置距离

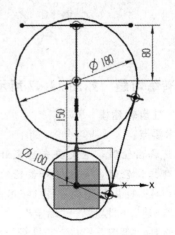

图 14-83　快速延伸直线

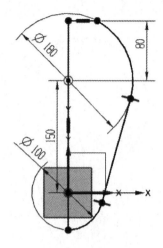

图 14-84　修剪草图

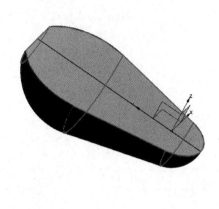

图 14-85　完成旋转实例

⑬选择"拉伸"命令，在过滤器的曲线规则中，选择"面的边"，指定矢量选择 Z 方向，"限制"栏下结束距离设为"15"，偏置选择"单侧"，结束输入"24"，点击"确定"，即完成该图。如图 14-86 所示。

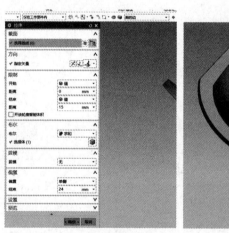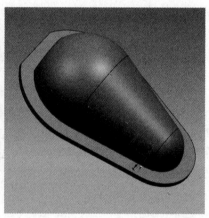

图 14-86　底部拉伸

旋转练习题　如图 14-87 所示。

(3) 柱齿轮建模

技术要点：

①建立齿轮时，一定要先确定好齿轮的各项参数。

②建立齿轮时，要选择好齿轮的中心轴。

例 14-4： 柱齿轮建模如图 14-88 所示。

①"新建"→"模型"→"确定"。

②选择"菜单"→"GC 工具箱"→"齿轮建模"，出现图 14-89 所示对话框，选择"创建齿轮"　。

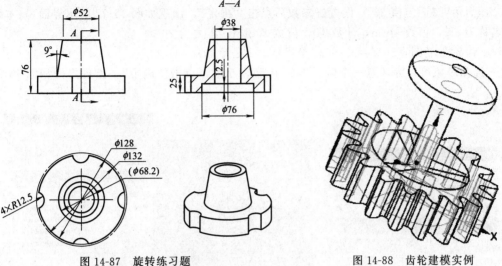

图 14-87 旋转练习题

图 14-88 齿轮建模实例

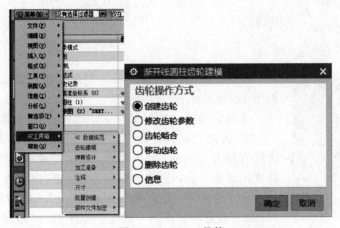

图 14-89 GC 工具箱

③ 单击"确定",出现如图 14-90 所示对话框。

④ 选择"直齿轮""外啮合齿轮""滚齿",单击"确定",出现如图 14-91 所示对话框。

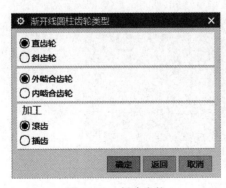

图 14-90 创建齿轮

图 14-91 确定参数

⑤ "名称"（任意定义一个名称）、"模数"、"牙数"（自定义牙数）、"齿宽"（自定义齿宽）、"压力角"（固定值 20°）设置好参数后点击"确定"，出现如图 14-92 所示界面。（本例中，名称为 cl1，模数 4mm，牙数 18，齿宽 20mm，压力角 20°。）

注：齿轮分度圆直径 $d = mz$（m 是模数，z 是牙数）。

⑥ 选择对象可以为任意一个轴，本例中选择 Z 轴，点击"确定"，出现界面如图 14-93 所示。

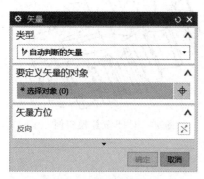

图 14-92 选择矢量方向

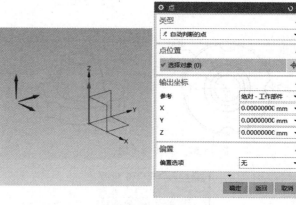

图 14-93 选择点

图 14-94 创建齿轮

⑦ 输入所创建齿轮圆心，然后点击"确定"，即生成齿轮。如图 14-94 所示。

本例中选择（X_0，Y_0，Z_0）点为圆心创建齿轮。

⑧ 选择"拉伸"命令，先绘制截面，在 XY 面绘制草图，画圆直径为 50mm，完成草图，设置结束距离为 20mm，布尔运算使用求差运算，点击"确定"。如图 14-95 所示。

⑨ "拉伸"→绘制截面（选 XY 面→绘制草图）→结束距离 20mm→设置布尔求和→确定。如图 14-96 所示。

⑩ "阵列特征"→指定点为原点→如图 14-97 设置→确定。

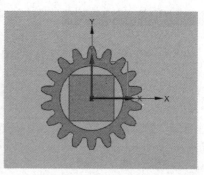

图 14-95 设置布尔运算

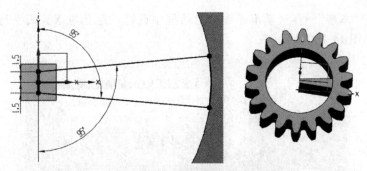

图 14-96 绘制草图，并拉伸

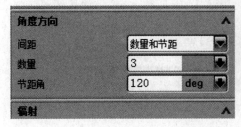

图 14-97 阵列参数设置

⑪ "回转"→在 XZ 平面绘制草图→完成草图。如图 14-98 所示。

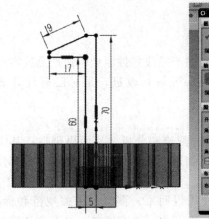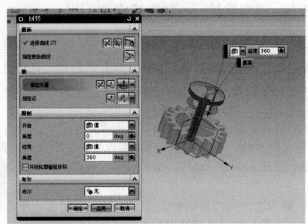

图 14-98 绘制草图，并旋转

⑫ "回转"→在 XZ 面绘制草图→指定点为原点→布尔求差→确定。如图 14-99 所示。

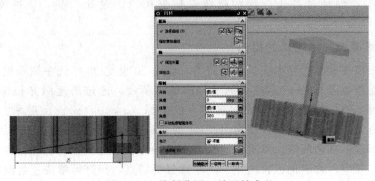

图 14-99 绘制草图，并回转求差

⑬ "插入"→"基准"→在"基准平面"对话框中设置,建立与 XY 面平行、相距 10mm 的基准平面。如图 14-100 所示。

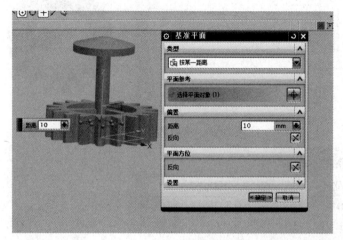

图 14-100 建立基准平面

⑭ "插入"→"关联复制"→"镜像特征",选择上述回转特征作为镜像的特征,再选择上述建立的基本平面作为镜像平面,即可完成图形实例。

14.2.3 逆向设计——激光扫描仪

14.2.3.1 逆向工程的概述

逆向工程也称反求工程或反向工程,是根据已存在的产品或零件原型构造产品或零件的工程设计模型,并在此基础上对已有的产品进行剖析、理解和改进,是对已有设计的再设计。

从广义讲,逆向工程可分为以下三类:

① 实物逆向:它是在已有产品实物的条件下,通过测绘和分析,从而再创造;其中包括功能、性能、方案、结构、材质等多方面的逆向。实物逆向的对象可以是整机、零部件和组件。

② 软件逆向:产品样本、技术文件、设计书、使用说明书、图纸、有关规范和标准、治理规范和质量保证手册等均称为技术软件。软件逆向有三类:既有实物,又有全套技术软件;只有实物而无技术软件;没有实物,仅有全套或部分技术软件。

③ 影像逆向:设计者既无产品实物,也无技术软件,仅有产品的图片、广告介绍或参观后的印象等,设计者要通过这些影像资料去构思、设计产品,该种逆向称为影像逆向。

14.2.3.2 三维激光扫描技术的概述

三维激光扫描技术又被称为实景复制技术,作为 20 世纪 90 年代中期开始出现的一项高新技术,是测绘领域继 GPS 技术之后的又一次技术革命,通过高速激光扫描测量的方法,大面积、高分辨率地快速获取物体表面各个点的坐标(x, y, z)、反射率、颜色等信息,由这些大量、密集的点信息可快速复建出 1:1 的真彩色三维点云模型,为后续的内业处理、数据分析等工作提供准确依据。具有快速性、不接触性、穿透性、动态性、主动性,及高密度、高精度、高效率、数字化、自动化、实时性强等特点,很好地解决了目前空间信息技术发展实时性与准确性的瓶颈。它突破了传统的单点测量方法,具有独特优势。

14.2.3.3　三维激光扫描仪应用领域

作为新的高科技产品，三维激光扫描仪已经成功地在文物保护、城市建筑测量、地形测绘、采矿、变形监测、大型结构制造、管道设计、飞机船舶制造、公路铁路建设、隧道工程、桥梁改建等领域里应用。

14.2.3.4　三维激光扫描仪及三维激光扫描系统

(1)　三维激光扫描仪原理

三维激光扫描仪利用激光测距的原理（如图14-101所示），通过高速测量记录被测物体表面大量密集的点的三维坐标、反射率和纹理等信息，可快速建出被测目标的三维模型及线、面、体等各种图形数据。由于三维激光扫描系统可以密集地大量获取目标对象的数据点，因此相对于传统的单点测量，三维激光扫描技术也被认为是从单点测量进化到面测量的革命性技术突破。

(2)　三维激光扫描系统组成

三维激光扫描系统主要由三维激光扫描仪、计算机、电源供应系统以及系统配套软件构成。三维激光扫描仪作为三维激光扫描系统的主要组成部分，是由激光射器、接收器、时间计数器、电机控制可旋转的滤光镜、控制电路板、微电脑、CCD（电荷耦合器件）相机以及软件等组成，是测绘领域继GPS（全球定位系统）技术之后的一次技术革命。它突破了传统的单点测量方法，具有高效率、高精度的独特优势。三维激光扫描技术能够提供物体表面的三维点云数据，因此可以用于获取高精度、高分辨率的数字地形模型。

14.2.3.5　三维激光扫描仪的软件界面

本书中使用的激光扫描仪为天远激光手持三维扫描仪，如图14-102所示。

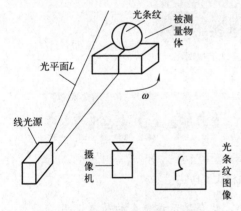

图14-101　线状结构光测距示意图

图14-102　天远激光手持三维扫描仪

① 激光扫描仪的软件图标为 。

② 软件运行后的界面，如图14-103所示。

菜单栏：默认为扫描模式。（双击可显示或隐藏。）

工具栏：提供了常用命令的快捷方式。

工作面板：提供常用参数的设置。

实时点云显示窗口：显示点云工程信息，如图14-104。

③ 菜单栏：菜单默认为使用扫描模式。

④ 工具栏：工具栏命令介绍，如图14-105所示。

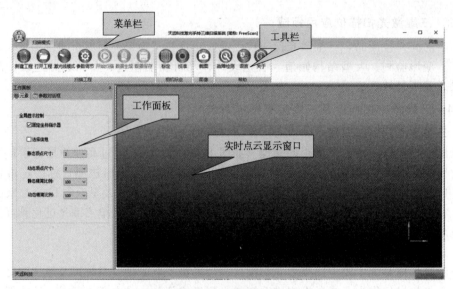

图 14-103　软件界面

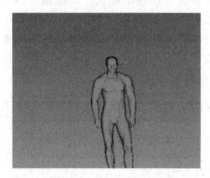

图 14-104　点云显示视图

图 14-105　扫描模式工具栏

技术要点：将鼠标停在某个命令上几秒别动，就会显示该命令的简单说明。

a. 新建工程：点击"新建工程"命令后，在弹出的对话框中选择需要的模式，建立工程目录，输入工程名称。点击"新建工程"，弹出对话框如图 14-106 所示。

在"工程目录配置"里面，点击"工程目录"后面的▣（浏览文件夹）选择工程存储路径，点击后弹出图 14-107 所示对话框并确定，在"工程名称"后面输入工程名，则此次扫描工程的所有数据都在"工程目录"下以"工程名称"命名的文件夹内。

新建工程完成后（直接按下手持扫描仪后面的"开始/停止"按键，即可采集数据），界面如图 14-108，工作面板和 CCD 显示对话框可关闭。

b. 打开工程：打开一个已存在的工程文件。打开工程界面如图 14-109 所示。

图 14-106 "新建工程"对话框

图 14-107 建立工程目录

图 14-108 扫描界面

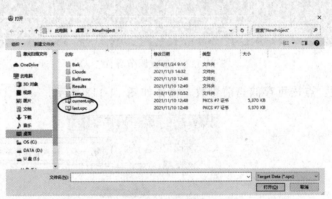

图 14-109 打开工程界面

图 14-109 所示画圈的文件为扫描点云工程的文件,"current"保存了点击"暂停扫描键"的工程文件,"last"保存了"current"工程文件前点击"暂停扫描键"的工程文件。则点击图 14-109 中任意画圈文件,即可打开该工程进行编辑。

c. 激光线模式:点击此按钮,可以切换单线/多线扫描模式。

d. 参数调节:调节扫描仪参数,点击该命令,弹出如图 14-110 所示菜单。

参数调节:点击此命令,进入参数调节界面,可自动或手动调节 LED、激光线、感光

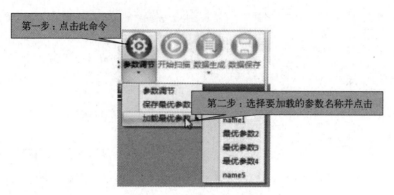

图 14-110　参数调节菜单

等参数，如图 14-111 所示。

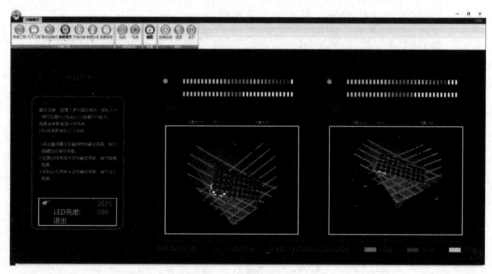

图 14-111　参数调节界面

保存最优参数：点击可存储当前参数，操作如图 14-112 所示。

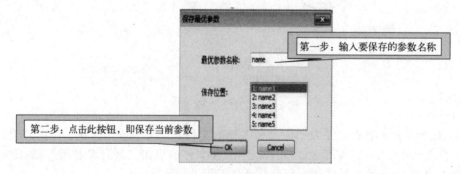

图 14-112　保存最优参数对话框

加载最优参数：点击可加载保存的最优参数。

e. ▶ 开始扫描：点击可采集点云数据或暂停采集，点击该命令，弹出如图 14-113 所示界面。

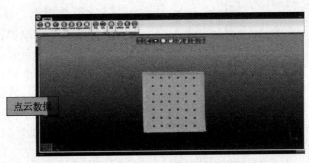

图 14-113　扫描界面

框架点云：显示/隐藏框架点信息。

编辑点云数据：勾选后点云允许被编辑。

编辑标记点：勾选后标志点允许被编辑。

矩形工具、多边形工具、画刷工具：选择工程中的点云/标志点。

删除工具：删除工程中的点云/标志点。

选连通域：选择相互连通的数据区域。

屏蔽背景：隐藏平面以下的背景。

数据生成：

点云数据：挖除标志点处数据，并对扫描数据进行优化处理；

网格数据：将点云数据网格化（需勾选工作面板中的网格化命令）。

标定：通过对标定板多次拍照来标定扫描仪。

校准：通过对标定板远近位置的标定来校准精度。

图像：

截图：截取相机面板信息。

帮助：

故障检测：自动故障分析及修复。

语言：切换中英文语言。

关于：版本信息。

⑤ 工作面板：该面板包括两个面板，如图 14-114、图 14-115 所示。

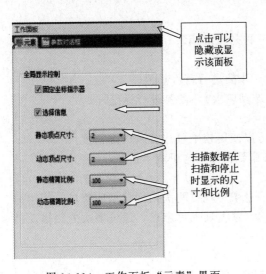

图 14-114　工作面板"元素"界面

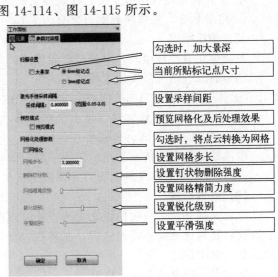

图 14-115　工作面板"参数对话框"界面

图 14-116　点云显示窗口右键菜单

⑥ 实时点云显示窗口（右键菜单）：在实时点云显示窗口右击，弹出如图 14-116 所示菜单。

导出选中点云：导出点云中选中的部分。

导出所有点云：导出全部点云。

导出网格：数据生成网格化后，导出网格数据。

导出框架点：导出扫描过程中的框架点信息。

设置旋转中心：选择任意位置选中即可设为旋转中心。

重置旋转中心：把设置好的旋转中心取消。

显示选中部分：只显示选中区域内的信息。

显示整个模型：显示整个模型的信息。

模型适合窗口：自动将模型调整到合适的大小，使其能够充满界面。

投影类型：三维渲染相机控制模式。

预定义视角：以 7 个不同的视角显示物体。

选择模式：

a. 穿透选择：当前面所选区域及其相对面同一位置下的网格；

b. 选择可见：当前面所选择区域位置。

选择全部：选中视野内的所有数据，若要取消选择，按"ESC"键。

反向选择：将之前选中的部分设为未选中，之前未选中的设为选中。

删除选择：删除选中的部分。

全部不选：取消之前选中的部分。

注意：该窗口的功能快捷键只有打开该面板时可以使用。删除功能的快捷键为键盘的"DELETE"键；移动快捷键为："SHIFT"＋鼠标右键。

14.2.3.6　激光扫描仪的基本操作步骤

（1）系统启动

① 首先确保硬件接线正确，接通所有硬件的电源。

② 启动程序，主程序界面正常显示。

（2）相机标定

系统标定有两种模式，一种是标定模式，另一种是校准模式。

通常有三种情况需要标定模式：

① 首次扫描时，只有在系统标定正确完成后，才能进行首次扫描；

② 精度结果误差较大时（超出误差范围，且波动较大），需要进行标定；

③ 校准模式失效时，也需要进行标定。

校准模式在以下情况使用：使用一段时间后可以使用校准模式提高扫描精度。

（相机标定是较麻烦的过程且不需要每次使用都要进行，这里就不过赘述。）

（3）点云扫描

点云扫描是利用两次拍摄之间的公共标志点信息来实现对两次拍摄数据的拼接。使用标志点前，要对待测物体进行分析，在需要、合适的位置上贴上标志点，通过多次的扫描及拼接得到需要的数据。

标志点贴法有如下注意事项：

① 标志点只能贴在物体平面部分或曲率均匀变化的位置上；

② 每两次扫描的公共标志点个数要不少于 3 个。

点云扫描操作流程如下：新建工程→选择点距→调节参数→采集点云→数据生成→数据存储。

① 新建工程，点击工具栏中的 新建工程命令，操作步骤如图 14-117。

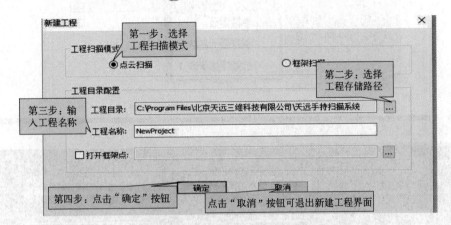

图 14-117　新建工程操作流程图

② 选择点距，操作如图 14-118。

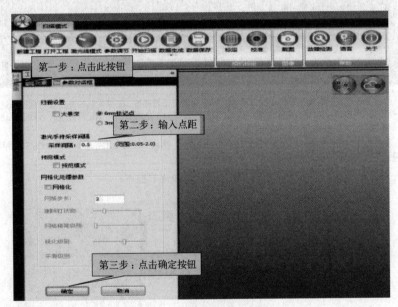

图 14-118　选择点距操作

③ 调节参数，调节操作如图 14-119。

④ 采集点云，点击激光手持背面的"开始/停止"按键或点击工具栏中的"开始"按钮，缓慢移动设备，并使设备与被检测物体的相对距离保持在左侧指示器绿色范围内。

按一下"开始/停止"按键或点击工具栏中的"开始"按钮，可以暂停正在进行的工程，如若继续当前工程扫描，需再按一下设备的"暂停"按键或点击工具栏中的"开始"按钮。

⑤ 数据生成，点击工具栏中的 数据生成命令，操作步骤如图 14-120。

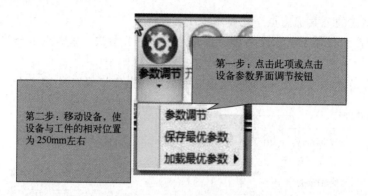

第一步：点击此项或点击设备参数界面调节按钮

第二步：移动设备，使设备与工件的相对位置为250mm左右

参数调节
保存最优参数
加载最优参数 ▶

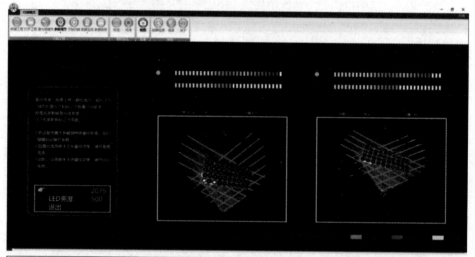

第三步：点击设备开始扫描按钮进行参数自动调节或手动调节图像亮度，使激光线的亮度在可视区域达到可靠(点击设备按键"＋""－"进行参数值调节)，之后切换到LED灯亮调节，使标记点亮度在可视区域达到可靠(点击设备按键"＋""－"进行参数值调节)

第四步：点击设备M键切换到" 退出"按钮并点击设备的" 确认"按键退出界面，或再次点击"参数调节"按钮退出参数调节界面

图 14-119　参数自动调节操作

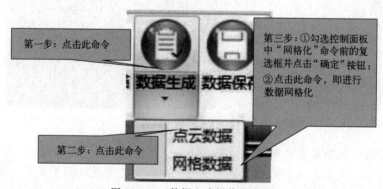

第一步：点击此命令

第三步：①勾选控制面板中"网格化"命令前的复选框并点击"确定"按钮；②点击此命令，即进行数据网格化

第二步：点击此命令

点云数据
网格数据

图 14-120　数据生成操作流程图

⑥ 数据存储，在"点云显示窗口"中点击鼠标右键弹出命令窗口，选择"导出所有点云"命令，如图 14-121；或者点击工具栏中数据保存即可将数据存储。

(4) 框架扫描

扫描物体长度尺寸超过 1.5m 的尽量使用框架扫描，例如车身扫描。

图 14-121　右键菜单操作流程图

框架扫描操作流程如下：新建工程→选择点距→调节参数→采集点云→数据生成→数据储存。（此步骤和点云扫描很相似，在此不过多赘述。）

14.3　基于太尔时代3D打印机FDM技术的基本介绍

14.3.1　FDM 的基本原理

FDM 技术即熔丝沉积成型技术，也称熔融挤出成型技术，它是将丝状的热塑性材料（ABS、PLA）通过喷头加热熔化，喷头底部带有微细喷嘴（直径一般为 $0.2\sim0.6mm$），材料以一定压力挤喷出来，同时喷头沿水平方向移动，挤出的材料与前一个层面熔结在一起。如图 14-122 所示。

14.3.2　3D 打印机 FDM 技术的基本操作

本实验使用的打印机是北京太尔时代的 3D 打印机，以下基本操作都是基于此打印机进行讲解。打印机的软件名称为 UP Studio。

① 打印物体的基本设置。如图 14-123 所示。

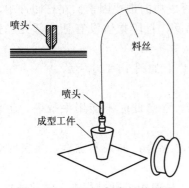

图 14-122　FDM 打印机的原理

图 14-123　基本设置界面

是"类别"选项，导入图形后首先点击该标识进行修复，修复完毕后图形中不可出现红色区域，否则无法正常打印。

是"缩放"选项，点击此图标可以调整图形的大小。

是"移动"选项，可以调节图形在打印机上的打印位置。

是"旋转"选项，可以对图形进行旋转。该选项中有"选面置底"选项，在打印前，用户通常选择该选项，然后选择表面积最大的平面进行置底，这样不仅可以节省材料，还可以使打印效果更好。

是"视图"选项，用户可以从各个方位观察所打印图形的形貌。

② 打印参数的基本设置。如图 14-124 所示。

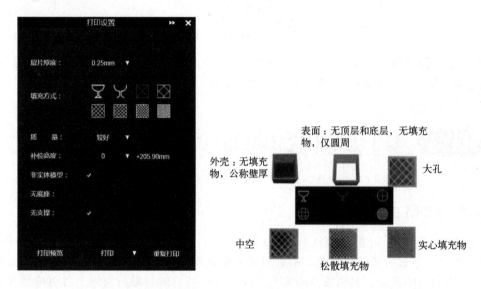

图 14-124　打印参数设置

a. 层片厚度：代表喷嘴挤丝的厚度。丝越细，打印质量越好，精度也就越高。

b. 填充方式：代表打印件内部的填充密度。填充的密度越大，打印时间也就越长，材料使用得也就越多，但整体的质量也相对较好。

c. 质量：是决定打印时间和质量的因素。在打印中，大家可以根据物体的真实需求，选择不同的打印质量。

d. 无支撑：在 3D 打印中，支撑是决定打印件是否成功的重要因素。在打印件中，如果出现如图 14-125 所示的悬空部分，就要选择支撑。相反，打印物体没有悬空部分，就可以选择无支撑。

③ 打印。点击"打印"按钮，机器就开始打印操作，如图 14-126 所示。

④ 技术要点。

a. 打印开始时，打印喷头和打印底板会持续加热，注意此时不能用手触摸，防止发生烫伤；

b. 打印过程中，需要观察物体底部是否与底板完全黏合，如果不黏合，要及时将机器停止，并调整高度，重新打印；

c. 打印完成后，需要对模型进行拆支撑及后处理，在使用工具过程中，请注意安全。

此部分为悬空部分，因此该件需要加支撑，否则会导致打印失败

图 14-125 支撑的设置

图 14-126 打印操作设置

复习思考题

1. 增材制造和减材制造的定义分别是什么？说一说哪些制造方式属于增材制造，哪些制造方式属于减材制造。

2. 可以用于 3D 打印的材料有哪些？

3. 什么是熔丝沉积成型（FDM）？它的工作原理是什么？

4. 3D 打印技术的应用领域包括哪些？

5. 什么是逆向设计？

6. 利用 UG NX 12.0 绘制矩形的方法有几种？

7. 利用 UG NX 12.0 绘制草图时，出现灰色线条的原因是什么？怎样解决？

8. 完成草图后，无法进行旋转操作，可能的原因有哪些？

9. 渐开线标准齿轮中，h_a，h_f，d，p，m，z，B，α 分别是什么含义？

10. 3D 打印的通用格式是什么？如何从 UG NX 12.0 中输出该格式文件？

11. 三维激光扫描仪的工作原理是什么？它主要由哪几部分组成？

12. 激光扫描仪的基本操作步骤有哪些？

13. 在打印设置时，如何判断打印的零部件是否需要加支撑？

14. 打印设置完成后，点击打印按钮，打印机不会立马启动的原因是什么？

15. 在打印过程中，导致出现翘边现象的原因有哪些？

第15章 机械测量技术

机械测量技术主要包括测量技术基础知识、常用测量器具、形位误差测量和三坐标测量技术。内容涵盖了测量技术的基本原理和方式，常用工量具的测量原理和使用方法，以及三坐标测量机的形位误差检测方法。

15.1 测量技术概述

制造和测量是现代工业不可缺少的部分，尤其在这个越来越追求质量的时代，不能仅会加工产品，更要保证质量，那么检测产品质量就成为一项必不可少的过程。随着光机电一体化、系统化、集成化技术的快速发展，以及计算机、数字控制、光学影像等技术的应用，相应的各种现代精密测量仪器大量涌现。现代精密测量技术的主要发展方向如下：

① 新技术和新的测量原理的应用，如图像处理技术、遥感技术等在精密测量仪器中将得到推广和普及；

② 测量精度由微米级向纳米级发展，进一步提高测量分辨能力，如芯片测量精度可达 $1\sim10nm$；

③ 由点测量向面测量过渡，提高整体测量精度和测量速度，即由长度的精密测量扩展至形状的精密测量；

④ 测量方式多样化，即针对同一个被测对象，可以采用不同的测量仪器对其不同的测量部位进行测量；

⑤ 测量仪器设备正逐步向小型化、集成化、便捷化等方向发展；

⑥ 随着标准化体系的确立和测量不确定度的数值化，将有效提高测量的可靠性。

总之，测量技术正在向高精度、高速和高效率方向发展。因此，非接触测量和高效率测量也就必然成为21世纪现代精密测量技术的重要发展方向。

15.1.1 测量的概念

测量就是将被测的量与具有计量单位的标准量进行比较，从而确定被测量的量值的操作过程，即

$$L = qE \tag{15-1}$$

式中　*L*——被测量；

　　　q——被测量与标准量的比值；

　　　E——标准量。

一个完整的测量过程应包括四个要素：测量对象、计量单位、测量方法、测量准确度。

① 测量对象：指几何量，包括长度、角度、表面粗糙度及形位误差等。

② 计量单位：我国采用法定计量单位制。基本计量单位为 m。

a. m（米）指光在真空中 1/299792458s 的时间间隔内行进路程的长度。

b. 常用计量单位为 mm、μm。

c. 角度计量单位有弧度（rad）、度（°）、分（′）、秒（″）。

③ 测量方法：指测量时，所采用的测量原理、计量器具和测量条件的综合。

④ 测量准确度（精度）：测量结果与真值的一致程度。

注意： 测量准确度与误差是两个相对的概念。误差大，说明测量结果与真值差距大，精度低；反之，误差小，精度高。对于每一个测量过程的结果都应该给出一定的测量精度。

15.1.2　测量方法的分类

（1）直接测量和间接测量

按照被测量是否为直接测的量，可将测量方法分为直接测量和间接测量。

直接测量是将被测对象与已知标准直接比较，从而得出所需的测量结果，是最常用的测量方法，又可以分为绝对测量和相对测量。例如，用游标卡尺、外径千分尺测量外圆直径，用比较仪测量长度尺寸等。

间接测量是指直接测量与被测对象相关的量，然后通过一定的函数关系，经过计算后获得被测量的值。例如测量大型工件外径时，可以采用测量周长，再经过计算求出直径的方法。间接测量常在直接测量不方便，或间接测量的结果较直接测量更为准确，或缺少直接测量的仪器时使用。

（2）主动测量和被动测量

按照测量技术在机械制造工艺过程中所起的作用，可将测量方法分为主动测量和被动测量。

主动测量是把加工过程中的测量结果直接用于控制加工过程以得到合格工件的测量，属于加工过程中的测量，也称为积极测量。

被动测量是指其测量结果不可直接用于控制加工精度的测量，属于加工完成后的测量，也称为线外测量或消极测量。

（3）接触测量和非接触测量

按照被测对象与测量器具之间是否有机械作用的测量力，可将测量方法分为接触测量与非接触测量。

接触测量是指被测对象与测量器具有直接接触，并有机械作用的测量力存在，接触形式有点接触、线接触及面接触。例如用游标卡尺测量零件轴径值等。

非接触测量是指被测对象与测量器具没有机械作用的测量力存在，利用光学、气动等瞄准定位方法进行测量，测量器具的瞄准定位部分或测头等不与被测对象相接触。例如用光切显微镜测量表面粗糙度、用激光扫描法测量外径和用气动测头测量直径等。

（4）静态测量和动态测量

按照测量过程中被测对象与测量器具之间是否存在相对运动，可将测量方法分为静态测量和动态测量。

静态测量是指测量过程中被测对象与测量器具处于相对静止的状态，被测参数恒定不变。

动态测量是指测量过程中被测对象与测量器具处于相对运动的状态，被测参数随时间变化，例如用表面粗糙度仪测量表面粗糙度。

(5) 单项测量和综合测量

按照被测对象需要同时测得的被测量的数量多少，可将测量方法分为单项测量和综合测量。

单项测量是分别测量被测对象的几何参数，例如分别测量螺纹的中径、半角、螺距、齿形、周节和齿向等，分别测量齿轮的齿厚、齿形、齿距等。

综合测量是将各有关参数折合成某一当量或综合测量各有关参数，例如用螺纹量规检验螺纹折合中径、用齿轮单面啮合检查仪测量齿轮切向综合误差等。

单项测量是分别确定每一被测量的误差；综合测量则是一种模拟实际使用情况的测量方法，测量结果能较真实地反映使用质量，测量效率高，适用于检验工件合格性。

15.1.3 测量技术的基本原则

测量技术领域归纳出来的一些基本原则及原理，对于测量方法的具体实施具有指导性的意义，下面就其中几项重要原则具体描述如下。

(1) 最小变形原则

定义：最小变形原则是指被测对象与测量器具之间的相对变形最小，主要包括热变形（受测量温度影响）和弹性变形（受测量力影响）。

方法：可以通过对测量温度进行控制，并保证被测对象与测量器具等温等措施减小热变形；通过增加测量系统刚性、减小测量力、采用非接触式测量或者比较测量的方式减小弹性变形。

(2) 基准统一原则

定义：基准统一原则是指设计、装配、工艺、测量等基准原则上应该一致。

方法：设计时应选装配基准为设计基准；加工时应以设计基准为工艺基准；测量时应按测量目的选择基准；验收测量时应以装配基准为测量基准。当基准改变时，测量精度需相应提高。

(3) 阿贝测长原则

定义：阿贝测长原则是指在长度测量中，将被测量与标准量沿同一直线排列，即采用串联排列形式。

方法：遵守该原则可以减小测量时测量装置（工作台）移动方向不正确产生的误差，即可以显著减小由导轨直线度误差所引起的测量误差，典型的测量仪器有阿贝比长仪、阿贝立式测长仪、阿贝卧式测长仪等。

(4) 圆周封闭原则

定义：圆周封闭原则是指同一圆周上所有分度夹角之和等于$360°$，或同一圆周上所有夹角误差之和等于零。

方法：根据封闭特性，对于圆周封闭类零件，在没有更高精度的分度基准器件的情况下，采用自检也能达到高精度测量的目的。

(5) 测量公差原则

定义：测量公差原则用以判别被测参数是否符合所规定的公差要求。测量方法及其测量精度应符合公差的规定。

方法：测量或检验方法应符合公差规定；测量精度要与公差要求相适应，即极限测量误差所占公差比例与工件公差等级高低及工件尺寸大小有关，一般为 1/20～1/10。

15.1.4 常用测量器具

计量器具是测量仪器和测量工具的统称，通常按其结构特点、测量原理及用途可以分为四类：基准量具、极限量规、计量仪器和计量装置。

(1) 基准量具

测量中体现标准量的量具，称为基准量具。其中：体现固定值的标准量具为定值基准量具，没有可动的结构，不具有放大功能，如米尺、钢板尺、量块、直角尺、多面棱体等；体现一定范围内各种量值的标准量为变值基准量具，如钢皮尺、刻线尺、量角器，以及常用的千分尺、游标卡尺等。基准量具如图 15-1 所示。

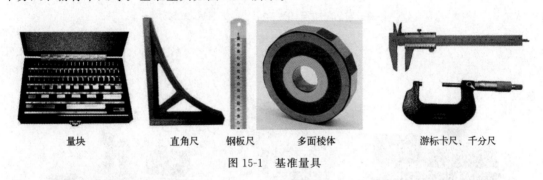

| 量块 | 直角尺 | 钢板尺 | 多面棱体 | 游标卡尺、千分尺 |

图 15-1　基准量具

(2) 极限量规

极限量规指没有刻度的专用计量器具，用以检验零件尺寸、形状或者相互位置，其特点是只能判定被检验工件是否合格，不能得到工件的具体数值，如图 15-2 所示。

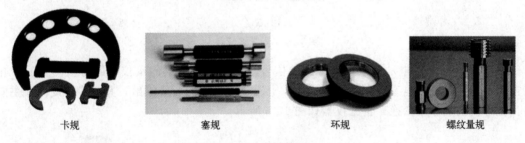

| 卡规 | 塞规 | 环规 | 螺纹量规 |

图 15-2　极限量规

(3) 计量仪器

计量仪器是指能将被测几何量的量值转换成可直接观测的示值或者等效信息的测量器具，按原始信号转换的原理可分为以下几种。

① 机械式量仪。机械式量仪是用机械方法实现原始信号转换的量仪，即被测量的变化使得测头产生相应位移，再通过机械变换器进行转换，主要包括螺旋变换、杠杆变换、弹簧变换和齿轮变换，常见仪器如图 15-3 所示。

② 光学式量仪。光学式量仪是用光学方法实现原始信号转换的量仪，即利用光学成像的放大或缩小、光束方向的改变、光波干涉和光量变化等原理，实现对被测量的变换，是一种高精度的变换形式，主要包括影像变换、光学杠杆变换、光波干涉变换、光栅变换，常见仪器如图 15-4 所示。

百分表　　　　　　　　　机械比较仪

图 15-3　机械式量仪

光学影像仪　　　　　　　光学比较仪　　　　　　万能工具显微镜

图 15-4　光学式量仪

③ 电动式量仪。电动式量仪是将原始信号转换为电量形式的量仪，即将被测量的变化转换为电阻、电容或电感等电量的变化，以电流或者电压的形式输出。其变换精度高，主要包括电感变换和磁电变换，常见仪器如图 15-5 所示。

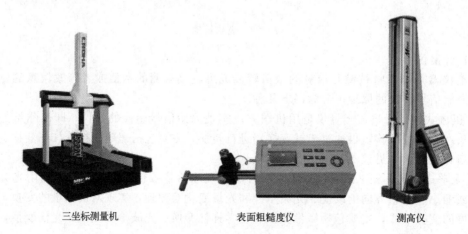

三坐标测量机　　　　　　表面粗糙度仪　　　　　　测高仪

图 15-5　电动式量仪

④ 气动式量仪。气动式量仪是用压缩空气实现原始信号转换的量仪，即将被测量的变化转换为压缩空气压力或流量的变化，主要包括气压变换和气流变换，常见仪器如图 15-6 所示。

(4) 计量装置

计量装置是指为确定被测量量值所必需的测量器具和辅助设备的总称。

图 15-6　气动式量仪

15.1.5　现代测量仪器的应用

目前，测量仪器几乎可以实现所有的长度、轴孔、角度及锥度、形位误差、表面粗糙度、螺纹及齿轮、校准、硬度等测量和产品逆向工程。

(1) 尺寸测量

尺寸测量内容主要包括长度、厚度、高度、轴径、孔径、角度、锥度等，根据不同的测量元素特征、公差要求、零件尺寸等需要选取不同的测量仪器，例如测量厚度、高度的尺寸常用二维测高仪，轴孔类测量常用万能测长仪，角度和锥度测量常用光学影像仪。

(2) 形位误差测量

形位误差对零件的使用功能影响较大。为了控制零件的形位误差，提高使用寿命和机器精度，保证零件互换性，有必要对形位误差进行测量。常用的精密测量仪器是三坐标测量机。

(3) 表面粗糙度测量

零件或工件的表面是指物体与周围介质区分的物理边界，由于加工而形成的实际表面一般呈非理想的状态，其微观几何形状误差即为表面粗糙度误差。常用的精密测量仪器是表面粗糙度仪。

(4) 螺纹测量

螺纹参数包括螺距、牙形角，内外螺纹半径、中径等。万能工具显微镜是螺纹测量最常用的现代精密测量仪器。

(5) 校准测量

在进行测量活动时，测量仪器受到自然环境（如灰尘、温度等）的影响或由于自身老化而使其准确度发生变化，因此需要通过定期校准或检定来保证测量结果的精度。激光干涉仪是用于机床及测量仪器精度校准的主要仪器。

(6) 硬度测量

硬度值的大小是表示材料软硬程度的有条件性的定量反映，它本身不是一个单纯的确定的物理量，而是由材料的弹性、塑性、韧性等一系列力学性能组成的综合性指标。显微硬度计是测量硬度的常用仪器。

(7) 逆向测量

一件拟制的产品如果没有原始设计图，要想进行加工制造或者翻模，首先必须有加工数据，逆向测量就是利用 3D 数字化扫描仪对样品或模型进行准确、快速的扫描，获取点云数据，然后直接用 3D 打印机成型，或利用 3D 软件进行面和体的构建，最终由 CAM 生成加工代码，由 CNC 机床加工。

测量误差及数据处理

15.2.1 测量误差

测量误差是指被测量的实际测得值与被测量的真值之间的差异，如式（15-2）所示，常用来判定相同被测量的测量准确度。

$$\Delta = x - \mu \tag{15-2}$$

式中 Δ——测量误差；

x——实际测得值；

μ——被测量真值。

式（15-2）所定义的测量误差也称为绝对误差，绝对误差与被测量真值之比称为相对误差，如式（15-3）所示，常用来判定不同大小的同类几何量的测量准确度。

$$\Delta_t = \frac{x - \mu}{\mu} = \frac{\Delta}{\mu} \times 100\% \approx \frac{\Delta}{x} \times 100\% \tag{15-3}$$

15.2.2 测量误差产生的主要原因

造成测量误差的因素很多，误差产生的原因主要包括以下几种。

① 测量方法误差：由于测量方法不合理、不完善引起的误差。针对同一个被测对象采用不同的测量方法导致的测量结果往往不一样，测量方法越不合理，误差越大。

② 测量器具误差：测量器具本身存在的固有误差（如传动原理误差、测量器具制造及装配误差、测量力引起的误差以及校准误差等）所引起的误差，主要表现在仪器示值误差及示值不稳定性上，可用高精度仪器或者量块进行检定校准。

③ 基准件误差：所有的基准件或基准量具虽然制作得非常精确，但是都不可避免地存在误差。基准件误差就是指作为标准量的基准件本身存在的误差。基准件的误差应不超过总测量误差的 1/5～1/3。

④ 客观因素引起的误差：除了测量器具本身以外其他的客观因素（如测量温度，被测件、测量仪器及基准量具的线胀系数，测量时的振动等）所引起的误差。

⑤ 主观因素引起的误差：测量过程中主观因素对测量结果的影响很大，即便同样的测量条件和测量方法，不同测量者由于存在目测或者估读的判断误差，往往导致测量结果相差很大。

15.2.3 测量误差分类及特性

① 系统误差：指在同一条件下，对同一被测几何量进行多次重复测量时出现的误差。误差的数值大小和符号均保持不变，或按某一确定规律变化。前者称为定值系统误差，后者称为变值系统误差。

② 随机误差：指在同一条件下，对同一被测几何量进行多次重复测量时，绝对值和符号以不可预定的方式变化的误差。从表面上看，随机误差没有任何规律，表现为纯粹的偶然性误差，因此也将其称为偶然误差。随机误差的变化服从统计规律，所以，可利用统计原理和概率论对它进行处理。

③ 粗大误差：指超出了一定条件下可能出现范围的误差，主要指由于测量时测量者的疏忽大意（如读数错误、计算错误等）或环境条件的突变（冲击、振动等）而造成的某些较大的误差。在处理数据时，必须按一定的准则从测量数据中剔除粗大误差。

15.2.4 测量数据处理

(1) 随机误差数据处理

根据大量测量实践的数据观察，发现随机误差具有以下特性。

① 对称性：绝对值相等、符号相反的误差出现的概率相等；

② 单峰性：绝对值小的误差出现的概率比绝对值大的误差出现的概率大；

③ 有界性：在一定的测量条件下，误差的绝对值不会超过一定的界限；

④ 抵偿性（也称对称性）：在相同条件下，当测量次数足够多时，各随机误差的算术平均值随测量次数的增加而趋近于零。

随机误差特性理论方程如下：

$$y = \frac{1}{\sigma\sqrt{2\pi}} e^{-\frac{\delta^2}{2\sigma^2}} \tag{15-4}$$

式中 y——概率密度；

δ——随机误差；

σ——标准偏差，也称为均方根误差。

根据式（15-4）可知，随机误差满足正态分布曲线，且当 $\delta=0$ 时，$y_{\max}=\dfrac{1}{\sigma\sqrt{2\pi}}$。随机误差在 $\pm3\sigma$ 范围内出现的概率为 99.73%，已接近 100%，所以一般以 $\pm3\sigma$ 作为随机误差的极限误差，如图 15-7 所示。

由于被测量的真值是未知量，在实际应用中常常进行多次测量，测量次数 n 足够多时，以测量值的算术平均值作为真值，如式（15-5）所示。

$$\overline{x} = \frac{1}{n}(x_1 + x_2 + \cdots + x_n) = \frac{1}{n}\sum_{i=1}^{n} x_i \tag{15-5}$$

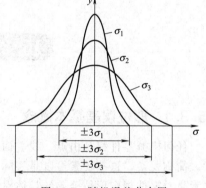

图 15-7 随机误差分布图

测量值与算术平均值之间的差值称为残余误差，如式（15-6）所示。

$$v_i = x_i - \overline{x} \tag{15-6}$$

标准偏差 σ 的近似值 s 如式（15-7）所示。

$$s = \sqrt{\frac{1}{n-1}\sum_{i=1}^{n} v_i^2} \tag{15-7}$$

根据式（15-7）可知，测量次数 n 越大，标准偏差越小，因此为了减小标准偏差的影响，在实际测量过程中通常采用多次重复测量值的算术平均值作为最终测量结果。

(2) 系统误差数据处理

系统误差是影响测量结果可靠性的主要因素，其影响往往比随机误差大，理论上多数定值系统误差是可以消除的，但是实际上只能进行一定限度的消除。定值系统误差无法从测量结果的处理中发现，只能通过实验对比法发现；而变值系统误差有可能从测量结果的处理中发现。实际测量过程中对于系统误差的消除方法包括：

① 测量前将计量仪器进行调零；

② 加修正值。

(3) 粗大误差数据处理

粗大误差判别的方法包括 3σ 准则和狄克逊准则。

① 3σ 准则。超出 $\pm3\sigma$ 范围的残差 v_g 可视为粗大误差，即粗大误差的界限为 $|v_g|>3\sigma$，该法则适合大量重复性测量的实验统计，若测量次数过小，且 σ 又为估计值时，利用该准则不能发现粗大误差。

② 狄克逊准则。对于被测量进行等精度独立测量且测量数据按照正态分布，按照大小顺序排列：

$$x_1 \leqslant x_2 \leqslant \cdots \leqslant x_{n-1} \leqslant x_n \tag{15-8}$$

极差比 f_0 的计算公式如下：

$$f_0 = \frac{x_n - x_{n-1}}{x_n - x_1} \tag{15-9}$$

指定危率 γ 是指判断错误的概率（即本来不是粗大误差而被判定为粗大误差）。根据测量次数 n 和设定的危率值 γ 查询狄克逊系数表格可获得临界值 $f(\gamma,n)$，如果

$$f_0 > f(\gamma,n) \tag{15-10}$$

则认为存在粗大误差，应剔除 x_1 或者 x_n。

实际测量过程中对于粗大误差数据的处理方法：根据上述准则判断，发现存在粗大误差，直接剔除，并重新进行检查，直至全部剔除干净为止。

15.3 形位误差测量

15.3.1 形位误差基本概念

任何机械零件都是由点、线、面组合而成的。构成零件特征的点、线、面统称为几何要素，简称要素，这些要素可以是实际存在的，也可以是由实际要素取得的轴线或中心平面。要素是对零件规定形位公差的具体对象，即无论零件的形状多么复杂，均可以分解成若干个独立的要素。形位误差对机器零件的使用功能有很大的影响，因此，为了保证零件的互换性和制造的经济性，设计时应对零件的形位误差给出必要且合理的控制，即对零件规定形位公差，详见 5.2 节。

15.3.2 形位误差测量原则

检测原则也称检测原理，它是获得被测要素精度的基础，或是获得被测要素几何特征的几何学基础。标准中规定了 5 项检测原则。

① 与理想要素比较原则。该原则是将被测实际要素与其理想要素相比较，获得被测要素偏离理想要素的一系列数据，由这些数据评定形位误差值的一项原则。理想要素则应用模拟方法获得。

② 测量坐标值原则。该原则是将被测要素置于某坐标系中，对被测要素进行布点采样，测量被测实际要素的坐标值，并经过数据处理获得形位误差值，是形位误差检测中应用最广泛的检测原则。表 15-1 列出了测量坐标值原则的应用示例。

表 15-1　测量坐标值原则的应用示例

检测项目	检测示意图	说　　明
直线度		在直角坐系中对被测要素布点采样，由测得的坐标值 (x_i,y_i) 求得直线度误差值
平面度		在空间直角坐标系中对被测要素布点采样，由测得坐标值 (x_i,y_i,z_i) 求得平面度误差值
圆度		在被测零件的横向截面轮廓上布点采样，测取坐标值。由测得的坐标值 (x_i,y_i) 求得圆度误差值
圆柱度		在空间直角坐标系中，对被测圆柱面布点采样，测取坐标值 (x_i,y_i,z_i)，由测得的坐标值求得圆柱度误差值
面轮廓度		在空间直角坐标系中，对被测表面和基准面分别布点采样，测取各采样点的坐标值 (x_i,y_i,z_i)，由测得的坐标值评定面轮廓度误差值
垂直度		在空间直角坐标系中，对被测表面和基准表面分别布点采样，测取各采样点的坐标值 (x_i,y_i,z_i)，用分析法体现基准平面后，经过计算求得垂直度误差值
同轴度		在空间直角坐标系中，对基准和被测的圆柱表面分别布点采样，测取各采样点的坐标值 (x_i,y_i,z_i)，由测得的坐标值用分析法确定基准线后经过计算求得同轴度误差值

续表

检测项目	检测示意图	说　明
位置度		在平面直角坐标系中测取孔的坐标值(x_1,y_1),(x_2,y_2),经过计算求得孔的位置度误差值

③ 测量特征参数原则。该原则指应测量被测实际要素上具有代表性的参数来表示形位误差。

④ 测量跳动原则。该原则是在被测实际要素绕基准轴线回转过程中,应沿给定方向测量其对某参考点或线的变动量,主要用于测量圆跳动和全跳动的精度。

⑤ 控制实效边界原则。

在上述 5 条原则中测量坐标值原则是形位误差测量的最基本的也是最重要的原则,其他检测原则都是该原则的具体化。因为无论是平面的还是空间的被测要素,其几何特征总是可以在适当的坐标系内反映出来,因此,形状误差、定向误差、定位误差以及回转面的跳动,都可在确定被测要素的坐标值的条件下求得。

15.4　三坐标测量机

三坐标测量机是 20 世纪 60 年代后期发展起来的一种高效率的精密测量仪器。它的出现,一方面是由于生产发展的需要,即高效率加工机床的出现,产品质量要求进一步提高,复杂立体形状加工技术的发展等都要求有快速、可靠的测量设备与之配合;另一方面是由于电子技术、计算技术及精密加工技术的发展,为三坐标测量机的出现提供了技术基础。三坐标测量机目前广泛应用于机械制造、仪器制造、电子工业、航空和国防工业各领域,特别适用于测量箱体类零件的孔距和面距、模具、精密铸件、电子线路板、汽车外壳、发动机零件、凸轮以及飞机形体等带有空间曲面的工件。它可以进行各种零部件的尺寸、形状、相对位置以及空间曲面的检测,也可用于划线、定中心孔、光刻集成线路等,并可对连续曲面进行扫描以制备数控加工程序等。由于它的通用性强、测量范围大、精度高、效率高、性能好,并能与柔性制造系统相连接,因此享有“测量中心”之称。

15.4.1　三坐标测量机原理

坐标测量机（coordinate measuring machining，CMM）又称三坐标测量机,是利用测头在三维空间内移动来检测得到各个测量点的空间坐标,再通过电脑处理这些数据,能测量出物体在三维空间的尺寸、位置和方向等的万能测量机。三坐标测量机采用的是一个刚性的结构,此结构有三个互相垂直的轴,每个轴沿轴向安装光栅尺,并分别定义为 X、Y、Z 轴。将被测零件放入其允许的测量空间范围内,精确地测出被测零件表面的点在空间三个坐标位置的数值,将这些点的坐标数值经过计算机处理,拟合形成测量元素,如圆、球、圆柱、圆锥、曲面等,经过数学计算的方法得出其形状、位置公差及其他几何量数据。

15.4.2 三坐标测量机的分类

三坐标测量机是由三个正交的直线运动轴构成的，这三个坐标轴的相互配置位置（即总体结构形式）对测量机的精度以及对被测工件的适用性影响较大。三坐标测量机发展至今已经历了若干个阶段，从数字显示及打印型，到带有小型计算机型，直至目前的计算机数字控制（CNC）型。三坐标测量机的分类方法很多，但基本不外乎以下几类。

(1) 按结构形式与运动关系分类

按照结构形式与运动关系，三坐标测量机可分为移动桥式、固定桥式、龙门式、悬臂式、水平臂式、坐标镗式、卧镗式和仪器台式等。不论结构形式如何变化，三坐标测量机都是建立在具有三根相互垂直轴的正交坐标系基础之上的。

(2) 按测量机的测量范围分类

按照三坐标测量机的测量范围，可将其分为小型、中型与大型三类。

小型坐标测量机主要用于测量小型精密的模具、工具、刀具与集成线路板等。这些零件的精度较高，因而要求测量机的精度也高。它的测量范围，一般是 X 轴方向（即最长的一个坐标方向）小于 500mm。它可以是手动的，也可以是数控的。常用的结构形式有仪器台式、卧镗式、坐标镗式、悬臂式、移动桥式与极坐标式等。

中型坐标测量机的测量范围在 X 轴方向为 $500 \sim 2000mm$，主要用于对箱体、模具类零件的测量。操作控制有手动和机动两种，许多测量机还具有 CNC 系统。其精度等级多为中等，也有高精度型的。从结构形式看，几乎包括仪器台式和桥式等所有形式。

大型坐标测量机的测量范围在 X 轴方向应大于 2000mm，主要用于汽车与飞机外壳、发动机与推进器叶片等大型零件的检测。它的自动化程度较高，多为 CNC 型，但也有手动或机动的。精度等级一般为中等或低等。结构形式多为龙门式（CNC 型，中等精度）或水平臂式（手动或机动，低等精度）。

(3) 按测量精度分类

按照测量机的测量精度，有低精度、中等精度和高精度三类。

低精度的主要是具有水平臂的三坐标画线机。中等精度及一部分低精度测量机常称为生产型的。生产型的常在车间或生产线上使用，也有一部分在实验室使用。高精度的称为精密型或计量型，主要在计量室使用。

低、中、高精度三坐标测量机大体上可这样划分：低精度测量机的单轴最大测量不确定度在 $1 \times 10^{-4} L$ 左右，空间最大测量不确定度为 $(2 \sim 3) \times 10^{-4} L$，其中 L 为最大量程；中等精度的三坐标测量机，其单轴与空间最大测量不确定度分别约为 $1 \times 10^{-5} L$ 和 $(2 \sim 3) \times 10^{-5} L$；精密型的单轴与空间最大测量不确定度则分别小于 $1 \times 10^{-6} L$ 和 $(2 \sim 3) \times 10^{-6} L$。

近年来超高精度的测量机也已出现，例如在 1m 量程下空间测量精度为亚微米级的测量机，以及一些小量程的纳米级的测量机。

15.4.3 三坐标测量机的组成

三坐标测量机由硬件和软件两大部分组成，如图 15-8 所示。

15.4.3.1 硬件部分

(1) 三坐标测量主机

SIGMA 移动桥式三坐标测量机的主机主要由底座、大理石工作平台、光栅系统、驱动系统、空气轴承气路系统等组成。

① 底座。底座是可调制式双重被动减振结构，整合在所有的驱动系统中，防止低频振

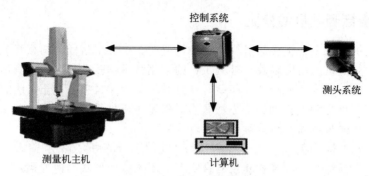

图 15-8   三坐标测量机组成

动造成的影响，极大程度地保证了测量的精度。

② 大理石工作平台。精度高、质量大而且稳固耐用的大理石工作平台有效地减少了测量机的振动。

③ 光栅系统。SIGMA 型三坐标测量机采用光栅测长，每根轴对应的导轨上均贴有光栅尺，即采用光学原理读取光栅刻线以计算当前点坐标值。

④ 驱动系统。由直流伺服电机、减速器、传动带、带轮等组成，采用精密加工的椭圆齿形钢丝增强同步带，有效减少了高速运动时的振动，高性能的伺服电机确保精确传输动力。

⑤ 空气轴承气路系统。由过滤器、开关、传感器、气浮块、气管组成，每个轴都配有多个不同方向的气压调节阀和空气轴承，环抱式空气轴承设计保证了仪器在运动过程中的平稳。

(2) 测头系统

三坐标测量机是靠测头来拾取信号的，其功能、效率、精度均与测头密切相关。没有先进的测头，就无法发挥测量机的功能。测头的两大基本功能是测微（即测出与给定标准坐标值的偏差量）和触发瞄准并过零发信号。

按结构原理，测头可分为机械式、光学式和电气式等。其中，机械式主要用于手动测量；光学式多用于非接触测量；电气式多用于接触式的自动测量。

按测量方法，测头可分为接触式和非接触式两类。接触测头便于拾取三向尺寸信号，应用甚为广泛，种类也很多；非接触测头有独到的优点，发展十分迅速。

① 机械测头。机械测头也称硬测头，主要用于精度不太高的小型测量机中的手动测量，有的也用于数控自动测量。机械测头成本低，操作简单方便，种类繁多。图 15-9 所示为常用的几种机械测头。

② 光学非接触测头。与机械测头相比，光学测头具有无摩擦、测量速度快、采样频率快、量程大等优点。光学非接触测头也有其不足，除物体的尺寸特性外，物体的辐射特性对测量结果也有较大影响。照明情况、表面状态反射情况、阴影、挡光、对谱线吸收情况等，都会引入附加误差。

光学非接触测头可用于对空间曲面、软体表面、光学刻线等，尤其是不能用机械测头和电测头测量的工件的测量。光学非接触测头的工作原理：光源 4 发出的光线经聚光镜 5，照到十字分划板 6 上，分划板出来的光线经反射镜 8、物镜 7 投射到工件表面上，经工件漫反射，再经棱镜 9、10 和物镜 11、直角屋脊棱镜 3，成像在分划板 2 上，通过目镜 1 进行观察，如图 15-10 所示。

目前在三坐标测量机上应用的光学测头的种类很多，如一维测头（如三角法测头、激光

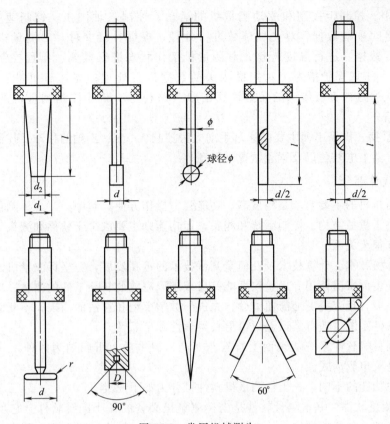

图 15-9 常用机械测头

聚焦测头、光纤测头等）、二维测头（各种视像测头）、三维测头（如用莫尔条纹技术形成等高线进行条纹计数的测头、体视测头）等。

③ 电气测头。在现今的三坐标测量机中，使用最多、应用范围最广的是电气测头。电气测头多采用电触、电感、电容、应变片、压电晶体等作为传感器来接收测量信号，可以达到很高的测量精度，所以电气测头在各类三坐标测头中占主要位置。

按照功能，电气测头可分为开关测头和模拟测头。其中，开关测头只作瞄准之用，而模拟测头既可进行瞄准，又具有测微功能。

按能感受的运动维数，电气测头可分为单向（即一维坐标）电测头，双向（即二维坐标）电测头和三向（即三维坐标）电测头。

（3）控制系统

控制系统由控制计算机、控制柜、操纵手柄组成。

① 控制计算机。在三坐标测量机系统的硬件结构中，计算机是整个测量系统的管理者。计算机实现与操作者对话、控制程序的执行和结果处理、与控制柜和操纵手柄的通信等功能。

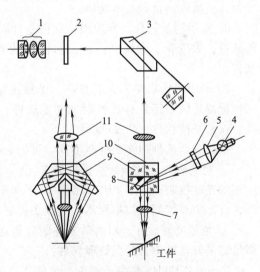

图 15-10 光学非接触测头

1—目镜；2,6—分划板；3—直角屋脊棱镜；
4—光源；5—聚光镜；7—物镜；
8—反射镜；9,10—棱镜；11—物镜

② 控制柜。控制柜控制和驱动测量机的运动，控制三轴同步，控制速度及加速度；在有触发信号时采集数据，对光栅读数进行处理；根据补偿文件，对测量机进行误差补偿；采集温度数据，进行温度补偿；对测量机工作状态进行监测（行程控制、气压、速度、测头等），采取保护措施；对扫描测头的数据进行处理；与计算机进行各种信息交流，数控系统通过计算机传来的数据计算出参考路径，不断地控制测量机的运动及与操纵手柄的通信。

③ 操纵手柄。操纵手柄主要是通过手动人为控制 X、Y、Z 轴的移动及控制速度，手动取点，进行机器上电复位以及紧急情况下的急停。

15.4.3.2 软件部分

三坐标测量机的主要要求是精度高、功能强、操作方便。其中，三坐标测量机的精度与速度主要取决于机械结构、控制系统和测头，而功能则主要取决于软件和测头，操作方便与否也与软件有很大关系。

随着计算机技术、计算技术及几何量测试技术的迅猛发展，三坐标测量机的智能化程度越来越高，许多原来需使用专用量仪才能完成或难以完成的复杂工件的测量，现代的三坐标测量机也能完成，且变得更加简便高效。先进的数学模型和算法的涌现，不断完善和充实着坐标测量机软件系统，使得其误差评价更具科学性和可靠性。

三坐标测量机软件系统从表面上看五花八门，但本质上可归纳为两种，一种是可编程式，另一种是菜单驱动式。

根据软件功能的不同，三坐标测量机软件可分为如下三类。

① 基本测量软件。基本测量软件是坐标测量机必备的最小配置软件。它负责完成整个测量系统的管理，包括探针校正、坐标系的建立与转换、输入输出管理、基本几何要素的尺寸与几何精度测量等基本功能。

② 专用测量软件。专用测量软件是针对某种具有特定用途的零部件的测量问题而开发的软件。如齿轮、螺纹、凸轮、自由曲线和自由曲面等的测量都需要用各自的专用测量软件。

③ 附加功能软件。为了增强三坐标测量机的功能和用软件补偿的方法提高测量精度，三坐标测量机中还常有各种附加功能软件，如附件驱动软件、统计分析软件、误差检测软件、误差补偿软件、CAD 软件等。

根据测量软件的作用性质不同，可把它们分为如下两类。

① 控制软件。对坐标测量机的 X，Y，Z 三轴运动进行控制的软件为控制软件，包括速度和加速度控制、数字 PID（比例-积分-微分）调节、三轴联动、各种探测模式（如点位探测、自定中心探测和扫描探测）的测头控制等。

② 数据处理软件。对离散采样的数据点的集合，用一定的数学模型进行计算，以获得测量结果的软件称为数据处理软件。

Rational DMIS 是由美国著名软件公司 External-Array Software 公司自主研发的三坐标测量软件。Rational DMIS 一经推出就以其直观、强大、高效等特点得到了 CMM 业内专家的高度评价。一套 Rational DMIS 软件和完美的解决方案，能完全支持 i＋＋标准的 Renishaw UCC 控制器系列或其他多种控制设备及软件接口。它有更加友好简洁的软件界面、独特的拖放式输入方式，与 CAD 数据可以无缝连接，实现了从测量到输出报告 100％图形化显示，可以基于对象测量并快速生成 DMIS 检测程序。Rational DMIS 在 CMM 软件的实用性方面是一个突破。

15.4.4 三坐标测量机的工作环境要求

工作温度：20℃±2℃。

工作湿度：40%～60%。

工作压力：0.4～0.6MPa。

15.4.5 三坐标测量机的测量流程

(1) 确定测量方案

仔细审阅图纸，分析图纸的各尺寸、形位公差以及零件的具体结构，确定测量方案。

① 确定待测几何元素所需输出的参数项目，确定获取方式（几何元素直接检测、构造，元素间的关系计算）。

② 根据图纸标注尺寸的基准元素确定测量基准。

③ 根据待测件的材质和几何特征确定测头类型（接触式、非接触式）。

④ 根据待测几何元素的尺寸大小确定探针长短和测头大小。

⑤ 根据待测几何元素的方位确定需要校验的测头方向。

(2) 三坐标测量机启动前的准备

① 检查机器的外观及机器导轨是否有障碍物，电缆及气路是否连接正常；

② 清洁导轨及工作台；

③ 检查温度、气压、电压、底线是否符合要求，对前置过滤器、储气罐、除湿机进行放水检查；

④ 符合以上条件后，接通 UPS（不间断电源），打开除湿机，打开气源开关。

(3) 测量预备操作

① 测头管理：包括标定标准球，测头定义、校正和校正数据存储。

② 零件管理：包括零件的放置、装夹和零件坐标系的建立与存储。

③ 输出方式设置：设置测量结果由屏幕输出或打印机输出或文件输出。

(4) 正式测量

通过几何元素的直接测量、构造、元素间关系的计算进行形位误差的检测。

(5) 关机

测量结束后，关机顺序与开机顺序相反，即首先使测头停止在安全位置，其次关闭 CAPPS 程序，再依次关闭计算机电源、控制柜电源，最后关闭气源系统。

15.4.6 测头校验

三坐标测量机在测量工件时，使用探针的宝石球与被测工件表面接触，这个接触点与系统传输给计算机软件的宝石球中心点的坐标相差一个宝石球的半径。把这个半径值准确地修正到测量点，是测量机软件的一项重要功能。所以要通过测头校验得到探针的准确值。

首先，探针校正是为了正确确定探针的实际位置。使用一根固定的探针，只能测量简单形状的工件。对于深孔、制柱或有多个测量平面的复杂工件，通常需使用多根探针组合或单探针多转位的可回转测头才能完成测量任务。但处在不同位置的探针将会给出不同的坐标值。为了获得正确统一的坐标值，软件系统必须能自动修正处于不同位置探针的坐标差值。而这些坐标差值就是通过探针校正程序来确定，并储存在计算机内部数据库里的。

其次，探针校正是为了补偿测端球径与探针挠曲变形误差。尽管接触式探针的测量力不是很大，但对于高精度的测量来说，测量力使得测杆挠曲变形带来的误差是不容忽视的。图

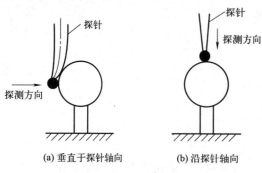

(a) 垂直于探针轴向 　　(b) 沿探针轴向

图 15-11　探针受力变形差异

15-11 为探针在不同方向测量时的受力变形差异。在三坐标测量过程中，通常是通过测量已知的实物标准（如标准球、量块等）得到带有挠曲变形误差的测端作用直径，实际测量时，再调用测端作用直径值对它进行补偿以获得精密测量结果。在这一补偿中，也在一定程度上补偿了动态探测误差。

15.4.6.1　探测模式

三坐标测量机目前使用最为广泛的是接触式电气测头。接触式电气测头有点位探测模式、连续扫描模式和自定中心探测模式。以下简要介绍最常用的点位探测模式和连续扫描模式。

(1) 点位探测模式

所谓点位探测，指的是由人工操作或由计算机控制，使测头逐点探测被测物体表面的方式。这种探测模式，既适于触发式开关测头，也适于测微式模拟测头。是三坐标测量中使用最广泛的探测模式。

如图 15-12 所示，假定测头初始位置为探测工件表面 C 点，一般先快速驱使测头到达 C 点表面法线上方很近的一点 B，再沿法线方向慢速探测点 C，之后快速到达 D 点，慢速探测 E 点……如此反复，逐点测量。测量完成后，测头停在远离工件的 H 点处。

这里，将点 B、D、F 称为"避障点"，点 C、E 和 G 称为"探测点"，$\overrightarrow{BC}$、$\overrightarrow{DE}$ 和 $\overrightarrow{FG}$ 称为"探测方向矢量"。如果测量已知的几何要素，这些避障点、探测点和探测方向矢量都可通过程序自动生成。如果测量未知要素，就需要通过手动测量并用自学习程序记录它们。

(2) 连续扫描模式

所谓连续扫描探测，就是测头沿被测工件表面按照预先确定的速度运动，并自动获取测量数据的一种测量模式。扫描测量的最大特点是效率高，即在短时间内可以获取工件表面的大量数据。它适合于测量工件表面形状。

实现扫描测量，通常需要给定扫描开始点、方向点、终止点、扫描平面，以及确定扫描速度和采样密度等参数，如图 15-13 所示。一般来说，扫描速度越快，测量精度越低。

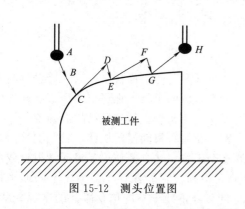

图 15-12　测头位置图

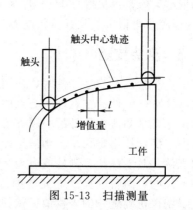

图 15-13　扫描测量

扫描测量主要用三维测微测头。因为测微测头通过三维变形量能给计算机提供瞬时受力情况，计算机能根据测头的受力状况调整对坐标测量机 X、Y、Z 三轴电动机的速度分配，使得测微测头的综合变形量始终保持在某一定值附近，也就是使测头与工件基本保持恒力接触，从而自动跟踪工件轮廓形状的变化。

15.4.6.2 测量路径

用 CNC 坐标测量机自动测量某一工件时，需要有测量程序。而具体测量该工件的某一元素，如某一平面、球体、圆柱或圆锥等时，需要有测量路径。测量程序的功能就是为了有序、快速、高效地探测分布在元素表面的各个实际点的坐标，并保证在检测过程中测头与工件或其他物体不发生碰撞。

手动式三坐标测量机的测量路径是由测量操作者随时确定的，而 CNC 测量机则需要靠控制软件保证。测量路径有三大要素，即名义探测点、名义探测点法矢和避障点。测量路径实际上就是一系列名义探测点及其法矢和避障点的集合。图 15-14 为一个测量路径的实例，测量路径可以通过键盘输入、自学、自动生成等方式产生。

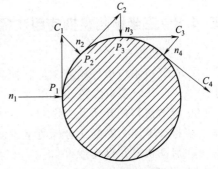

图 15-14 测量路径应用

15.4.7 三坐标测量机的日常维护保养

(1) 维护保养电路

测量机的整体系统须连接 UPS (uninterruptible power supply，不间断电源) 系统，保持稳定的电压及电流的正常供给，稳定电源的输出电压为 $(220\pm10)V$。电源不稳定容易造成仪器设备的损坏，这就要求开机时，要先打开 UPS 系统，然后打开设备开关。

(2) 维护保养气路

每天使用测量机前应检查管道和过滤器，放出过滤器及空压机或储气罐内的水和油，以免气源里的液体进入 CMM 机内部损坏相关系统，每 3 个月左右要清洗随机过滤器和前置过滤器的滤芯。测量机工作时供给气源与 CMM 之间的干燥机须处于工作状态，以保证供气质量（干燥、清洁）。当三联体存水杯中的油水混合物高度超过 5mm 时，需及时处理。三联体处压力不能调到正常值而供气压力正常时，则须清洗或更换滤芯。

(3) 维护保养导轨

不要直接在导轨上放置工件和工具，工作结束后或装工件结束后要擦拭导轨。CMM 机的工作平台及导轨须用无尘布或无尘纸蘸高纯度酒精按要求清洁保养；在工作中必须保护导轨平面和外露的光栅尺，严禁用手触摸光栅尺，需用无尘纸及无尘布按规定进行清洁，不可用其他的低级辅料清洁，以免影响测量机的精度及使用寿命。

(4) 维护保养机身

CMM 机的外露油漆部分在日常维护中不可以用酒精清洁，可以用适量的肥皂水和湿毛巾擦拭，以免酒精腐蚀测量机表面油漆。

维护保养标准球。CMM 机的标准球需用高纯度的酒精及无尘布或无尘纸按要求清洁。

(5) 测量机机房温度控制

测量机机房的温度通常使用空调控制，最好保持空调 24h 开机。如若满足不了，应该在使用测量机前 24h 开启空调，使测量机温度与空气温度一致。

(6) 测量机机房湿度控制

根据测量机要求合理使用除湿机，注意测量机机房的实时湿度。如果湿度过低则会导致探针触碰工件时容易产生静电，影响测量精度；如果湿度过高则会导致测量机内部重要部件腐蚀，造成严重后果。

（7）测量机异常情况处理

在使用中发现测量机情况异常时，首先记录软件提示的错误信息，并及时告诉相关负责人或电话通知测量机厂家工程师，未经指导和允许不要擅自进行检查维修，以免造成不良后果。

（8）测量机年检

三坐标测量机应每年做一次年度校验。

15.4.8 三坐标测量机使用注意事项

（1）开机准备

① 在开机前应做好检查工作，控制三坐标测量机室内的温度达到（209±2）℃，湿度达到 $50\%\sim70\%$，要求保持 24h 以上。

② 清洁机器的导轨及工作台。

③ 检查电路，判断三坐标测量机及其辅助设备状态是否良好，气源是否正常。

④ 启动机器，操作顺序如下：启动冷冻干燥机→打开过滤器开关→开启气路进气阀门→打开控制柜→启动 CAPPS 测量软件，根据软件提示按下操纵杆上的伺服加电键→机器回零位，开始检测工作。

（2）工作过程

① 查看零件图纸，了解测量要求和方法，规划检测方案，若已有检测程序则将程序调出。

② 放置零件，注意保护，不损坏测量机和零件。零件安放在方便检测、阿贝误差最小的位置并固定。使用吊车装置放置被测零件时，要注意遵守吊车的安全操作规程。

③ 按照测量方案安装探针及探针附件，要在按下操纵杆急停时进行，并注意探针要轻拿轻放、用力适当，更换后试运行时要注意试验一下测头保护功能是否正常。

④ 实施测量过程中，操作人员要精力集中，首次运行程序时要注意减速运行，确定编程无误后再使用正常速度。

⑤ 一旦有不正常的情况，应立即停止运行，保护现场，查找出原因后，再继续运行。

⑥ 检测完成后，将测量结果、测头配置等说明存档，拆卸（更换）零件。

（3）工作结束

① 把测头 A 角转到 $0°$，B 角转到 $0°$，将 Z 轴上升，然后使机器回零。

② 关机，顺序为：退出 CAPPS 测量软件系统→关闭控制柜→关闭进气开关→关闭过滤器开关。

③ 工作完成，做好工作台面和设备的清洁工作，测量仪器、工具在不使用的时候按类别整理放置。

复习思考题

1. 测量技术的发展方向是什么？
2. 一个典型的完整测量过程包括哪四个要素？其中最重要的是哪个？
3. 测量误差的种类及相应的数据处理方法是什么？
4. 三坐标测量系统主要包含哪几部分？测头校验的目的是什么？
5. 简述三坐标测量机测量形位误差的基本流程。

参 考 文 献

[1] 林琨智，孙东. 金工实践教程 [M]. 北京：化学工业出版社，2009.

[2] 曹国强. 工程训练教程 [M]. 北京：北京理工大学出版社，2019.

[3] 李镇江，付平，吴俊飞. 工程训练 [M]. 北京：高等教育出版社，2017.

[4] 陈培里. 工程材料及热加工 [M]. 北京：高等教育出版社，2007.

[5] 王先逵. 机械制造工艺学 [M]. 北京：机械工业出版社，2007.

[6] 严绍华，张学政. 金属工艺学实习 [M]. 北京：清华大学出版社，2006.

[7] 陈艳巧，徐连孝. 数控铣削编程与操作项目教程 [M]. 北京：北京理工大学出版社，2016.

[8] 曲晓海，杨洋. 工程训练 [M]. 北京：高等教育出版社，2020.

[9] 张海光，胡庆夕. 现代精密测量实践教程 [M]. 北京：清华大学出版社，2014.

[10] 邬建忠. 机械制造技术——测量技术基础与训练 [M]. 北京：高等教育出版社，2007.

[11] 朱士忠. 精密测量技术常识 [M]. 北京：电子工业出版社，2005.

[12] 刘品，张也晗. 机械精度设计与检测基础 [M]. 8 版. 哈尔滨：哈尔滨工业大学出版社，2013.

[13] 安改娣，格日勒. 机械测量入门 [M]. 北京：化学工业出版社，2007.

[14] 顾小玲. 量具、量仪与测量技术 [M]. 北京：机械工业出版社，2009.

[15] 张林. 极限配合与测量技术 [M]. 北京：人民邮电出版社，2006.

[16] 胡瑢华. 公差配合与测量 [M]. 2 版. 北京：清华大学出版社，2010.

[17] 李岩，花国梁. 精密测量技术 [M]. 修订版. 北京：中国计量出版社，2012.

[18] 王鑫，蒋标，杨卫发，等. CAMWorks 在 PVC 型材模具数控加工中的应用 [J]. 聚氯乙烯，2019，47（08）：11-13.